현대 패션 디자인

현대 패션 디자인

박혜원 이미숙 염혜정 최경희 박수진

교 문 사

머리말

대학에서의 패션교육은 산업에 능동적으로 대처하고 첨단화와 글로벌화의 무한 경쟁체제에 적합한 우수한 인재를 육성하는 방향으로 변화해야 합니다. 이러한 시대적 변화와 더불어 대학 현장에서 학생들을 가르치고 연구하는 중에 21세기의 패션 디자인에 대한 이론과 실무 지침서의 필요성을 공유하고 본 저서를 준비하게 되었습니다.

제1장은 패션 디자인의 기초에 관한 것으로 패션 디자인의 요소에 대해 박수진 교수가, 패션 디자인의 원리에 대한 부분은 최경희 교수가 담당하였습니다. 조형원리와 요소에 대한 설명을 통해 패션 디자인 관련자들의 기본적인 이해를 만족시킬 수 있을 것으로 생각됩니다.

제2장은 패션 디자인 발상에 관한 것으로 이미숙 교수가 집필하였습니다. 창의적 교육을 위한 응용 지침서로 구성하였으며 발상의 기법과 과정 그리고 작품의 예시를 통해 시각적인 감각을 키울 수 있도록 하였습니다.

제3장은 패션 디자인의 표현기법에 대한 것으로 박혜원 교수가 맡아 실무에서 활용될 기본적인 내용들로 구성하였습니다. 도식화, 작업지시서 및 아이템의 이해를 통해 실무현장에서도 활용될 수 있도록 하였습니다.

제4장은 염혜정 교수가 담당하여 패션 스타일링을 중심으로 이미지와 코디네이션을 포괄하는 스타일링의 개념과 요소를 설명하고 타깃의 특성에 따른 스타일링 기법을 다양한 예를 들어 설명하였습니다.

또한 현장실무용어와 패션산업의 스페셜리스트 소개는 부록에 첨가하여 현장감에 접근하도록 노력하였습니다.

모든 분야가 그렇겠지만 특히 패션 분야에서는 변화의 속도가 매우 빨라 교육현장에서 가르치고 습득시키는 데 어려운 점이 많습니다. 앞으로 현장에서 가르치고 연구하면서 본 저서에서 부족한 내용들은 채워넣어 다듬어 나갈 것을 약속드리겠습니다. 출판 중의 여러가지 어려움을 마다하지 않고 작업해 주신 교문사의 모든 분께 감사의 말씀을 전하며 아울러 편집회의 때마다 서로에게 힘을 준 집필진 모두에게 고마움을 전합니다.

2006년 3월

저자 일동

Contemporary Fashion Design

차 례

Contents

제 2 장 패션 디자인 발상 71

Contemporary Fashion Design

제 3 장 패션 디자인 표현 129

Contents

제 4 장 패션 스타일링 189

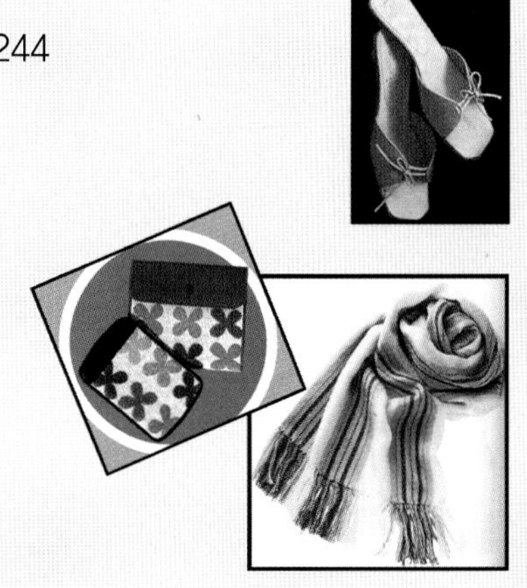

✻ 패션 디자인 기초

1 _ 패션 디자인 요소
2 _ 패션 디자인 원리

01

패션 디자인 기초

1. 패션 디자인 요소

패션 디자인의 요소는 크게 형태(점, 선, 실루엣, 장식, 즉 디테일과 트리밍), 색채, 소재로 나눌 수 있다.

1) 패션 디자인과 형태

(1) 점

① 점의 정의

점은 '기하학적으로 위치만 있고 크기는 없다' 라고 정의된다. 그러나 시각적인 표현을 위한 구성 요소로서의 점은 형과 크고 작은 면에 의해 구성되는 것으로 생각되고 있다. 점의 공간적인 감각은 크기보다는 위치에 의해 그리고 점과 점 사이의 공간, 점의 연결에 따른 운동감, 리듬감, 원근감으로 나타난다. 따라서 점의 크기와 위치의 변화를 디자인에 응용함으로써 신선한 디자인적 효과를 얻을 수 있다.

② 점의 구성과 효과

점은 시선을 집중시키기도 하고 이동시키기도 한다. 이는 눈이 시선을 한 점에 고정하는 기능과 흩어져 있는 점들을 순차적으로 쫓아가는 이동 기능을 가지고 있기 때문에 일어나는 현상이다. 의복 디자인에 응용되는 가장 일반적인 점으로는 물방울무늬와 단추를 들 수 있다.

(2) 선

① 선의 개념

선은 두 개의 점 사이를 연결한 흔적으로, 점의 집합이자 이동한 궤적이다. 선은 의복 전체의 형태와 실루엣 그리고 시각적인 이미지를 결정하는 중요한 요소 중의 하나이다. 의복을 디자인할 때 고려해야 할 점은 인체는 입체로, 그 흐름에 따라 선의 지각 정도가 달라진다는 것과 인체는 살아 움직이므로 그 움직임에 따라 다양한 선이 연출된다는 점 그리고 사용된 소재의 재질과 색에 따라 선의 느낌이 달라진다는 점이다. 의복에 있어서의 선은 솔기선이나 다트선 같은 기능적인 구성선과 디자인선, 디테일선 등 미적 목적을 위해 만들어지는 장식선이 있다. 의복 구성에 있어 필수적인 기능선을 디자인선으로 대체하거나 디테일선으로 처리하는 방법을 연구함으로써 새로운 패턴과 디자인을 개발할 수 있다.

② 선의 종류

• 직 선

곧고 강하고 간결한 남성적인 느낌을 연출하므로 주로 유니폼이나 제복에 응용된다.

• 곡 선

부드럽고 우아하며 화려하고 여성적인 느낌으로 여성복과 아동복에 주로 사용된다.

그림 1-1 선의 종류와 활용

(3) 실루엣

① 실루엣의 개념

실루엣은 내부의 구성선이나 장식적인 요소를 무시한 외형의 윤곽선을 말한다. 실루엣의 형태는 상의의 형태, 소매의 형태, 스커트 또는 슬랙스의 형태에 의해서뿐만 아니라 의복 자체의 디자인 라인이나 다트, 개더, 플리츠, 슬릿, 패드 등에 의해 결정된다.

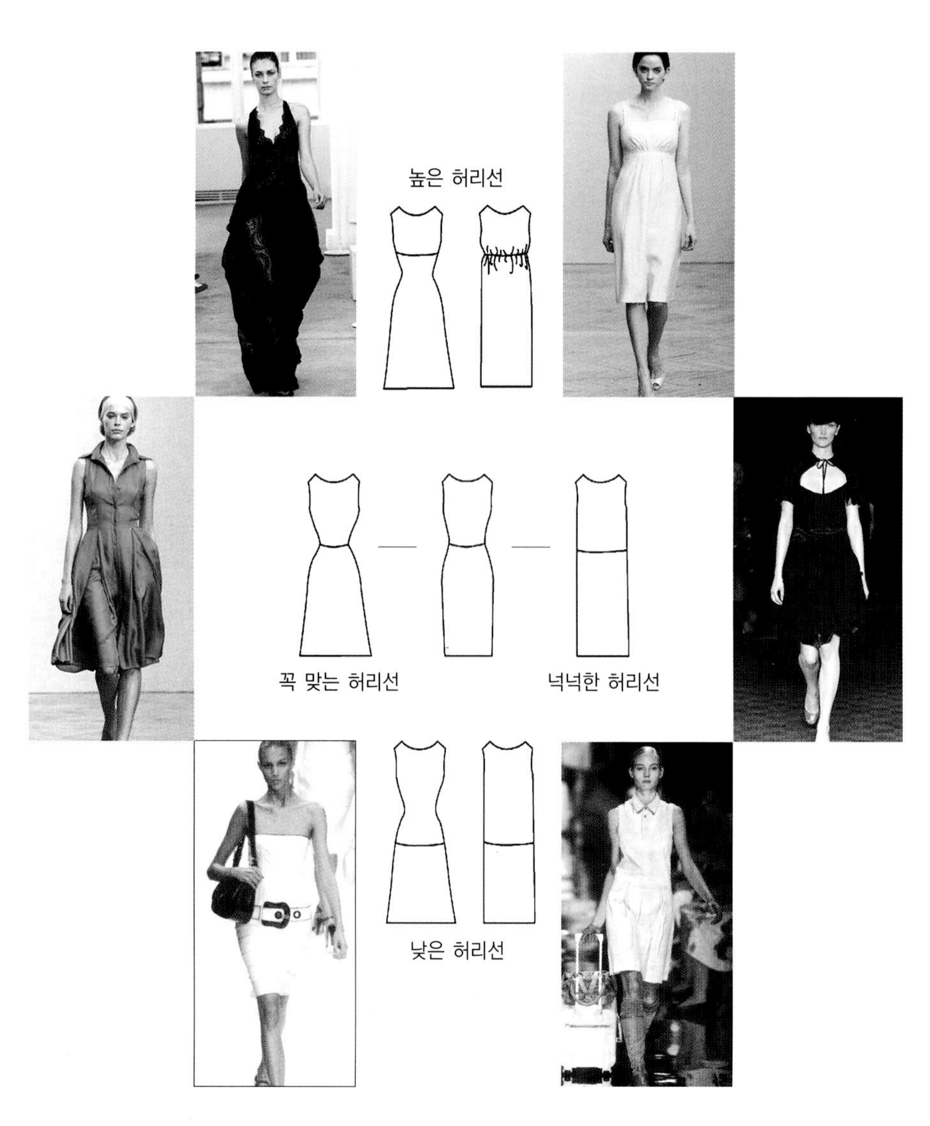

그림 1-2 **허리선의 위치와 적합도**

② 실루엣의 종류와 명칭

■ **아워글라스(hourglass)실루엣 = X형**

모래시계의 형태를 말하며 허리부분을 꽉 끼도록 조여 강조한 X자형 실루엣이다.

• **피트 앤 타이트(fit & tight)실루엣**

상의가 몸에 꼭 맞고 허리를 타이트하게 강조한 실루엣이다.

그림 1-3 피트 & 타이트

• **프린세스(princess)실루엣**

어깨에서 단까지 이어지는 세로의 절개선에 따라 상반신은 타이트하고 허리선은 가늘게 강조하며 헴라인은 플레어로 처리한 실루엣이다.

그림 1-4 프린세스

• **크리놀린(crinoline)실루엣**

돔실루엣과 같은 의미로서 상반신은 타이트하고 하반신은 부풀린, 종 모양의 실루엣이다.

그림 1-5 크리놀린

그림 1-6 머메이드

• **머메이드(mermaid)실루엣**

일명 트럼펫 실루엣으로 스트레이트 실루엣에 인어 꼬리 형태의 플리츠나 플라운스를 달아 헴라인이 나팔 모양으로 벌어지도록 한 실루엣이다.

그림 1-7 버슬

• **버슬(bustle)실루엣**

측면적인 실루엣으로 가슴에서 단까지는 수직인데 비해 히프부분을 버슬로 과장하여 곡선미를 강조한 실루엣이다.

그림 1-8 미너렛

• **미너렛(minaret)실루엣**

회교도의 탑을 연상시키는 형으로, 발목길이의 좁은 스커트의 도련에 철사를 넣어 둥글게 퍼지도록 한 무릎 길이의 튜닉을 합친 실루엣이다.

■ **스트레이트(straight)실루엣 = H, A형**

스트레이트 실루엣은 가슴, 허리, 히프 등 몸의 특정 부위를 강조하지 않고 상하가 거의 비슷한 폭을 유지하는 직선적인 스타일로 장식성이 배제된 모던한 느낌을 주며 H형과 A형으로 나눌 수 있다.

H형

• **스트레이트(straight)실루엣**
허리를 조이지 않는 곧은 형태의 직선적인 실루엣을 말한다.

그림 1-9 **스트레이트**

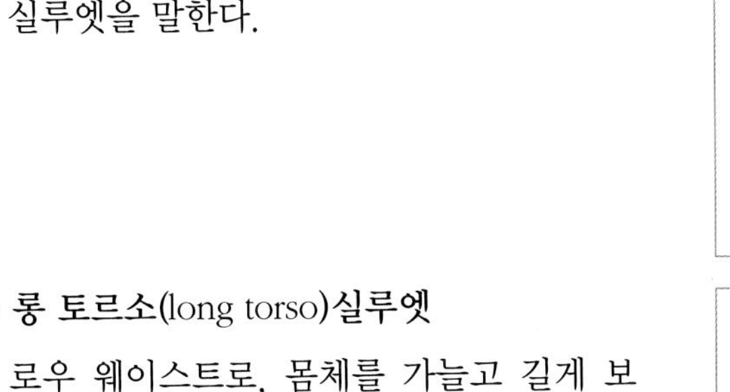

• **롱 토르소(long torso)실루엣**
로우 웨이스트로, 몸체를 가늘고 길게 보이도록 하는 형으로 헴라인이 넓은 것이 많다.

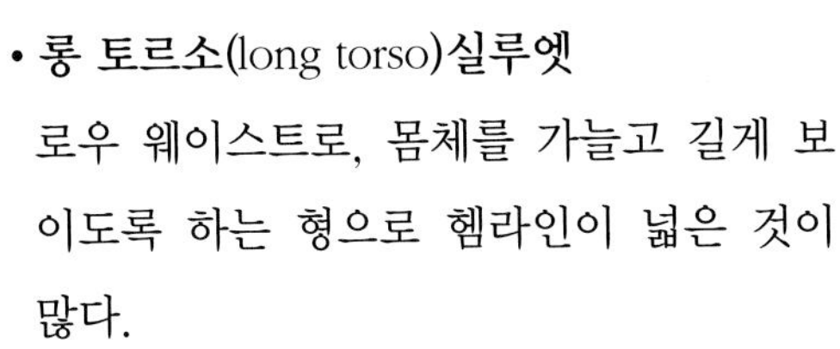

그림 1-10 **롱 토르소**

• **엠파이어(empire)실루엣**
네크라인을 크게 판 하이웨이스트스타일로, 나폴레옹 1세(1804~1815)의 조세핀 황후의 옷에서 유래되었다.

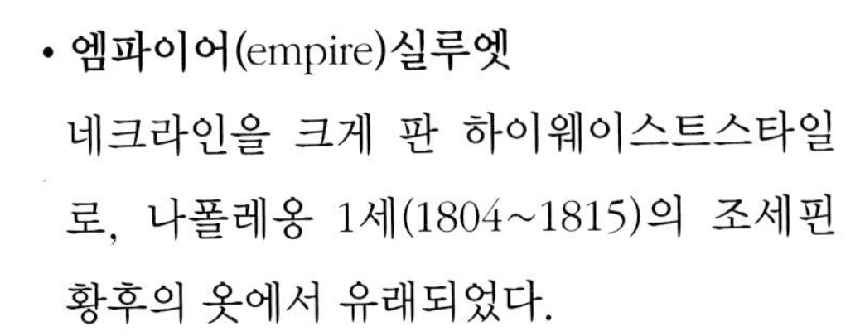

그림 1-11 **엠파이어**

• **시프트(shift)실루엣**
슈미즈와 유사한 허리선에 절개가 없고 다트가 들어가 인체에 밀착되는 형태이다.

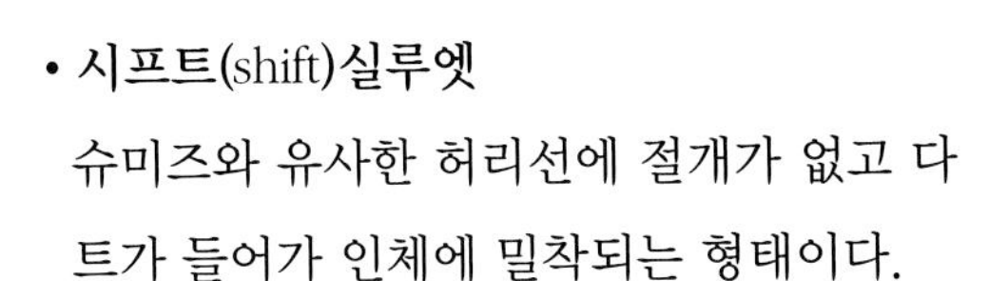

그림 1-12 **시프트**

그림 1-13 슬림

• **슬림**(slim)**실루엣 = 시스**

폭이 좁아 몸에 곡 맞는 형태로, 슬렌더(slender), 펜슬 슬림(pencil slim)실루엣과 비슷한 의미로 쓰인다.

그림 1-14 튜블라

• **튜블라**(tubular)**실루엣**

칼럼(column), 실린더(cylinder)실루엣으로 튜브와 같은 형태이다.

그림 1-15 H라인

• H**라인**(H-line)**실루엣 = 박스**(box)**실루엣**

장방형으로 폭이 넓고 여유가 있는 실루엣이다.

A형

그림 1-16 텐트

• **텐트**(tent)**실루엣**

어깨 폭은 좁고 헴라인으로 갈수록 점점 퍼지는 삼각현의 텐트와 같은 실루엣이다.

• **트라페즈(trapeze)실루엣**

사다리꼴 모양으로 어깨에서 헴라인까지 플레어지는 형태이다.

그림 1-17 **트라페즈**

• **트라이앵귤러(triangular)실루엣**

V라인이라고도 하며 어깨가 넓고 헴라인으로 갈수록 좁아지는 역삼각형의 실루엣이다.

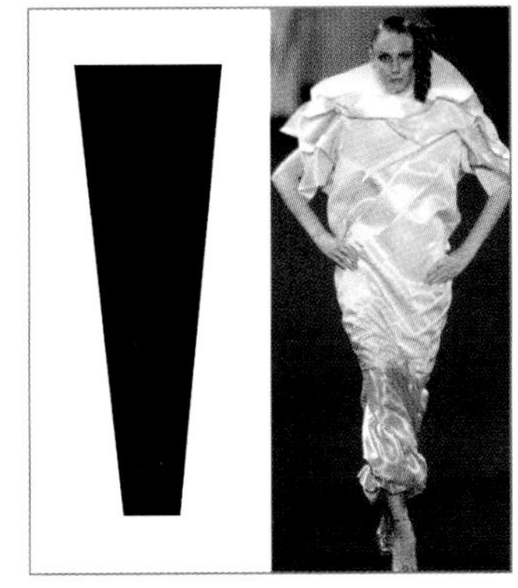

그림 1-18 **트라이앵귤러**

■ **벌크(bulk)실루엣 = O형**

벌크실루엣은 인체를 과장하여 몸의 중심 부분(가슴과 배)을 부풀리고 헴라인을 좁힌 실루엣을 말한다.

• **코쿤(cocoon)실루엣**

누에고치 형태의 둥근 실루엣이다.

그림 1-19 **코쿤**

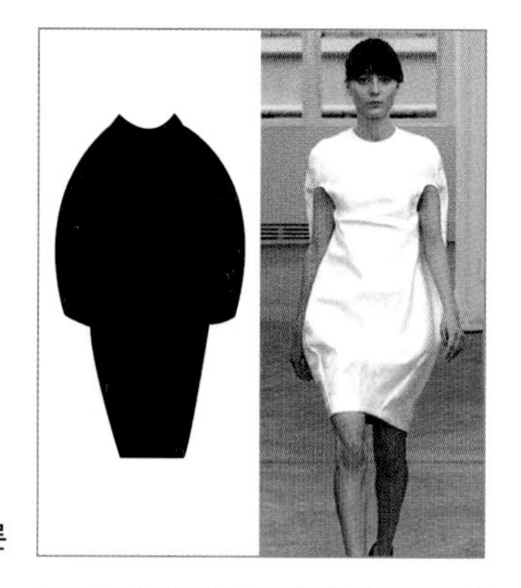

그림 1-20 벌룬

• **벌룬**(ballon)**실루엣 = 버블라인**(bubble line)

기구, 풍선이라는 뜻으로 헴라인에 주름을 잡아 풍선처럼 크게 부풀린 O자형 실루엣이다.

그림 1-21 배럴

• **배럴**(barrel)**실루엣 = 스핀들라인**(spindle line)

몸통 부분이 불룩한 병 모양의 실루엣을 말한다.

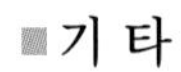

■기 타

그림 1-22 Y형

• Y형(Y-line)**실루엣**

어깨에서 가슴까지 흐르는 듯한 알파벳 Y 형태의 실루엣이다.

• T형(T-line)실루엣

어깨가 넓고 헴라인으로 갈수록 가늘어지는 알파벳 T자형 실루엣이다.

그림 1-23 T형

• 와인글라스(wineglass)실루엣

직선적인 넓은 어깨와 함께 풍성하고 둥근 느낌의 상반신과 타이트한 하반신을 조합한 형태이다.

그림 1-24 와인글라스

(4) 장 식

일반적으로 의복의 장식은 크게 디테일(detail)과 트리밍(trimming)으로 구분되며 실루엣이 옷의 외형이라면 디테일은 "세부, 세목, 부분"이라는 의미로 그 내부를 꾸미는 역할을 수행한다. 디테일은 의복을 만드는 봉제 과정에서 바탕천을 이용하여 제작되는 장식인 반면 트리밍은 별도로 제작하여 부착하는 장식이라는 점에서 구분된다.

① 의복의 일부분으로서의 디테일

의복의 일부분으로서 디테일은 네크라인, 칼라, 소매, 주머니, 커프스 등이 있다.

■ **네크라인**(neckline) = **네크**(neck), **네크쉐이프**(neckshape)

네크라인은 목과 어깨를 연결하여 가슴선에 이르는 목선을 말하며 얼굴의 형과 크기, 머리의 길이, 어깨의 경사와 폭 등을 고려해야 하며 선의 성격과 이미지를 효과적으로 응용하여 디자인해야 한다.

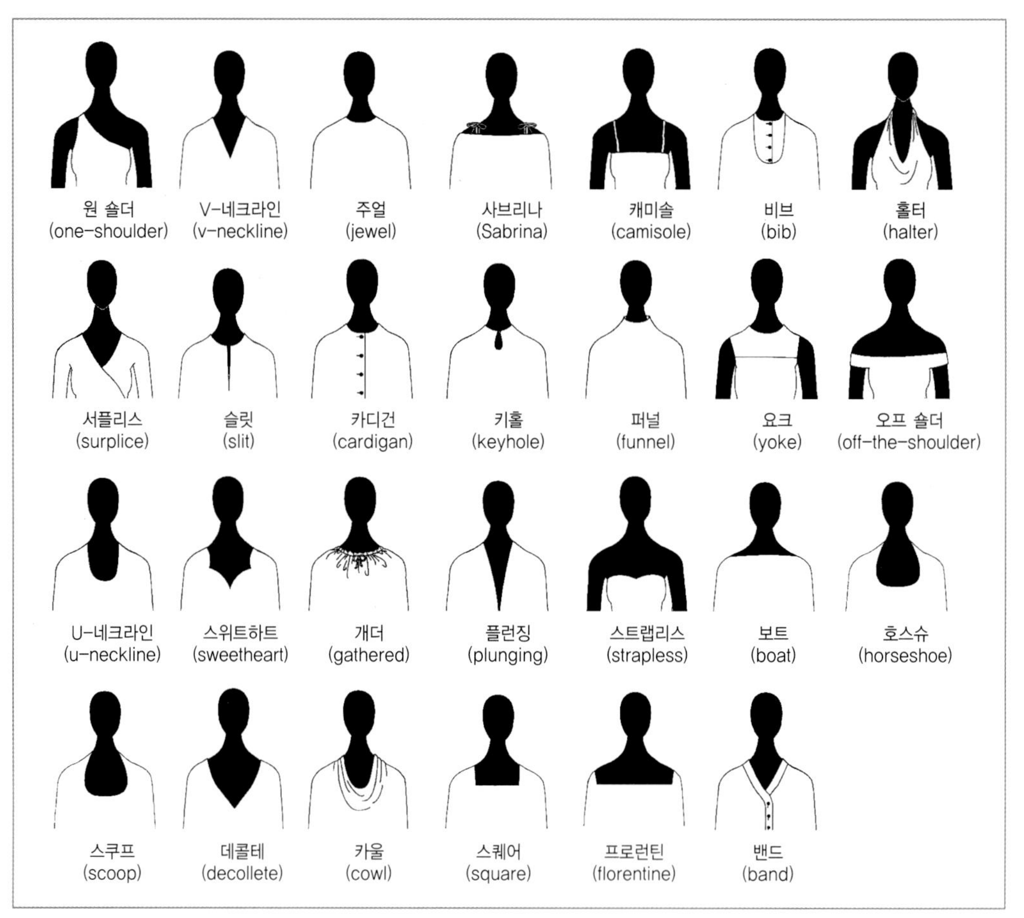

그림 1-25 **네크라인의 종류**

칼라(collar)

칼라는 목 주위를 장식하는 것으로 착용자의 인상을 결정하는 데 중요한 역할을 하므로 이를 디자인 할 때에는 얼굴형, 목 길이 및 굵기, 체형 등에 따라 그 크기나 형태가 고려되어야 한다.

• 테일러드(tailored) 칼라

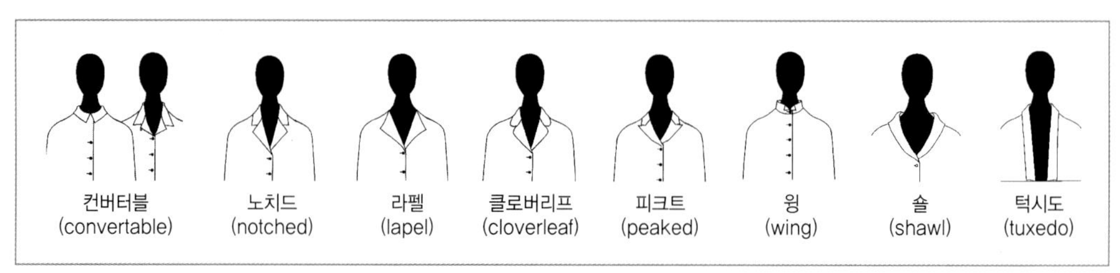

그림 1-26 **테일러드 칼라의 종류**

• **셔츠(shirts) 칼라**

와이셔츠에 주로 사용되는 밴드 위에 칼라를 다는 형태로 칼라 뒤 중심에 스탠드분이 있다.

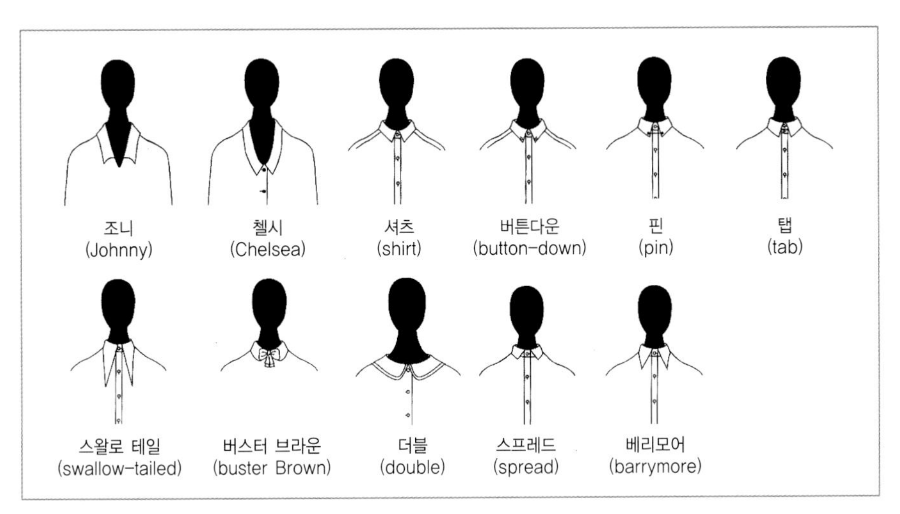

그림 1-27 **셔츠 칼라의 종류**

• **스탠드(stand) 칼라**

네크라인에서 목 쪽으로 올라간 칼라의 총칭이다.

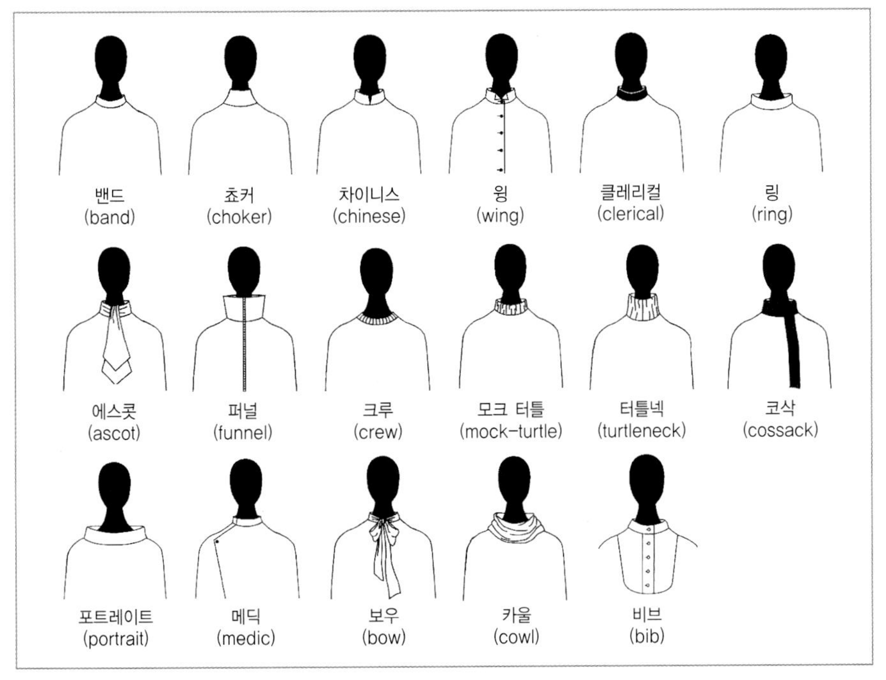

그림 1-28 **스탠드 칼라의 종류**

• **플랫(flat) 칼라**

네크라인에 평평하게 달리는 칼라의 총칭이다.

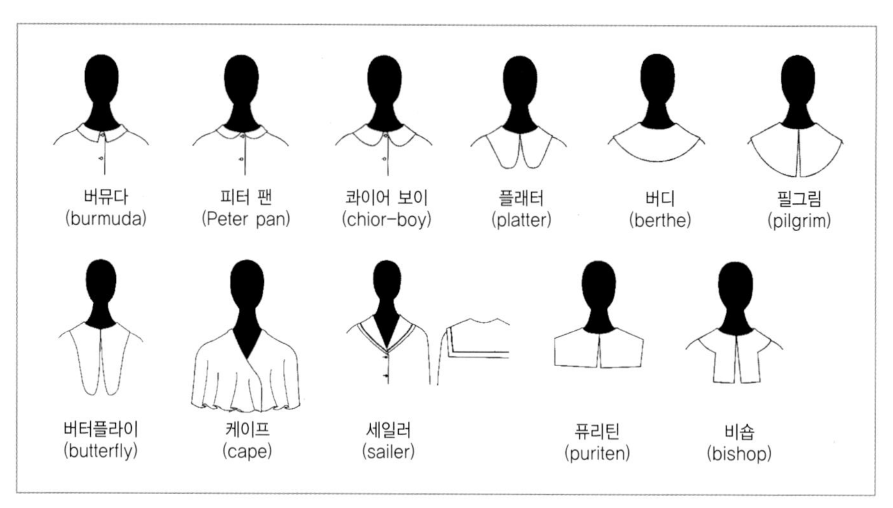

그림 1-29 **플랫 칼라의 종류**

그 밖에도 타이(tie) 칼라 스타일이 있는데 이는 칼라의 길이가 길어서 남성용 타이와 같이 앞에서 처리할 수 있는 칼라를 말하며 장식에 따라 자보(jabot), 프릴(frill), 러프(ruff) 등의 칼라가 있다.

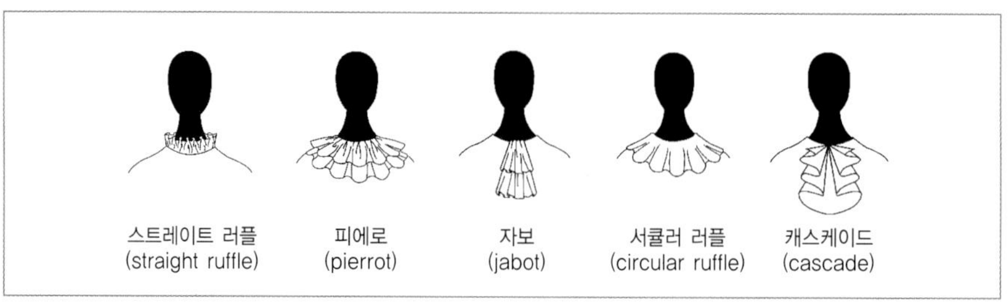

그림 1-30 **기타 칼라**

■ 소매(sleeve)

소매 형태는 폭의 넓이, 소매의 달림 위치, 소매의 길이, 소매 끝의 형태, 장식 등에 따라 다음과 같이 분류된다.

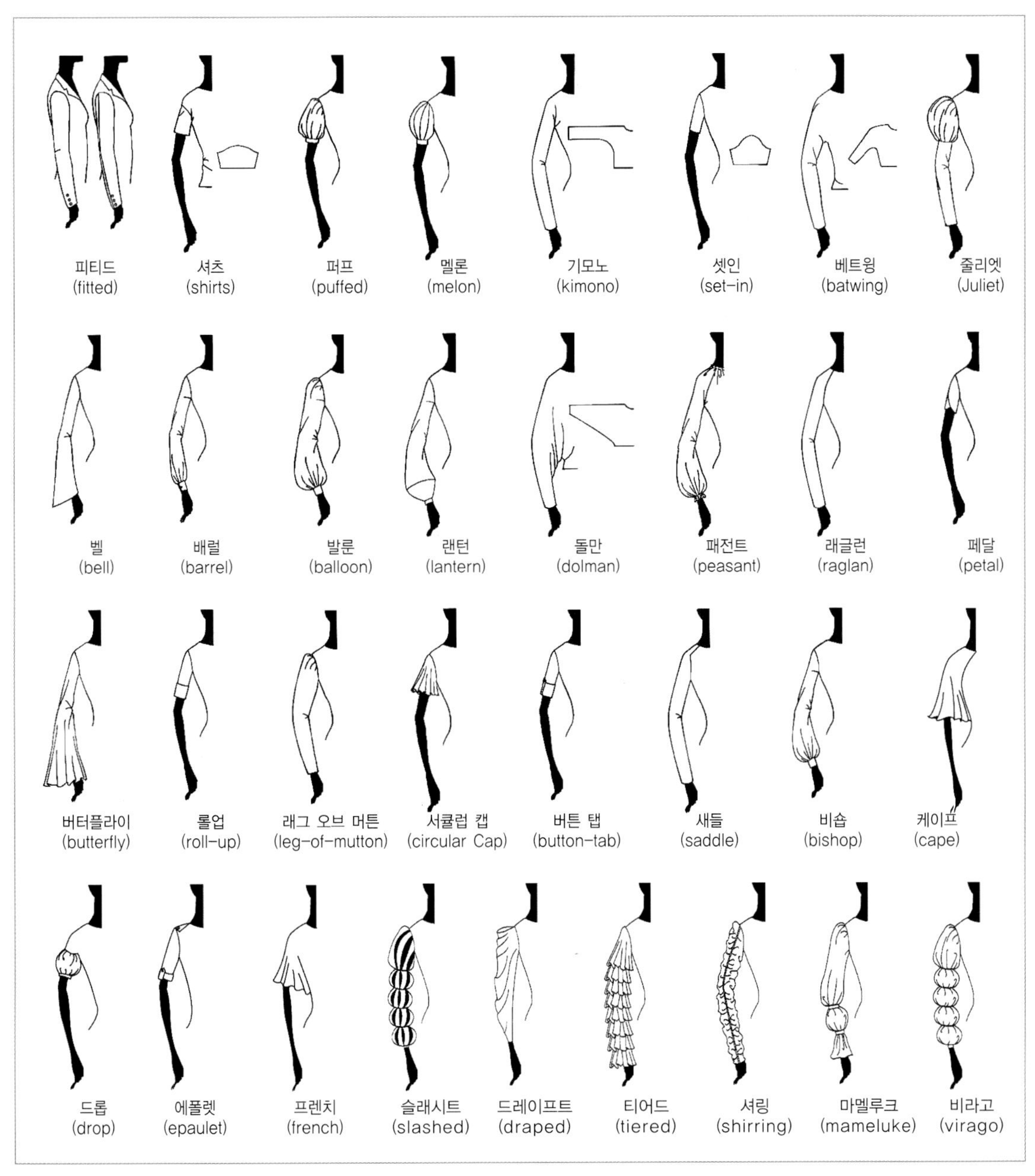

그림 1-31 소매의 종류

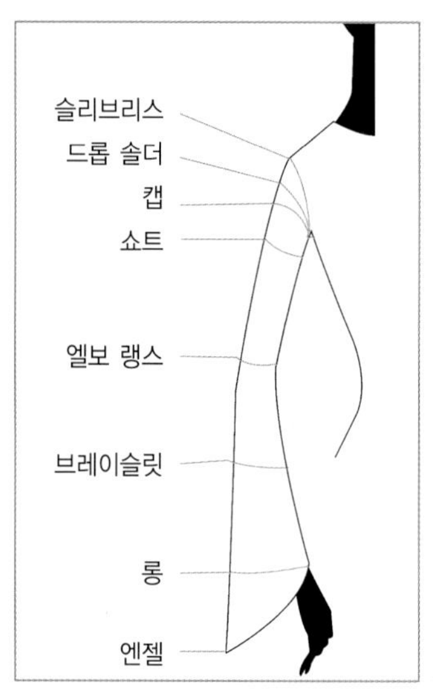

그림 1-32 **소매 길이에 따른 분류**

소매 길이에 따른 분류

- 슬리브리스(sleeveless) = 노 슬리브
- 암홀(armhole)슬리브
- 드롭 숄더(drop shoulder)슬리브
- 캡(cap)슬리브
- 쇼트 [shout = 3부 소매(a third length)]슬리브
- 반소매(half)슬리브 : 엘보 랭스(elbow length; 팔꿈치 길이)
- 7부(three quarter length) 소매
- 8부(bracelet; 브레이슬릿) 소매
- 긴(long) 소매
- 엔젤(angel)슬리브

재단 방법에 따른 분류

- 한 장 소매(one)
- 두 장 소매(two)
- 바이어스 소매(bias)

소매 달림 위치에 따른 분류

- 셋인 소매(set in) : 원형소매의 총칭
- 셔츠 소매
- 프렌치 소매(french)
- 래글런 소매
- 돌만 소매
- 기모노 소매
- 드롭 소매(drop) = 로우 숄더(low shoulder)

■ **주머니**(pocket)

주머니는 기능적인 것과 장식적인 것으로 구분할 수 있는데 그 성격에 따라 디자인적인 고려가 필요하다.

주머니의 종류

- **아웃 포켓**(out) = **패치 포켓**(patch)
  아웃 포켓은 의복의 겉에 덧붙이도록 제작된 포켓의 총칭으로 스포티한 의복디자인에 주로 사용된다.

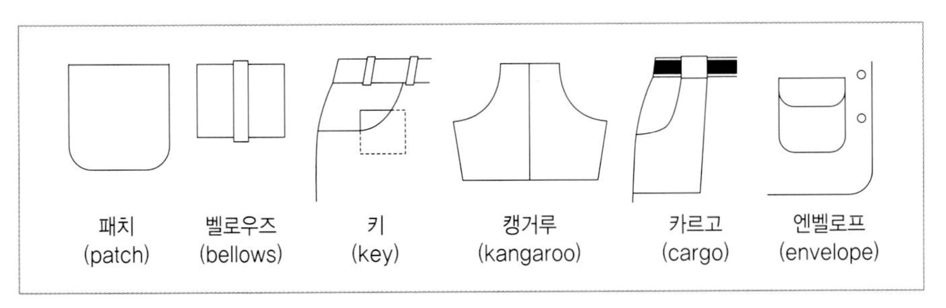

그림 1-33 아웃 포켓의 종류

• **셋인 포켓**(set-in pocket)

셋인 포켓은 입구, 즉 트임이 의복의 바깥부분에 있고 안쪽으로 주머니를 다는 포켓의 총칭이다.

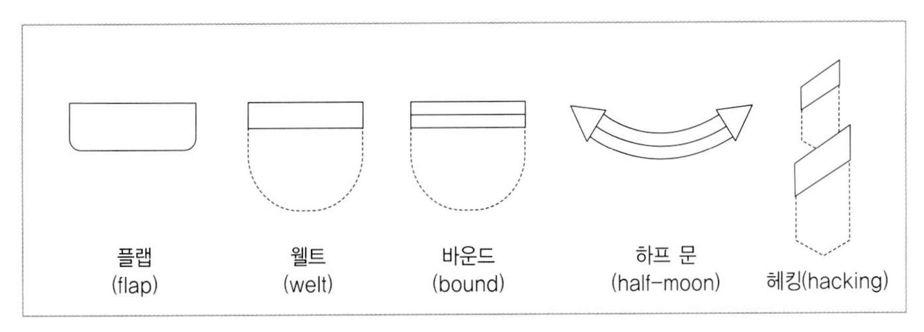

그림 1-34 셋인 포켓의 종류

• **시임 포켓**(seam pocket)

시임포켓은 옆 솔기나 요크솔기를 트임으로 이용하는 포켓이며 스커트에 주로 활용된다.

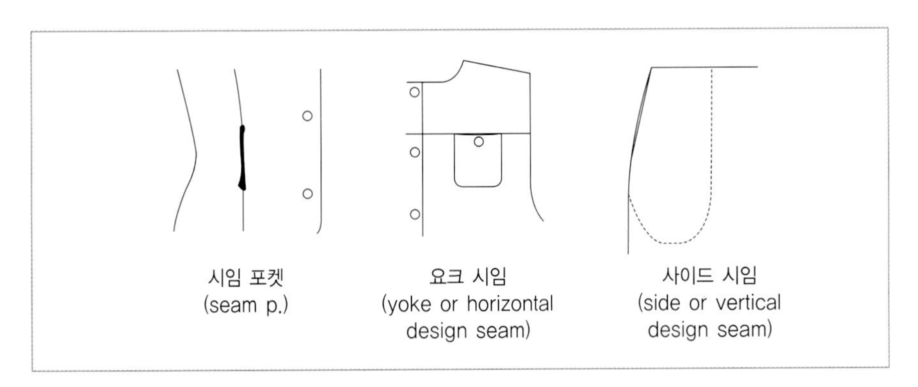

그림 1-35 시임 포켓의 종류

■ 커프스(cuffs)

커프스란 소매부리의 마무리를 위한 밴드 모양의 디테일을 말하며 보온을 위한 목적에서 생겨났으나 점차 장식적인 요소로 발전되었다. 커프스는 형태와 색상 등의 면에서 칼라와 조화를 이루도록 디자인하는 것이 일반적이다.

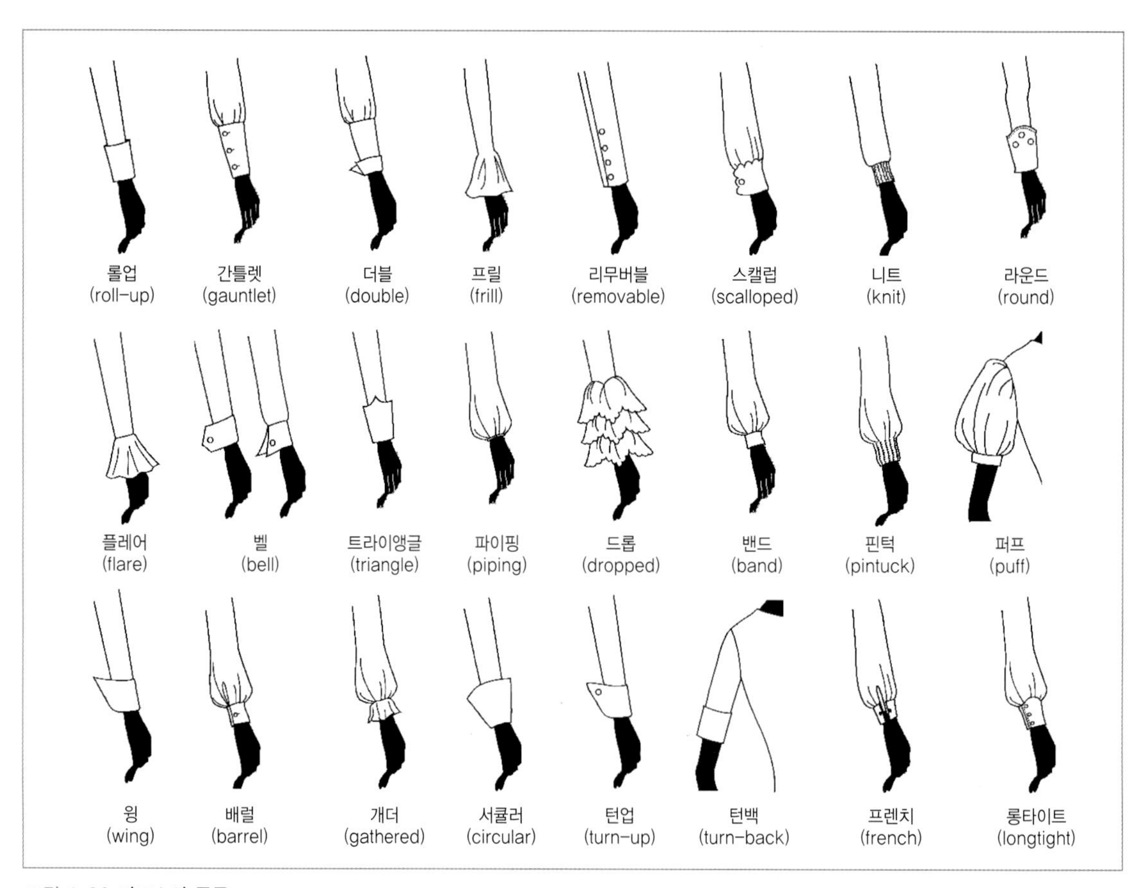

그림 1-36 **커프스의 종류**

그림 1-37 **드레이프**

② 표현 장식을 위한 기교적인 디테일

■ 부분 장식

• 드레이프(drape)

부드럽고 자연스러운 부정형의 주름이다.

• **플리츠**(pleats)

천을 일정한 간격과 방향으로 접어 만든 정형의 주름으로 주름 방향이나 모양에 따라 다양한 명칭을 가진다.

- 인버티드(inverted) 플리츠 : 중심선을 향하여 서로 마주 보도록 잡은 주름으로 박스 플리츠와 반대 방향을 이루는 주름이다.
- 박스(box) 플리츠 : 서로 반대 방향으로 주름을 잡은 더블 플리츠로 접은 선이 뒤쪽에서 마주치게 되므로 마치 상자와 같은 평면적인 형태의 주름을 만들어서 붙여진 명칭이다.
- 아코디언(accordion) 플리츠 : 크리스탈 플리츠, 엄브렐러 플리츠 : 위쪽 주름폭은 좁고 아래쪽은 넓은 주름 형태이다.
- 나이프(knife) 플리츠 : 사이드 플리츠 : 나이프를 배열한 것처럼 한쪽 방향으로만 잡는 주름 형태이다.

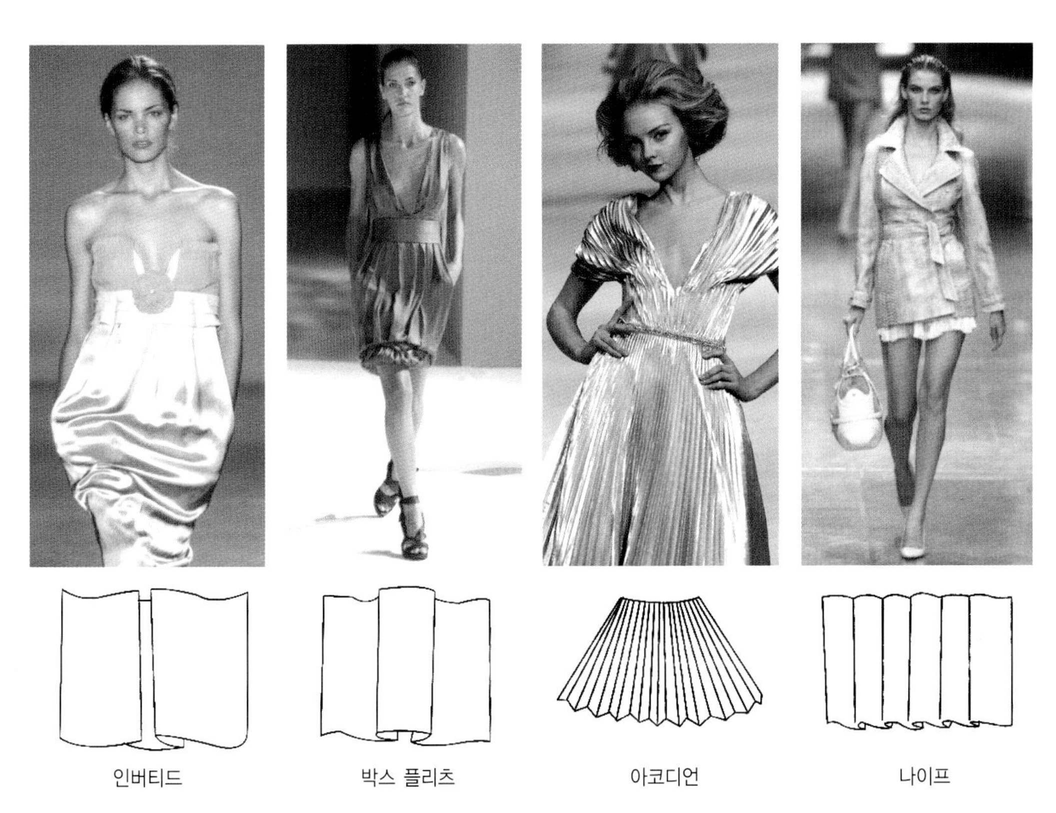

그림 1-38 **플리츠의 종류**

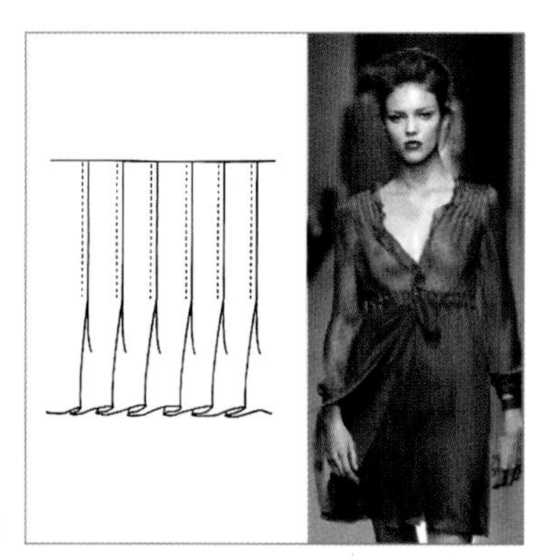

그림 1-39 턱

• **턱**(tuck)

주름겹단, 주름잡기의 일종으로 주름을 접어 박아 다트의 역할을 하기도 한다.

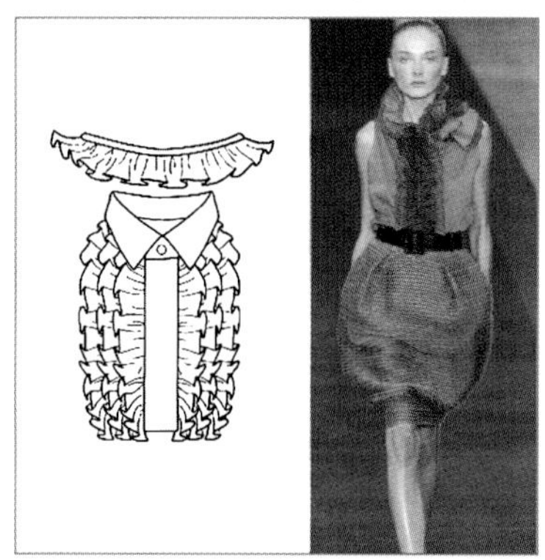

그림 1-40 프릴

• **프릴**(frill)

좁은 천의 한쪽에 개더를 잡아 만든 가장자리 장식으로 러플보다 폭이 좁다.

그림 1-41 개더

• **개더**(gather)

'모으다' 라는 의미로 천을 여러 겹으로 겹쳐 성기게 꿰맨 것을 말한다.

그림 1-42 러플

• **러플**(ruffle)

'꾸깃꾸깃하게 하다, 주름을 잡다' 라는 뜻으로 옷의 가장자리나 솔기 부분에 개더 또는 플리츠를 잡아 만든 장식을 말한다.

• **플라운스**(flounce)
얇고 부드러운 천을 바이어스로 둥글게 재단하여 물결과 같은 주름을 형성하도록 한 장식이다.

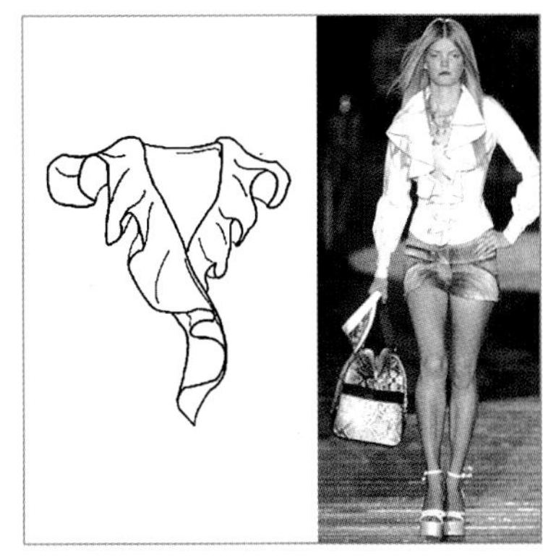
그림 1-43 플라운스

• **셔링**(shiring)
천에 적당한 간격을 두고 개더를 잡은 상태로 개더를 평행으로 여러 줄 만들면 셔링이 된다.

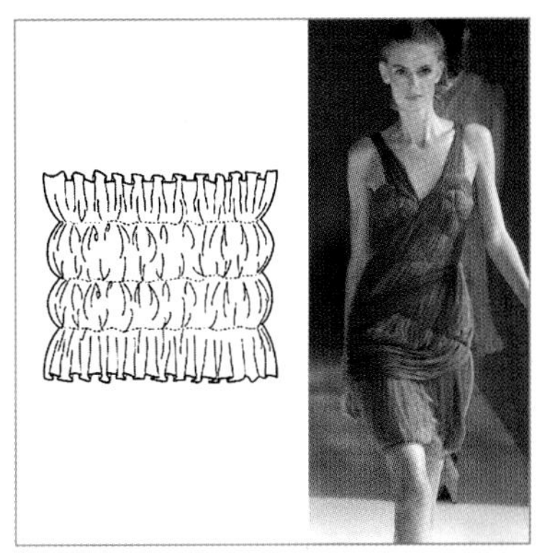
그림 1-44 셔링

• **루시**(ruche)
일정한 넓이의 레이스나 얇은 천에 양쪽 가장자리를 처리한 후 중심부에 개더나 주름을 잡아 대는 장식을 말한다.

그림 1-45 루시

• **스모킹**(smocking)
장식용 주름의 일종으로, 천에 규칙적으로 스티치하여 다이아몬드 등의 무늬가 나타나도록 한 것이다.

그림 1-46 스모킹

■ 스티치 장식

• **탑 스티칭**(top stitching)
동색 또는 대비색 실로 상침하여 장식 효과를 얻는 것이다.

• **새들 스티칭**(saddle stitching) = 러닝 스티치(running stitch)
겉과 안의 바늘땀이 같은 한 홈질로 도안의 윤곽이나 선을 강조할 때 사용한다.

• **퀼팅**(quilting)
두 장의 천을 겹치고 그 사이에 솜이나 심을 넣고 촘촘하게 홈질하거나 봉제하여 부분적으로 부풀리도록 한 장식을 말한다.

• **패치워크**(patchwork)
여러 종류의 색상, 무늬, 소재의 작은 천 조각을 꿰매 붙인 것을 말한다.

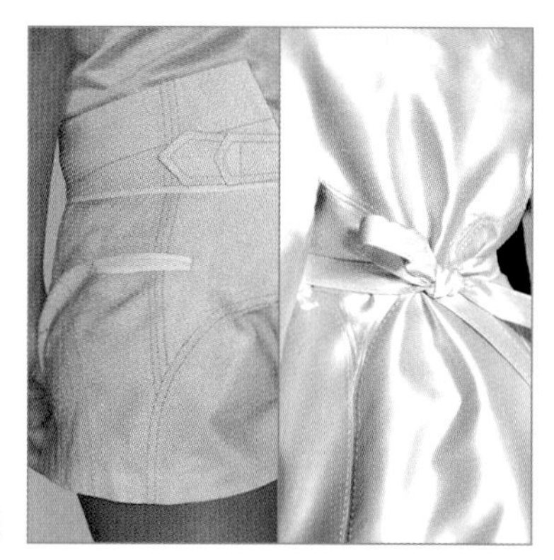
그림 1-47 **스티칭**

그림 1-48 **퀼팅**

그림 1-49 **패치워크**

• **패고팅**(fagothing)
천의 씨실을 뽑고 날실을 몇 가닥 합쳐 다발모양으로 얽는 매듭자수의 일종이다.

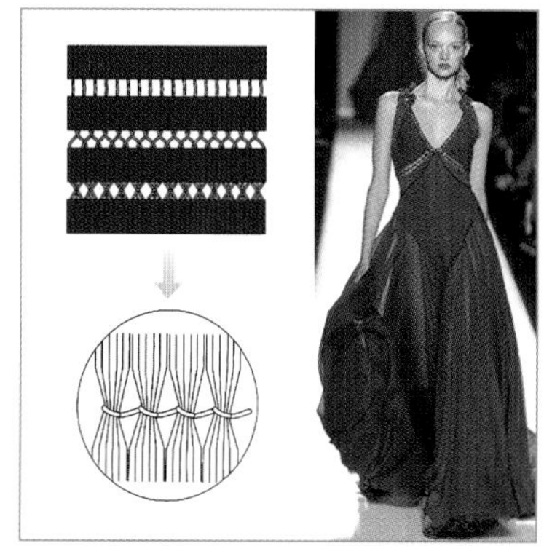
그림 1-50 **패고팅**

• **베이닝**(veining)
천 두 장을 실로 꿰매가면서 연결시키는 방법으로 양쪽을 새발뜨기로 연결한 장식을 말한다.

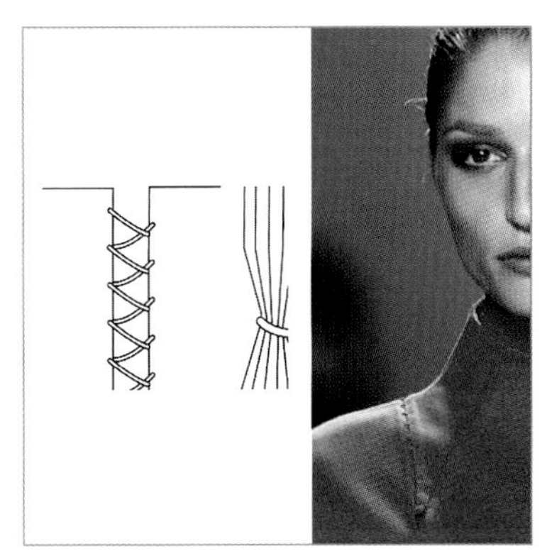
그림 1-51 베이닝

기타 장식

• **스캘럽**(scallop) : 가리비조개껍질이라는 뜻으로 파상적인 모양의 가장자리 장식이다.
• **보우**(bow) : 장식용 리본을 말한다.
• **탭**(tab) : 조임단으로 한쪽에는 금속으로 만든 조임 장식을 달기도 한다.
• **프린징**(fringing) : 수술 장식을 말한다.
• **파이핑**(piping) : 바이어스로 감싸서 정리하는 테두리 장식으로 바이어스 사이에 코드(cord)를 넣기도 한다.
• **슬릿**(slit) : 트임 장식을 말한다.

스캘럽

보우

탭

프린징

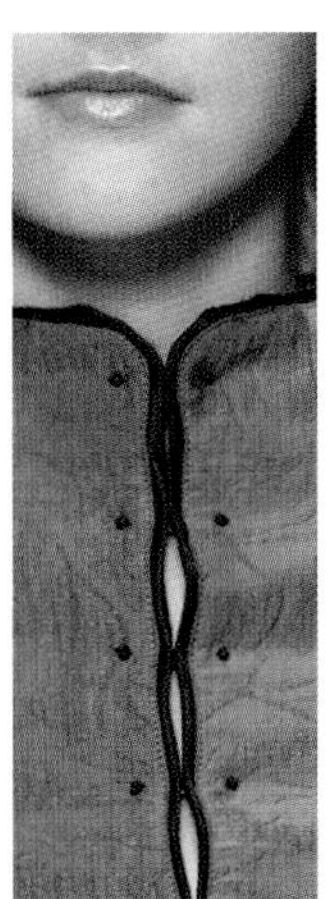
파이핑

슬릿

그림 1-52 기타 장식

③ 트리밍(trimming)

트리밍은 완성된 의복에 미적 목적으로 장식을 달거나 별도로 만든 장식을 부착하는 것으로 의복 재료가 단순할 때에 효과적이다.

- **브레이드**(braid) : 좁게 짜거나 엮어서 만든 끈, 술을 말한다. 샤넬 수트의 가장자리에 단 장식이 대표적이며, 그 폭과 모양이 다양하다.
- **레이스**(lace) : 꼬임이나 엮기 또는 편성의 원리에 의해 만든 얇고 구멍이 뚫린 장식용 천을 말한다.
- **시퀸**(sequin) : 의복에 다는 원형의 작은 금속장식을 말한다.
- **비드**(bead) : 실 꿰는 구멍이 있는 유리제 혹은 도자기제의 작은 구슬을 말한다.
- **스팽글**(spangle) : 금속이나 합성수지로 만든 다양한 얇은 조각을 말한다.

그 밖에도 코사지(corsage), 단추(button), 털(fur), 리본(ribbon), 지퍼(zipper), 자수 등이 있다.

브레이드

레이스

시퀸

비드

스팽글

그림 1-53 **트리밍**

코사지 단추 지퍼 자수

그림 1-54 기타 트리밍

2) 패션 디자인과 색채

(1) 색의 개념 및 분류

① 색의 개념

색이란 빛이 눈을 자극함으로써 생기는 시감각이다. 의복에 있어서의 색채는 개인의 인상과 기호 및 성격뿐 아니라 미적 감각을 나타내는 중요한 요인으로 작용한다. 색채의 선호 경향은 연령, 성별, 체형, 생활환경, 직업, 유행에 따라 차이가 있으며 여러 형태의 감정적인 요인에 의해 영향을 받는다.

② 색의 종류

■ 무채색

흰색과 여러 층의 회색 및 검정에 속하는 색감이 없는 계열의 색을 말하며 명암을 나타내는 명도의 속성만을 가진다.

■ 유채색

순수한 무채색을 제외한 모든 색으로 색상, 명도, 채도의 삼속성을 가지고 있다.

③ 색의 삼속성

색에는 색상, 명도, 채도의 3속성이 있다.

■ 색 상

색상은 빨강, 노랑, 파랑이라는 색의 차이에 따라 주어진 이름을 말한다.

- **먼셀(Munsell)의 표색계**

빨강, 노랑, 녹색, 파랑, 보라의 다섯 색상을 원색으로 하고 그 사이에 간색은 주황, 연두, 청록, 남색, 자주를 두어 10색상을 기본으로 둥글게 순환시켜 만든 색상환이다.

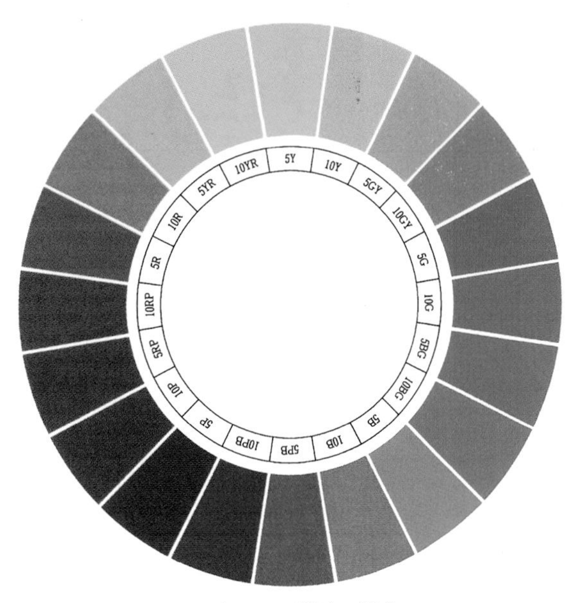

그림 1-55 먼셀의 표색계

- **오스트발트(Ostwald)의 표색계**

빨강, 노랑, 초록, 파랑의 4색상을 원색으로 하고, 그 사이에 간색인 주황, 연두, 초록, 자주를 두어 8색상을 기본으로 설정한 다음, 각 색상을 셋으로 나누어서 합계 24색상의 보색색상환을 만들고 있다.

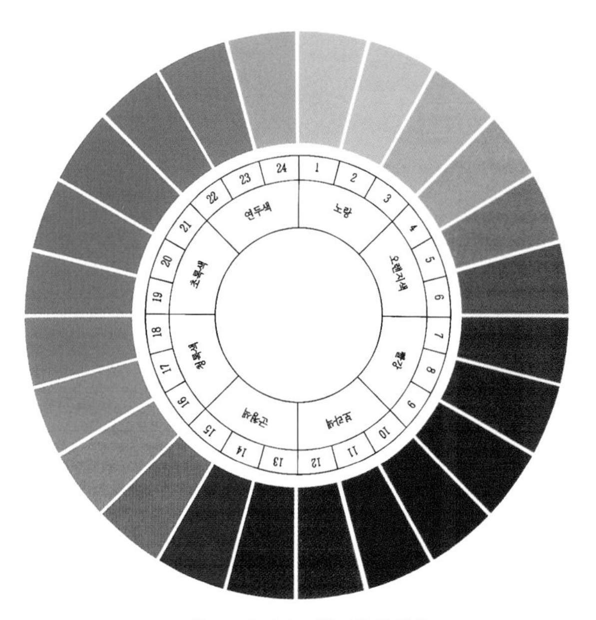

그림 1-56 오스트발트의 표색계

■ 명 도

명도란 색의 밝고 어두움의 정도를 말한다.

■ 채 도

채도는 색의 맑고 탁한 정도를 말하며 순색에 가까울수록 채도가 높고 다른 색상으로 갈수록 채도는 낮아진다.

④ 색의 톤(tone : 색조)

톤은 명도와 채도의 복합개념으로 색의 상태를 색상에 있어 유사한 명도와 채도의 색을 그룹화 하여 분류한다.

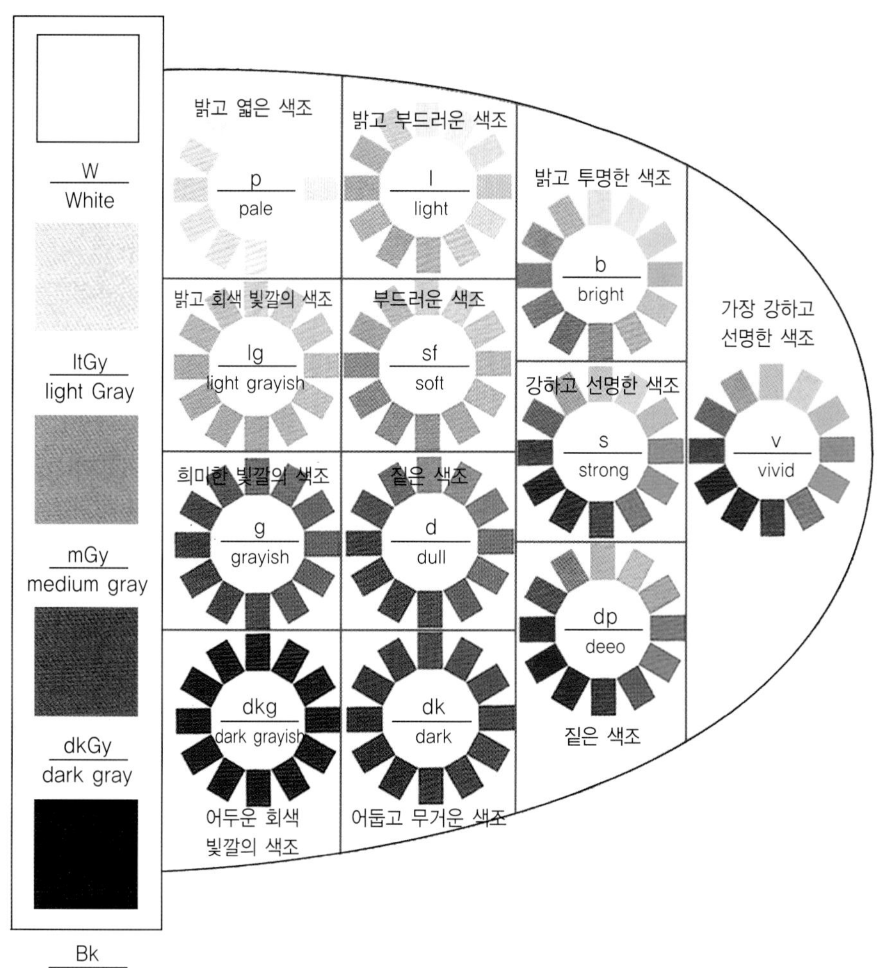

그림 1-57 **톤의 명칭과 톤칼라 표**

⑤ 배색 이미지 스케일

톤에 의한 배색을 기본으로 하는 이미지를 구체적으로 파악하고자 할 때, 가로축과 세로축을 구분하여 부드러운, 정적인, 동적인, 딱딱한의 네 가지로 분류할 수 있다.

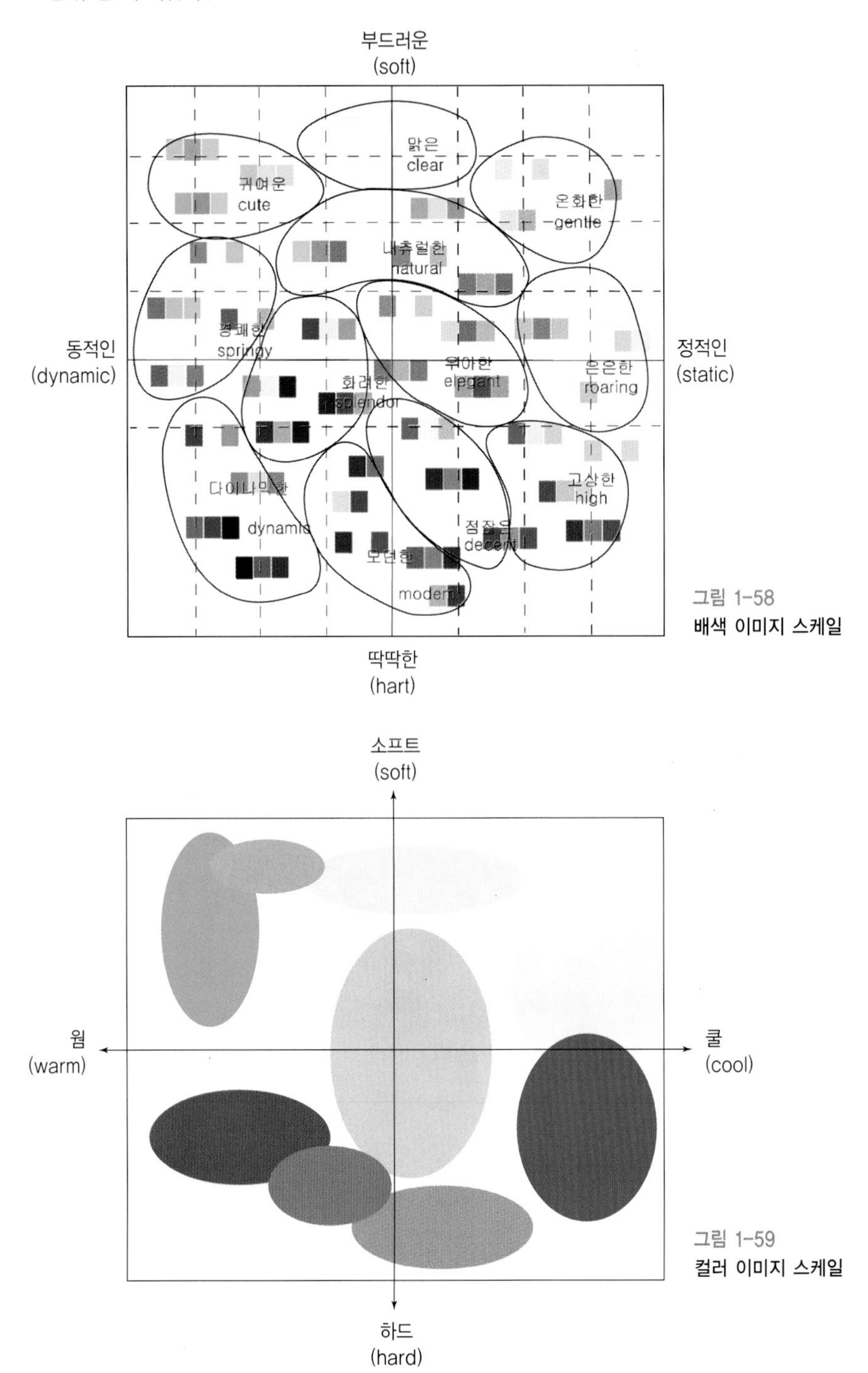

그림 1-58
배색 이미지 스케일

그림 1-59
컬러 이미지 스케일

컬러 이미지 스케일은 색에 관한 감각적인 판단을 보다 객관적으로 전개하기 위해 개발된 체계로서 색채이미지를 형용사 의미 분별법을 이용하여 측정하고 이를 통계 처리하여 얻은 결과이다. 컬러 이미지 스케일은 쿨, 웜, 소프트, 하드의 4가지 요소를 축으로 하여 각각의 색을 고유한 공간상의 위치에 배치시켜 색채가 주는 느낌을 분석한 것이다.

(2) 색의 배색 조화

의복 디자인에 있어 두 가지 이상의 색을 조화시켜 함께 사용하게 되는데 이를 배색이라 한다. 배색에 따른 미의 기준은 개인의 성향과 시대의 흐름 및 유행에 따라 달라질 수 있다. 배색 조화에서 색상환의 각도 차이를 이용하는 배색을 각도 배색이라 한다.

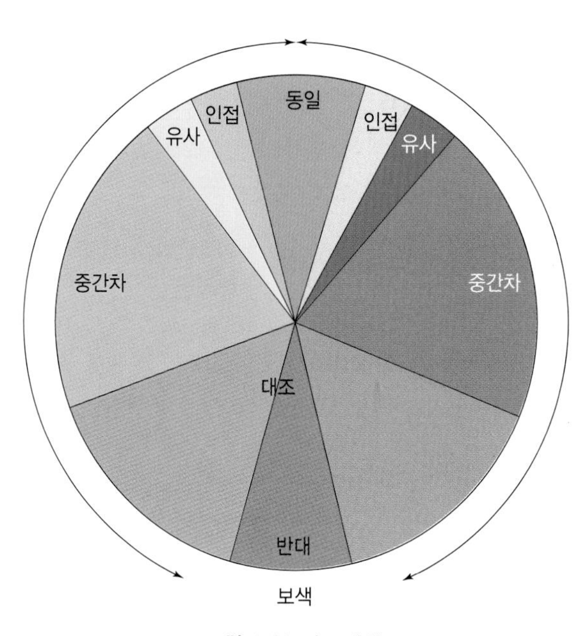

그림 1-60 **각도 배색**

색 상	각 도
동일 색상	0~15도
인접 색상	15~30도
유사 색상	30~45도
중간차 색상	45~105도
대조 색상	150~165도
반대 색상	165~180도
보색 색상	정확히 180도

(각도의 범위는 색채의 시스템에 따라 다소의 차이가 있을 수 있다.

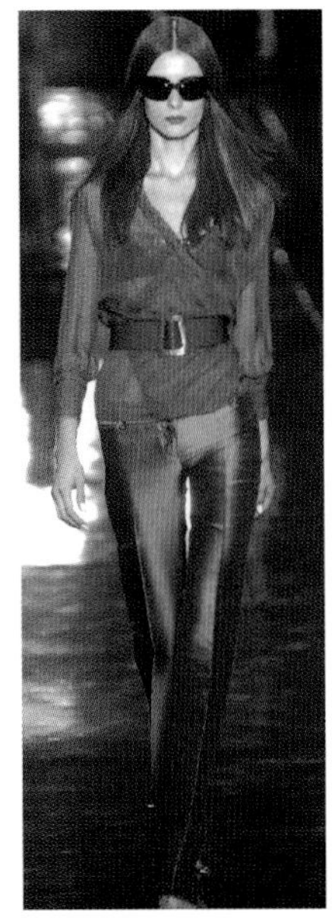

그림 1-61 동일색상 배색　그림 1-62 인접색 배색

그림 1-63 섹스타드 배색　그림 1-64 이색 배색

① 색상을 기준으로 한 배색원리

• **동일색상**(monochrome) **배색** : 0도
동일색상 배색은 한 가지색의 배색이나 동일색상 내에서 명도와 채도를 달리하는 배색으로, 조화로운 안정감을 주므로 소재의 재질이나 액세서리로 변화를 주어 연출하는 것이 좋다.

• **인접색**(analogous) **배색** : 30도
색상환에서 근접한 유사 색상의 배색이다. 유사한 성격의 색이므로 어울리기 쉬운 반면 다소 지루할 수 있다. 명도와 채도에 변화를 줌으로써 명쾌한 느낌을 살릴 수 있다.

• **섹스타드**(sextard) **배색** : 60도
색상환에서 색차이가 60도인 유사색 배색으로 매력적인 조화를 이룰 수 있다.

• **이색**(quadrad) **배색** : 90도
색상환에서 90도의 배색관계로 가장 화려한 배색이라 할 수 있으며 유치할 수도 있으나 천진한 분위기를 자아내므로 아동 의복에 많이 사용한다.

• **분보색**(split complementary) **배색 : 150도**
분기보색이라고도 하며 보색의 양옆에 위치한 색과의 배색으로 콘트라스트가 강한 배색이므로 색의 비율을 조절하여 배색할 필요가 있다.

• **보색 배색**(complementary) **: 180도**
정반대에 위치한 두 가지 색의 배색으로 강렬한 분위기에 적합하다.

그림 1-65 **분보색 배색**

그림 1-66 **보색 배색**

• **삼각**(trio) **배색**
색상환에서 원을 3등분한 지점에 속하는 색들의 배색으로 명쾌한 느낌의 조화를 만들어 낸다. 스포티하면서도 개방적인 상쾌함에서부터 고전적인 우아함에 이르기까지 다양한 느낌을 나타낼 수 있다.

• **연속 삼색**(portamento) **배색**
색상환에서 연속적으로 인접해 있는 세 가지 색의 조화이다. 이질적인 색으로 악센트를 줌으로써 또 다른 분위기를 연출할 수 있다.

그림 1-67 **삼각 배색**

그림 1-68 **연속 삼색 배색**

그림 1-69 도미넌트

그림 1-70 톤 온 톤

그림 1-71 톤 인 톤

그림 1-72 세퍼레이션

② 톤을 기준으로 한 배색원리

• **도미넌트**(dominant) **배색**

조합시키는 각 색에 공통요소를 부여하여 그 요소에 의해서 통일된 분위기를 만드는 배색으로 색상(동일계색의 배색), 명도(색은 달라도 동일 명도의 색을 배색), 채도(색은 달라도 같은 순도를 가진 색), 톤(동일 톤의 배색처럼 특정 톤으로 통일)의 도미넌트로 나눌 수 있다.

• **톤 온 톤**(tone on tone) **배색**

톤을 겹친다는 의미로 톤 변화의 명도차를 비교적 크게 둔 동일 색상의 농담 배색이다. 무난하면서도 정리된 배색효과를 나타낸다.

• **톤 인 톤**(tone in tone) **배색**

동일 또는 유사 톤 내에서 색상의 변화를 살린 배색으로 톤이 동일하므로 조화로우면서도 선택된 톤의 성격에 따라 다양한 이미지를 연출할 수 있다.

• **세퍼레이션**(separation) **배색**

세퍼레이션은 분리, 이탈의 의미로 배색의 중간에 세퍼레이션 컬러를 넣어 배색을 분리시킴으로써 이미지를 바꾼다. 여러 가지색의 배색시 각 색의 효과를 두드러지게 하거나 완충시키는 작용을 한다.

• **그러데이션**(gradation) **배색**
다색을 단계적으로 서서히 변화시킨 배색으로 시선을 일정 방향으로 유인함으로써 리듬감을 준다. 색상순서, 명도순서, 채도순서의 단계를 가질 수 있다.

• **악센트**(accent) **배색**
배색 일부에 악센트가 되는 색을 조합하여 평범하고 단조로운 배색에 시선을 집중시키는 기법이다.

• **콘트라스트**(contrast) **배색**
대조적인 성질의 색을 조합하는 배색으로 삼속성 기준의 조합과 톤 기준의 조합이 있다.
- 색상 : 부조화스럽고 저항적이나 젊음과 활력을 나타냄
- 명도 : 명쾌하고 발랄하여 약동적인 느낌
- 채도 : 화려하면서도 침착한 인위적인 느낌
- 톤 : 명도와 채도의 동시대립으로 긴장감 있고 복잡한 이미지

• **콤플렉스**(complex) **배색**
복잡, 복합의 의미로 의외성이 있는 색 구성의 배색이며 자연적인 친숙한 배색에 인공적인 의외성이 있는 배색을 만들어내는 것이다. 난색은 밝고 한색은 어두우므로 이들의 조합이 자연스러울 수 있으며 역으로 페일톤의 파란색과 다크톤의 갈색의 조합과 같은 밝은 한색과 어두운 난색의 구성을 그 예로 들 수도 있다.

그림 1-76 **그러데이션**

그림 1-74 **악센트**

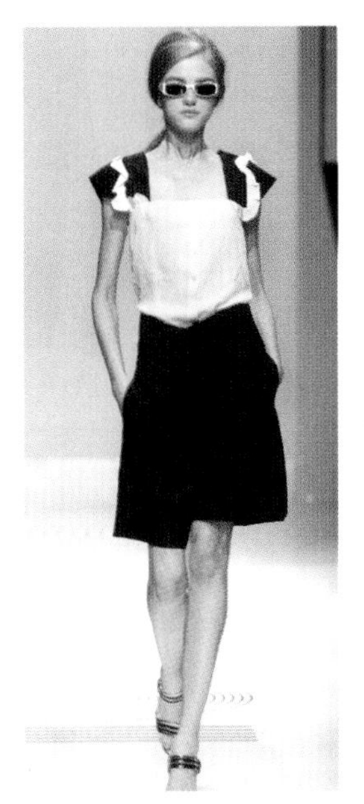
그림 1-75 **콘트라스트**

그림 1-76 **콤플렉스**

(3) 패션과 색채

① 색의 느낌

일반적으로 난색은 행복하고 자유로우며 발랄하게 보이는 반면 한색은 온화하고 경험이 풍부하며 성숙해 보인다. 명색조는 순수하고 젊고 천진난만하게 보이고, 암색조는 부드럽고 완숙하고 나이 들어 보이며 선명한 채도는 젊고 발랄한 느낌을, 탁한 채도와 무채색은 성숙한 느낌의 세련미와 평온한 느낌을 준다.

■ 온도감

색에는 따뜻한 느낌의 난색(강렬, 전진적, 충동적, 활동적)과 차가워 보이는 느낌의 한색(평온, 수동적, 이지적)이 있는데 이러한 느낌을 이용함으로써 디자인에 있어 팽창과 수축의 착시현상을 유도하기도 한다.

■ 중량감

색은 명도 차에 따라 저명도의 색은 무거운 느낌을, 고명도의 색은 가벼운 느낌을 주므로 이를 디자인 용도에 따라 시기적절하게 이용하여 다양한 디자인의 효과를 얻을 수 있다.

■ 운동감

색에는 진출, 후퇴, 팽창, 수축감 등의 운동감을 나타내는데, 이는 배경색에 따라 상대적인 느낌으로 표현된다.

• **팽창 진출색** : 난색, 고채도, 고명도의 색
• **수축 후퇴색** : 한색, 저명도의 색

■ 면적감

색상에 따라 동일한 면적이라도 그 크기가 달라 보인다. 예를 들면 노랑과 보라는 각각 3 : 9의 비율일 때 같은 면적으로 느껴진다.

② 색채의 심리효과

■ 피부색

피부색에 따른 의복의 분위기 조화는 매우 중요하며 따라서 의복을 디자인할 때에는 피부색뿐만 아니라 머리카락과 눈 색깔까지 고려되어야 한다.

■ 계 절

• **봄** : 밝고 부드러운 이미지의 파스텔조 색이 주조를 이루며 연두, 풀색, 핑크, 엷은 살색 등이 봄의 자연과 조화를 이룬다.

• **여름** : 강한 햇빛과 짙푸른 자연에 대해 무채색이나 강한 순색이 적합하며 흰색이나 한색 계열의 배색으로 시원한 느낌을 연출할 수 있다.

• **가을** : 짙고 풍부하며 침착한 느낌이 드는 빛바랜 색이 주를 이루며 채도가 강한 색으로 배색의 효과를 줄 수 있다.

• **겨울** : 탁하고 어두운 색은 휴식을 연상시키므로 따뜻한 색과의 조화가 배색의 조건이 된다.

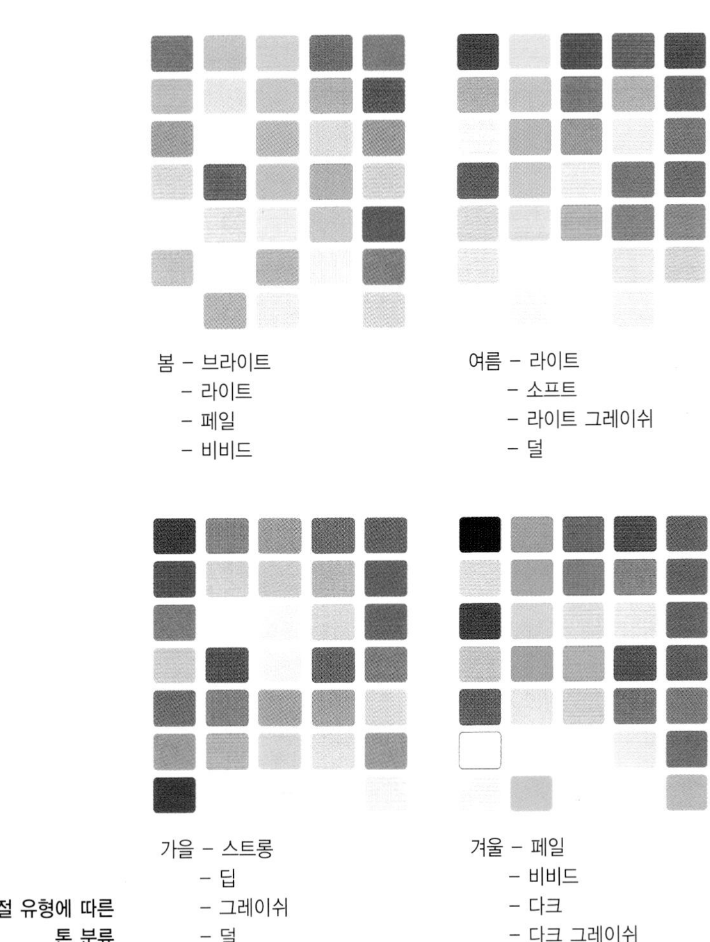

그림 1-77 **사계절 유형에 따른 톤 분류**

3) 패션 디자인과 소재

(1) 소재의 개념 및 종류

① 소재의 개념

작품의 재료가 되는 섬유 및 동물의 가죽, 털, 금속 등을 말한다. 최근에는 디자인에 있어 소재의 중요성이 부각되므로 다양한 첨단 신소재 및 기능성 소재의 개발이 중요하게 부각되고 있다.

텍스타일이란 섬유 및 그것을 가공해서 만든 실, 끈, 직물, 니트, 부직포 등을 말하며 텍스타일의 최소 구성 성분은 섬유이다. 섬유에 의해 실이 만들어지고, 실에 의해 텍스타일이 만들어진다.

② 소재의 종류

■ 실

실은 직물, 편물 등 옷감의 재료로, 사용되는 실은 다음과 같이 분류할 수 있다.

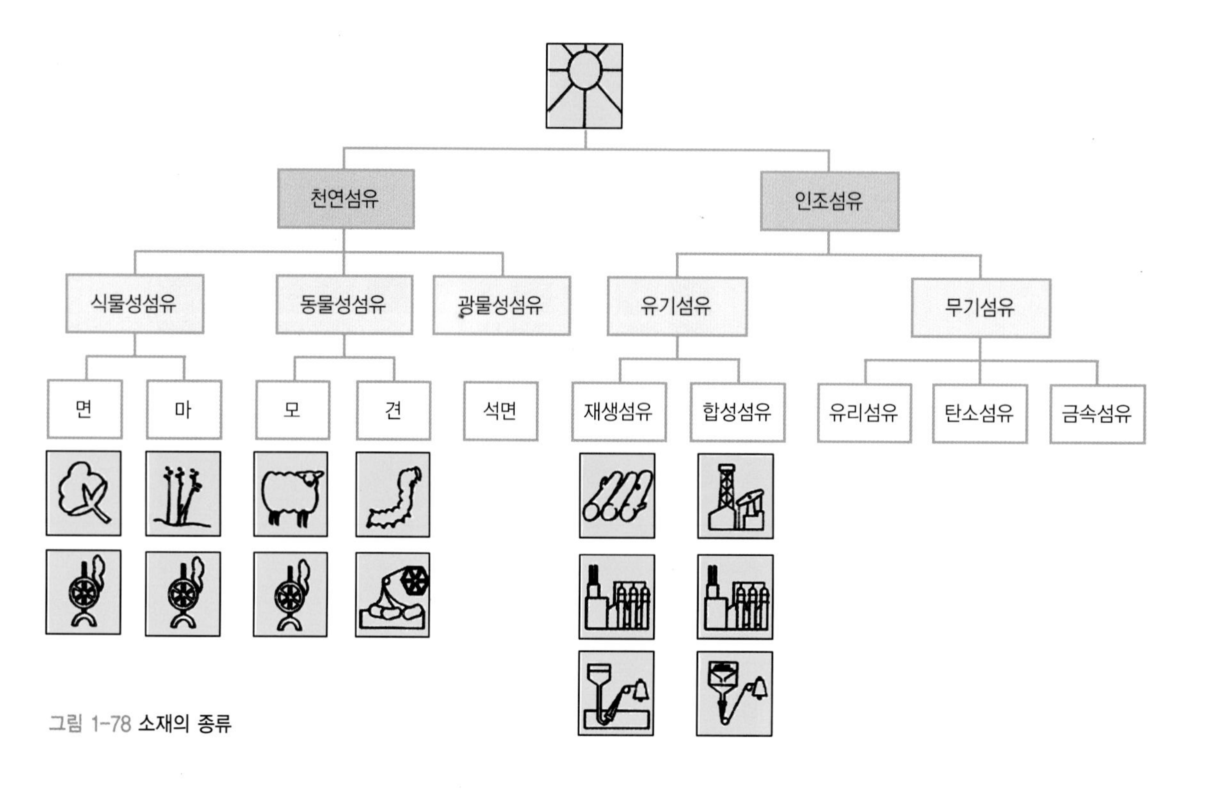

그림 1-78 소재의 종류

• **필라멘트사** : 연속된 긴 섬유로 방사과정을 통해 인위적으로 만든 실이다.

• **방적사** : 면, 마, 모, 인조 등의 짧은 섬유를 꼬아서 만든 실로 광택은 없으나 피부 밀착을 방지하여 안락감을 주므로 피복 재료로 널리 사용되고 있다.

• **텍스처사** : 합성섬유의 열가소성을 이용해서 필라멘트사에 권축을 부여하여 인위적으로 방적사와 같은 외관과 촉감을 만든 것으로, 보온성이 좋고 부피감과 신축성, 광택, 피복성이 좋다.

■ 옷 감

옷감은 섬유를 원료로 하며 여러 가지 생산방식을 통해 만들어지는 텍스타일의 결과물이다.

• **직물** : 경사와 위사 두 가닥의 실을 직각으로 교차시켜 평면적인 일정한 조직을 형성한 것이다.

• **편물** : 한 가닥의 실이 가로 또는 세로 방향으로 연속적인 루프를 형성함으로써 만들어지는 것으로 그 방향에 따라 경편직과 위편직이 있다.

• **레이스** : 실을 서로 얽어매거나 서로 조합시켜 격간의 모양을 만든 것으로 수공 레이스와 기계 레이스가 있다.

• **부직포** : 방적이나 제직의 과정을 거치지 않고 화학적, 기계적인 처리방식을 통하여 섬유를 접착시킨 것이다.

• **펠트** : 양모의 축융성을 이용하는 것으로 열 수분, 압력의 작용에 의한 펠팅의 결과로 섬유에서 곧바로 천이 되는 것을 말한다.

• **가죽과 모피** : 인간은 오래 전부터 짐승의 생가죽이나 털가죽으로 옷을 만들어 입었으며 가죽은 제혁 공정 전에 털을 스킨으로부터 분리하나 모피는 생 털가죽을 그대로 공정하여 만들어진다.

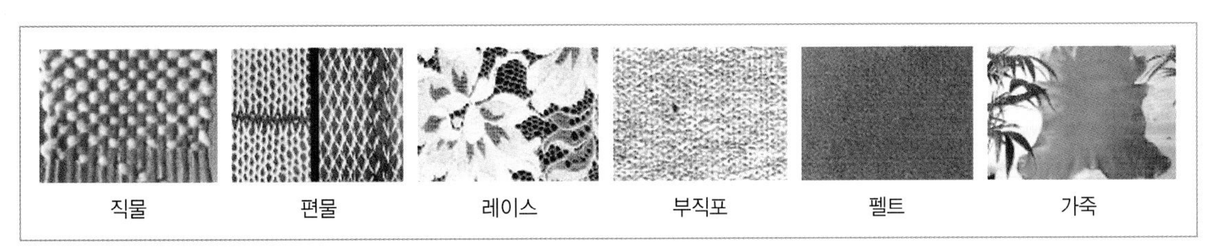

그림 1-79 **옷감의 종류**

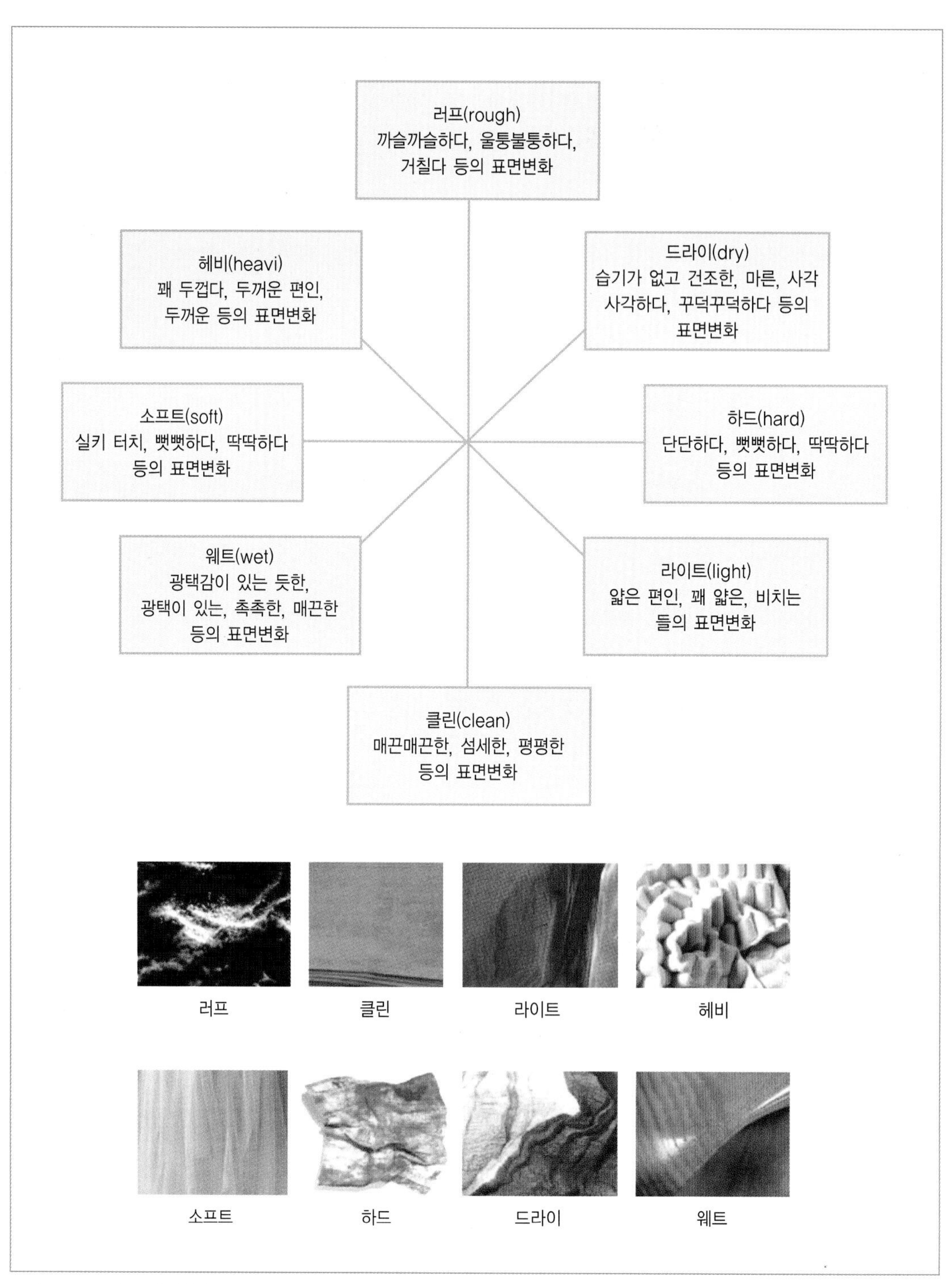

그림 1-80 소재의 재질감에 따른 분류

(2) 소재와 재질감

① 재질감의 분류

재질감은 주로 촉각과 시각에 의해 얻어지는 소재의 표면적인 느낌을 말한다.

의복 구성에 있어서 한 가지 이상의 소재를 사용함으로써 이미지 변화를 연출할 수 있다.

② 재질감과 구성효과

의복 구성에 있어 한 가지 이상의 소재를 사용함으로써 여러 가지 변화된 이미지를 연출할 수 있다.

■ 동일한 재질의 구성

포멀한 의상과 테일러드 수트에 주로 이용되며 한 가지 소재로 구성하는 것이 가장 보편적이다. 전체적인 분위기가 무난하므로 액세서리로 변화를 연출할 수 있다

■ 상반된 재질의 구성

천과 니트, 천과 가죽, 천과 에나멜 등 이질적인 재질의 구성으로 젊고 경쾌한 느낌을 주며 각기 다른 성격의 소재 특성에 따른 재질 간의 균형을 고려하여 적절한 양적 분배가 필요하다.

■ 동일 재질의 다른 색상 구성

동일한 재질의 사용이라도 다른 색의 조합 등으로 다른 느낌을 연출할 수 있다.

■ 동일 색상의 다른 재질 구성

이질적인 재질의 구성으로 깨질 수 있는 의상의 전체적인 균형을 동일색상을 통한 공통점을 부여함으로써 신선한 조화의 효과를 이룰 수 있다.

그림 1-81 동일한 재질

그림 1-82 상반된 재질

그림 1-83 동일 재질의 다른 색상

그림 1-84 동일 색상의 다른 재질

(3) 소재와 무늬

무늬란 직물, 조각 등을 장식하는 여러 가지 모양을 의미한다. 개념상으로 무늬를 이루는 기본 단위를 모티프(motif)라 하며 모티프가 모여서 이루는 무늬의 전반적인 형태를 패턴(pattern)이라 한다. 무늬는 체형과 착용장소 및 분위기에 따라 그 크기와 형태를 고려하여 디자인에 활용하도록 한다.

① 무늬의 분류

■ 무늬의 형성방법에 따른 분류

무늬를 만드는 방법에는 크게 직물의 직조과정과 직조 후로 나눌 수 있다.

• 선염무늬(yarn dyed)

실 자체를 여러 색으로 염색하여 직조한 직물이라는 의미로 서로 다른 실과 직조방법의 결과로 생겨나는 것으로, 예를 들면 체크, 스트라이프, 자카드 등으로 짜여진 것을 말한다.

• 후염무늬(print)

프린트 또는 나염을 말하며 이미 직조된 혹은 짜여진 상태의 복지에 염색을 통해 만들어진 무늬로 염색에는 다음의 세 가지 주요 형태가 있다.

- 직접날염(direct printing) : 흰색 또는 엷은 색의 바탕 위에 직접 색풀을 날염해서 무늬를 표현하는 방법이다.
- 방염(resist printing) : 무늬의 부분에 미리 풀을 발라 두어 염색되지 않도록 하는 방법이다.
- 발염(discharge printing) : 방염과 같은 효과로 발색제를 이용하는 방법이다.

■ 무늬 형태에 따른 분류

• 기하학적(geometric) 무늬

삼각형, 사각형, 원과 같은 기하학적인 형태를 이용하여 사물을 묘사한 경쾌하고 현대적인 감각의 무늬로 체크, 스트라이프, 도트가 대표적이다.

- 스트라이프(stripe) : 가로, 세로, 사선의 방향과 흐름에 따라 디자인 효과가 다르므로 심플한 구성을 통하여 포인트를 주는 것이 중요하다. 스트라

그림 1-85 기하학적 무늬

이프는 그 방향에 따라 시선을 유도하므로 디자인 할 때 신체의 장단점을 고려하여 선의 굵기와 방향을 조절해야 한다.

- 체크(check) : 직선을 가로, 세로로 엮어서 만든 규칙적인 문양으로 포켓, 소매, 주머니와 절개시 이음선의 무늬가 맞도록 재단해야 한다.
- 도트(dot & spot) = 물방울무늬 : 형태가 둥글고 부드러워 자연스러운 분위기를 연출하며 동적인 성격의 유쾌하고 시원한 느낌을 준다. 문양 자체가 장식성을 지니므로 복잡하거나 많은 디테일은 피하는 것이 좋으며 체형에 따라 문양의 크기를 조절하여 사용하는 것이 좋다.
- 문자 : 문자는 상징성을 나타내는 문양으로 각 나라의 고유한 문자를 도안화하여 문양으로 만들거나 브랜드의 명칭을 문양화하여 사용하기도 한다. 어린이 의복에 동화의 내용을 프린트하는 등의 형태로 나타나기도 한다.

• **전통(conventional)무늬**

각 민족과 지역에 오랫동안 사용되어 온 독특한 분위기의 무늬를 말하며 집단의 상징이 되거나 신앙의 대상이 되기도 한다. 이러한 문양은 고전적이고

그림 1-86 전통무늬

식물

동물

풍경

인공물체

그림 1-87 **자연적 무늬**

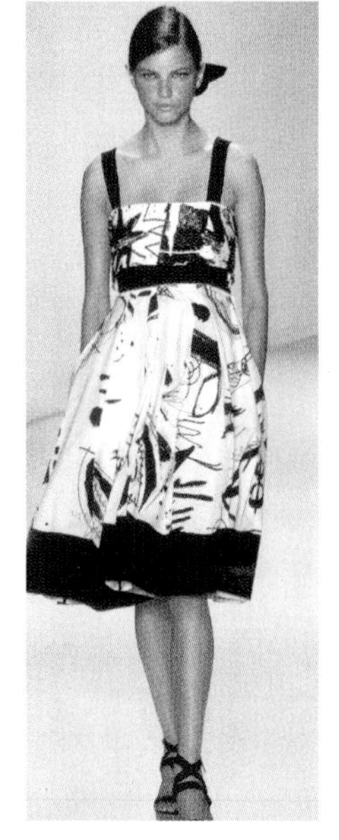
그림 1-88 **추상적 무늬**

중후하며 전통적이고 보수적인 경향을 띠어 클래식한 의복에 주로 이용되는데 젊은층에서는 클래식한, 중년층에서는 세련된 분위기를 연출한다.

- **자연적(naturalistic) 무늬 = 사실무늬**

자연이 만들어낸 조형을 모티프로 사용하는 것이다. 동식물을 소재로 한 것과 자연현상 및 풍경을 소재로 한 것 또는 생활 주변에서 흔히 볼 수 있는 인공 물체를 소재로 한 것 등이 있다.

- **추상적(abstract) 무늬**

사물의 형태와 관계없이 상상력과 창의력에 의해 이루어진 자유스러운 형태와 선, 색, 질감으로 표현되는 다이내믹하고 개성이 뚜렷한 문양으로 단순한 디자인에 적합하며 젊은층에 잘 어울린다. 작은 문양은 평상복에, 대담하고 큰 문양은 특수한 의복에 사용한다.

2. 패션 디자인 원리

패션은 빠르게 변화하고 있지만 이는 소재나 색채, 실루엣 등이 변화하는 것이고 그 변화 속에서도 디자인의 원리는 거의 변하지 않는다.

패션 디자인의 원리란 디자인 요소들을 알맞게 사용하여 조화된 아름다운 의복을 디자인하기 위한 미적인 형식 원리이자 디자인의 목표인 조화의 아름다움을 갖춘 복식을 디자인하기 위한 구성 논리이다.

따라서 디자인의 원리를 이해하는 것은 패션 디자인을 위한 기본적이고 필수적인 과정이다. 이 장에서는 패션 디자인의 원리를 통일, 조화, 균형, 리듬, 강조, 비례로 구분하여 알아본다.

1) 패션 디자인의 개념

일반적으로 사용하는 디자인(design)이라는 용어는 라틴어의 '데시그나레(designare)'에서 유래된 것으로 '계획을 기호로 표시하다'의 의미를 지녔으며, 이탈리아어의 '디세뇨(desegno, 의장)', 프랑스어의 '데상(dessin, 소묘)'과 같은 의미이다.

이것은 주어진 목적을 달성하기 위해 필요로 하는 조형요소를 선택한 뒤 이를 합리적으로 구성하여 적합한 형태를 창조해내는 것으로, 어떤 조형물을 만드는 과정 중에서 조형물의 제작을 위한 설계 또는 계획과정을 뜻한다.

한편 패션(fashion)의 어원은 일, 행위, 활동을 뜻하는 라틴어의 '펙티오(factio)'이며, 불어의 '모드(mode)', 이탈리아어의 '모도(modo)'와 같은 말이다. 주로 의복 또는 장식품의 유행을 가리킬 때 사용되며 어느 특정한 감각이나 스타일의 의복 또는 장식품이 일정한 기간에 집단적으로 받아졌을 때 이를 패션이라 한다.

패션 디자인은 인간의 본능인 미적 표현의 욕구, 신체보호와 활동에 대한 욕구를 성취하기 위한 목적으로 디자인 요소를 디자인 원리에 의해 미적으로 구성하여 인체 위에 조화시키는 것이다.

2) 패션 디자인의 원리

훌륭한 패션 디자인은 우연에 의해 이루어지는 것이 아니라 계획에 의해 이루어진다. 이 계획이란 패션 디자인에서 추구하는 목표를 명확히 설정하고 이를 이루기 위한 설계를 의미한다.

패션 디자인의 원리는 특정한 효과를 얻어내기 위한 미적인 형식 원리이다. 즉 디자인 요소들을 체계적으로 사용하여 조화된 아름다운 의복을 디자인하기 위한 배합에 있어서의 구성 계획이라 할 수 있다.

패션 디자인의 원리로는 통일, 조화, 균형, 리듬, 강조, 비례를 들 수 있다.

(1) 통일(unity)

① 통일의 개념

통일은 조화의 미를 창출해 낼 수 있는 질서감을 주기 위한 디자인 원리 중의 하나이다. 두 가지 이상의 상호 관계에서 공통성이 있을 때에 얻어지는 것으로 모든 요소가 서로 분리되지 않고 전체적으로 감각적인 효과를 발휘하는 것을 말한다.

통일은 부분과 부분이 분리될 수 없으며 상호 종속적이고 모두가 부합되어 서로 보완적인 효과를 거두는 완성적 일체감으로 선, 형, 색, 재질의 요소들이 조화되어 나타난 완전하고 질서있게 통합된 감각의 원리이다.

② 통일의 방법

통일을 이루는 데에는 공통의 성격을 질서있게 정리, 조절하였을 때 나타나는 유기적인 통일과 이질적인 요소를 대립시켜 주종 관계를 이루는 변화적인 통일이 있다.

■ **유기적 통일**(organic unity)

공통의 성격을 질서 있게 정리하고 조절한 것으로 각 부분과 부분과의 연관성을 가지고 전체를 조화시켜 나가는 형식이다. 이질적인 요소 간에 공통적인 특징을 모아 그것을 매개체로 유도하는 방법이다.

유기적 통일의 특색은 안정되고 차분한 분위기를 주지만 지나치게 통일의 요소를 의식하면 변화성이 없어서 단조롭고 지루해질 우려가 있으므로 소재,

문양, 액세서리 등을 의복과 매치시켜 통일의 조화를 주는 것이 좋다.

■ **변화적 통일**(unity in variety)

변화적 통일은 어느 한 요소를 집중시켜 강조의 포인트로 부각시킬 경우에 이 요소들이 통일성을 이루어 나타나는 조화이다. 다시 말해 이질의 요소를 대립시킴으로써 시선을 끌어 이것을 중심으로 종속의 다른 요소를 연관시켜서 이들이 통일성을 이루어 나타나는 조화를 말한다.

변화적 통일은 지배적인 포인트를 이루기 때문에 하나의 접점을 향한 통일성은 있으나 이 균형이 깨지면 산만해지고 시선이 분산된다.

특히 주의할 점은 변화를 시도하려고 다양한 요소를 사용하였을 때 조화로 이끌지 못하고 튀는 효과가 나타나므로 훈련된 감각으로 신중을 기해야 한다는 것이다.

그림 1-89 체크 문양의 유기적 통일

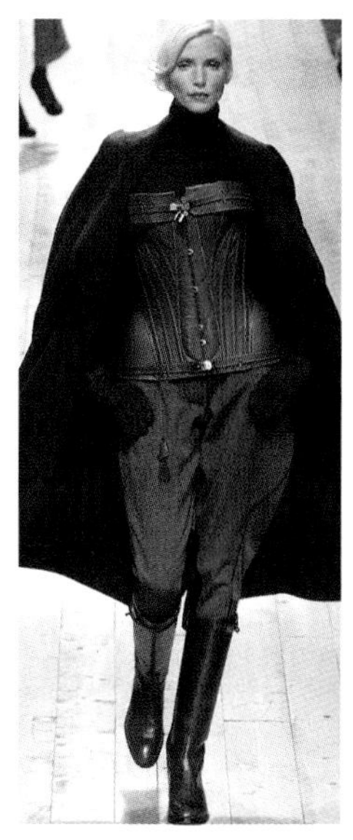
그림 1-90 갈색 계열 색상의 유기적 통일

그림 1-91 매니쉬 한 이미지의 유기적 통일

그림 1-92 검정 배색의 변화적 통일

그림 1-93 체크 문양 장식의 변화적 통일

그림 1-94 공작새의 이미지를 적용한 변화적 통일

③ 패션 디자인과 통일

복식 디자인에 있어서 통일은 우선 착용한 사람의 분위기와 체형이 의복과 잘 어울려서 일체감을 주어야 한다.

또한 의복과 의복끼리 어울리도록 연출할 뿐 아니라 헤어스타일에서 화장, 구두, 핸드백 등 각종 액세서리까지 전체적인 코디네이션을 이루어야 한다.

의복에서의 통일은 다양하고 독립된 각각의 아름다움이 하나씩 조화를 이루며 합쳐져 통일된 미를 이루는 것으로, 의복 한 아이템에 나타난 디자인 요소들의 일관성에 관계하기도 하고 색, 무늬, 소재, 실루엣, 디테일 등의 각 요소가 상호 조화를 이루어 전체적인 아름다움을 형성하는 것이다.

이처럼 통일은 단독적으로 있는 것이 아니고 각종 디자인 원리들과 함께 조화를 이루는 효과를 발휘하기 때문에 여러 가지의 상황을 함께 조절하는 디자인 능력을 길러야 한다.

(2) 조화(harmony)

① 조화의 개념

조화란 디자인 요소들이 서로 조합되거나 대비되었을 때 각각의 요소가 서로 그 성격을 침범하는 일이 없이 감각적으로 잘 융화되어 아름다움을 만들어 내는 상태를 말한다. 이것은 두 개 이상의 요소가 각각의 특징이 부각되면서도 연결되어 균형의 미를 창출하는 것을 뜻한다.

② 조화의 방법

조화의 방법에는 어떠한 요소들이 모여서 서로 비슷한 분위기를 내는 유사조화와 이질적이나 개성적인 분위기를 나타내는 대비조화가 있다. 이 외에 전혀 어울리지 않는 요소들을 조화시킴으로써 또 다른 미적인 조화를 이루는 부조화를 들 수 있다.

■ **유사조화**(similarity harmony)

유사조화는 서로 대립되지 않는 비슷한 요소들이 조화를 이루는 상태를 일컫는다. 동일 색상, 같은 톤의 배색, 비슷한 무늬나 실루엣, 형태, 내부의 디테일이 서로 비슷한 성격을 가지고 결합되었을 때 나타난다. 유사조화는 각 요소가 서로 공통성이 있기 때문에 안정적이고 균일한 분위기를 나타내기는 해도 변화가 적고 지루한 감이 있다.

■ **대비조화**(contrast harmony)

대비조화는 대립되는 관계에 있는 요소들 사이의 조화이다. 조화의 요소가 되는 길이의 크기, 곡선과 직선, 흑과 백, 부드러움과 거친 것, 화려함과 질박

그림 1-95 색상의 유사조화

그림 1-96 디테일의 유사조화

그림 1-97 실루엣의 유사조화

그림 1-98 문양의 유사조화

그림 1-99 곡선과 직선의 대비 조화

그림 1-100 재질의 대비조화

그림 1-101 크기의 대비조화

그림 1-102 색상의 대비조화

그림 1-103 패턴의 부조화

그림 1-104 아이템의 부조화

그림 1-105 이미지의 부조화

그림 1-106 크기의 부조화

함, 얇은 것과 두꺼운 것 등 어울리는 요소들이 서로 다른 성격일 때 나타나는 조화이다. 대비조화는 강렬하고 극적이기 때문에 적절히 배치하는 데에 고도의 감각이 요구되나 독특한 개성미를 연출할 수 있는 것이 장점이다.

■ **부조화**(discord)

디자인은 하나의 미적 창출이기 때문에 때로는 불협화음도 미적 요소가 될 수 있다. 부조화는 전혀 어울리지 않는 요소들을 조화시킴으로써 또 다른 미적 현상을 만들어내는 것으로 고정 관념을 벗어난 미적 조화는 이제까지 느끼지 못하였던 새로운 충격을 준다. 부조화는 파격적이고 독창적인 이미지를 낳는 시각적인 흡인력으로 말미암아 현대 디자인에 있어 새로운 주류를 이루며 선호되고 있다.

③ 패션 디자인과 조화

복식에서의 조화는 의복 자체의 미적 조화 외에도 의복으로서 목적을 수행할 수 있는 기능적 조화를 지니고 있어야 한다. 또한 사람이 입어서 활동하기에 편안한 구조적 조화가 요구된다. 패션 디자인에서의 조화는 디자인의 요소인 선, 색채, 재질의 조화를 응용하여 연출된다.

■ 선의 조화

복식에 나타나는 선은 매우 다양하며 크게는 구조적인 구성선과 장식선으로 구분된다. 선은 위치나 그의 변화에 따라 사람의 시선이 옮겨지면서 생기는 방향성의 물리적 및 심리적 효과를 가진다. 또한 복식에서의 선은 실루엣 안의 선들을 실루엣이 나타내는 선의 종류나 방향에 일관되게 사용함으로써 조화를 이룬다. 선의 조화는 의복의 실루엣과 장식선과의 조화 외에도 옷감의 무늬나 재질의 느낌 등 의복 간의 전체적인 분위기로 창출되는 질서감과의 결합성이 요구된다.

그림 1-107 구성선의 조화

그림 1-108 주름에 의한 선의 조화

그림 1-109 장식선의 조화

그림 1-110 색채의 유사조화

그림 1-111 색채의 대비조화

그림 1-112 명도조화

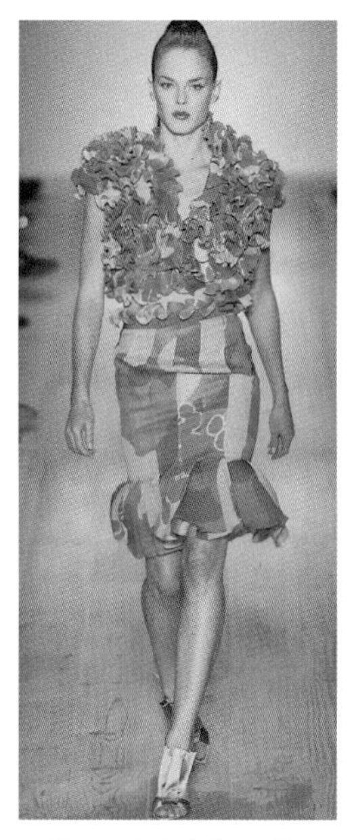

그림 1-113 유사채도조화

■ 색채의 조화

색채의 조화는 색상 선택시 명도, 채도의 차이에 따라서 여러 가지로 조절된 분위기를 나타낸다. 유사조화의 색상은 부드럽고 평이한 느낌을 주며 대비색을 배색하면 대담하고 강렬한 느낌을 줄 수 있다. 명도의 차이가 적을 경우 부드러운 인상을 주지만 강한 명도 대비는 좀 더 대담한 분위기를 만든다. 색상이 다를 경우라도 고채도는 고채도끼리, 저채도는 저채도끼리 유사한 분위기를 나타냄으로써 무난하게 조화를 이룰 수 있다.

무채색끼리의 조화는 충분한 명도대비를 이루는 것이 좋으며 무채색과 유채색과의 조화에는 채도가 대비되도록 고채도의 강렬한 색채로 배색하는 것이 효과적이다. 주색채와 비교하여 색상, 명도, 채도 면에서 대비가 강한 색채가 사용되는 강조색은 적은 면적에 강한 대비를 두는 것이 효과적이다. 또한 개인의 개성에 따라 수용되는 색채가 다르므로 피부색, 신체의 크기 등 착용자의 조화를 우선으로 생각하는 것이 필수적이다.

■ 재질의 조화

재질의 조화는 외관상으로 나타나는 재질의 분위기 외에도 재질의 무게, 촉감 등이 실루엣을 결정하는데 알맞아야 한다. 부드럽고 유연한 재질은 곡선적이고 우아함을 나타내는 디자인에 조화를 줄 수 있으며 반면에 거칠고 투박한 재질은 스포츠복이나 작업복과 같이 견고해야 하는 기능적인 의복에 잘 맞는다.

서로 다른 재질을 한 의복에서 조화시키고자 할 때, 각각의 재질은 느낌, 용도, 내구성, 관리방법 등에서 통일되어야 하며 그 중에서도 느낌의 통일감이 중요하다. 예를 들면 가죽과 니트, 새틴과 레이스는 서로 유사한 느낌을 주면서 의복 전체의 느낌을 더욱 강화시킨다.

또한 함께 배합하는 두 재질은 재질의 물리적 특성이 차이가 나게 하여 변화를 줄 수 있다. 강한 재질의 소재를 강조점으로 사용할 때에는 면적 차이를 크게 하며, 재질의 색채와 느낌을 통일시킨다. 그 외에도 재질의 분위기는 착용자의 신체적 특징, 사용 목적에 조화되도록 해야 한다.

그림 1-114 부드러운 재질의 조화

그림 1-115 가죽과 모피의 조화

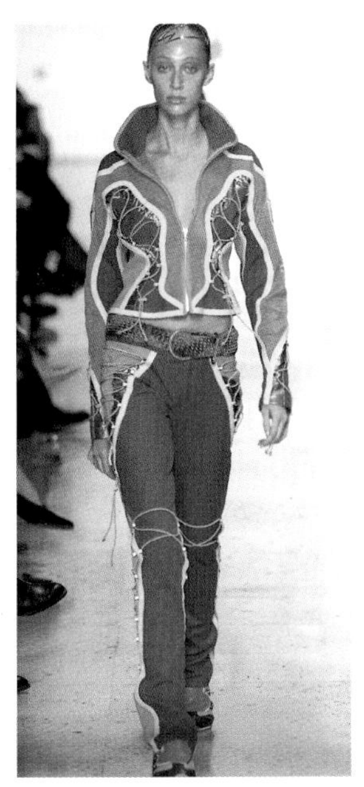

그림 1-116 기능적 재질의 조화

(3) 균형(balance)

① 균형의 개념

균형이란 하나의 축을 중심으로 무게와 힘이 균등하게 분배되어 있는 상태이다. 균형감은 중심선 좌우에 같은 양의 '시각적 힘'이 있어 미적 균형이 이루어진 상태에서 얻어진다. 즉 수평 혹은 수직축을 중심으로 하여 무게, 크기, 밀도 그리고 위치와 관련되어 균형을 이룬 상태에서는 심리적으로나 시각적으로 안정감과 휴식감, 침착함을 느낄 수 있다. 반면에 균형이 깨지면 불안정감을 느끼나 시각적 자극은 더욱 강해진다.

② 균형의 방법

시각적으로 느낄 수 있는 미적 균형의 종류에는 크게 대칭균형과 비대칭균형의 두 가지가 있다.

■ **대칭균형**(symmetrical balance)

디자인 요소를 좌우에 같은 힘과 양 그리고 중심에서 같은 거리에 있게 함으로써 좌우가 균형을 이루도록 하는 원리이다. 대칭균형을 바탕으로 제작된 의복은 단순하고 평범하나 안정감과 규범적 · 획일적 · 수동적 · 의례적이며 단정한 느낌을 준다. 일상복, 제복, 사무복 등 유행에 관계없이 오랫동안 착용하는 기본적인 의상에 많이 적용된다. 대칭균형의 단조로움과 평범함을 보완하기 위하여 재질이나 색채대비를 이용한 강조점을 사용하거나 액세서리를 활용하여 변화를 줄 수 있다.

대칭균형은 세부적으로는 중심이 되는 선의 방향에 따라 수평적 균

그림 1-117 수평적 균형

그림 1-118 수직적 균형

그림 1-119 방사적 균형

형과 수직적 균형, 방사적 균형으로 구분된다.

수평적 균형은 세로선을 기준으로 좌우 양쪽의 힘의 균형의 관계를 말한다. 이때에 축의 이동이나 양쪽의 무게를 조절하여 균형의 상태를 이룰 수 있다. 수직적 균형은 가로선을 기준으로 상하 양쪽에 같은 힘이 있는 상태를 말한다. 복식 디자인에서는 수직적 균형보다는 수평적 균형을 중시하며, 아래를 무겁게 함으로써 안정감을 추구하거나 또는 반대로 아래를 가볍게 함으로써 불안정감에 의한 스포티한 느낌을 표현한다. 방사적 균형은 중심이 주변 전체를 통합하는 균형이다. 따라서 균형의 힘이 중심 주변으로 입증된다. 방사적 균형의 조화가 이루어지지 않는 경우는 신체의 부분들을 잡아당기는 듯 보여서 무질서하게 보인다.

따라서 방사적 균형은 집중시키고자 하는 부위가 미적인 조건이 될 수 있도록 착용자의 미적 자신감이 있는 쪽을 중심으로 향하게 한다.

■ **비대칭균형**(asymmetrical balance)

비대칭균형은 서로 다른 크기나 영향력을 가진 요소들이 중심축에서 좌우로 다르게 놓여 있지만 시각적으로 미적 무게가 균등하여 균형을 이루는 원리이다. 비대칭균형을 이루는 의복은 좌우대칭을 이룬 신체와 율동적인 관계를 형성하여 대칭균형보다 훨씬 부드럽고 율동감 있게 보인다. 또한 예술적인 미와 함께 성숙감과 세련미가 있어 신체결합을 보완하는데 효과적이다.

비대칭균형은 운동감, 유연성, 부드러운 느낌을 주어 이브닝 드레스나 칵테일 드레스 등 드레시한 의복, 개성이 강한 의복이나 활동성이 강한 스포티한 의복에

그림 1-120 캐주얼복의 비대칭균형

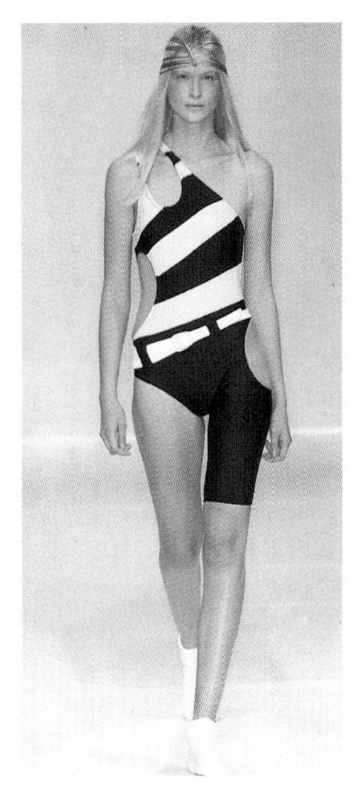

그림 1-121 스포츠복의 비대칭균형

그림 1-122 드레스의 비대칭균형

많이 사용된다. 비대칭균형은 매우 다양한 방법들에 의해 독특한 미적 효과를 나타낼 수 있기 때문에 디자이너가 자유로운 표현을 할 수 있게 하며 상상력과 실험정신 및 고도의 감각을 필요로 하게 한다. 최근의 패션 디자인은 균형 잡힌 규격미를 거부하고 창의적인 미적 가치를 중시하는 경향으로 균형이 깨진 파괴미가 많이 표현되고 있다.

③ 패션 디자인과 균형

복식의 균형 효과는 신체를 바탕으로 이루어져야 한다. 패션 디자인에서 균형을 결정하는 것은 디자인 요소의 시각적 무게이다. 시각적 무게의 균형은 시선을 동등하게 끄는 것을 의미하며 디자인 요소인 선, 형태, 색채, 재질, 장식의 특성에 따라 결정된다.

■ 선에 의한 균형

복식에 나타나는 선은 크게 실루엣과 실루엣 안의 선으로 나눌 수 있다. 일반적으로 시각적 힘을 느끼게 하는 선은 실루엣 안에 있는 선들로서 주로 디테일선, 솔기선, 주름선, 장식선 등을 들 수 있다. 선에 의한 시각적 힘은 복식에 나타난 선의 존재 여부와 선의 성격에 따라 결정된다.

선은 방향, 굵기, 길이에 따라서 크기와 무게를 느끼게 한다. 복식디자인에서의 선은 대부분의 경우에 형의 일부를 이루기 때문에 선의 성격에 따라 형의 성격도 결정된다. 특이한 선, 형은 평이한 선, 형에 비하여 시각적 힘이 커서, 보는 사람의 눈길을 끄는 힘이 강하여 균형을 이루는 힘이 크다. 예를 들면 가늘

그림 1-123 직선에 의한 균형

그림 1-124 곡선에 의한 균형

그림 1-125 선과 선 사이의 균형

고 긴 선에 비하여 짧지만 굵은 선은 시각적 힘으로 인해 길이의 느낌을 강하게 하여 양쪽이 상응하는 효과를 나타낼 수 있다. 또한 시각적 힘이 큰 특이한 형은 면적이 작아도 강한 힘을 갖기 때문에 넓은 면적의 평이한 형과 균형을 이룬다.

색채에 의한 균형

색채의 조화는 어느 것보다도 시각적인 호소력이 강하다. 색채의 균형 잡힌 조화는 사용된 색상, 명도, 채도를 적절하게 균형 분배하는 데서 생긴다. 색채의 경우 대개는 난색이 한색에 비해 무게감이 있으며 고명도가 저명도보다 시선을 끄는 힘이 강하다. 그 이유는 난색이 갖는 팽창 효과와 전진 효과 등에 기인한다. 또한 밝은 색상은 가벼워 보이는 반면에 어두운 색상은 무거워 보인다. 따라서 같은 양이라도 명도가 높은 것의 많은 양과 명도가 낮은 것의 적은 양이 같은 무게의 균형으로 지각될 수 있다. 이러한 원리를 적용하여 가벼운 색상을 상부에 사용하고 어두운 색상을 하부에 사용하면 안정감을 준다. 또한 지나치게 유사한 배색으로 하였을 때에는 개성이 없으나 그와는 반대의 보색만으로 사용하였을 경우는 지나치게 눈부신 현란함을 준다. 이 경우에 흰색이나 검은색을 소량 사용하면 들뜬 분위기를 가라앉게 하거나 순화시켜서 균형을 이루는 데 효과적이다. 채도의 균형도 명도의 균형 분배의 경우와 같이 적용된다.

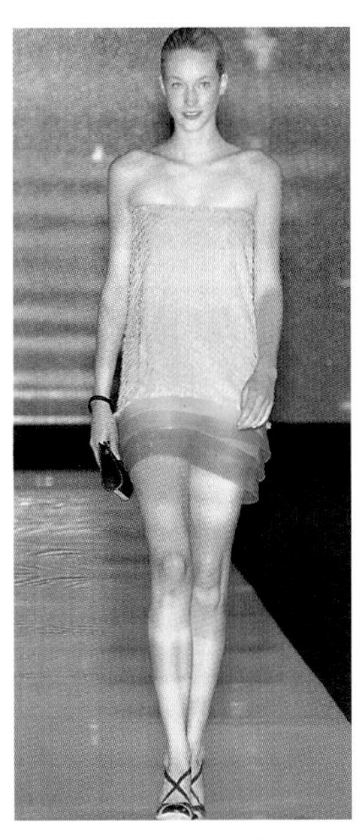

그림 1-126 색상의 균형

그림 1-127 명도의 균형

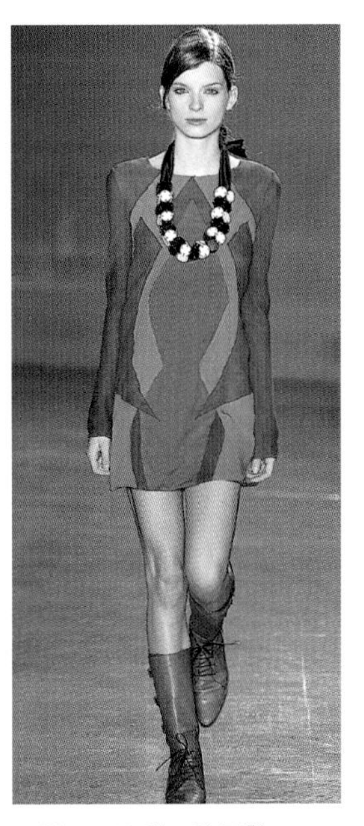

그림 1-128 채도의 균형

그림 1-129 장식적 재질감에 의한 균형

그림 1-130 장식 디테일에 의한 균형

그림 1-131 광택소재의 재질감에 의한 균형

■ 재질에 의한 균형

광택이 있는 재질이나 특이하고 장식성이 큰 재질은 비교적 눈길을 끄는 힘이 강하다. 재질에 의한 균형은 의복의 중심에서 멀리 있는 목 부분이나 소매 끝, 스커트 단에 서로 다른 소재나 트리밍을 이용하여 그의 위치나 양을 조절함으로써 이룰 수 있다. 재질의 무게감과 분위기는 착용자의 체형 및 이미지 등을 고려하여 디자인되었을 때 더욱 효과적으로 균형을 이룰 수 있으며 이러한 특징을 장식물이나 디테일에 응용하면 더욱 큰 효과를 낼 수 있다.

(4) 리듬(rhythm)

① 리듬의 개념

리듬은 여러 가지 디자인의 요소들을 규칙적으로 반복시키거나 점진적으로 변화시킴으로써 시각적 율동감을 느끼게 하는 원리이다. 복식에서의 리듬은 선, 형, 색채, 재질이나 디테일 트리밍 등을 이용하여 규칙적이고 반복적인 흐름을 만들어 내어, 사람의 눈길을 한 곳에서 다른 한 곳으로 자연스럽게 유도하는 힘을 지니며, 자연스럽고 흥미 있는 움직임으로 의복 각 부분에 연계성을 주어 디자인의 변화와 흥미를 더해준다.

② 리듬의 원리

리듬의 원리에는 반복, 연속, 교차, 점진 등이 있다.

■ **반복**(repetition)

반복은 디자인의 어떤 요소를 변화 없이 규칙적으로 반복함으로써 디자인에 리듬을 만드는 것이다. 또한 반복은 반복되는 방향으로 시선이 따라가게 하며 그 과정은 신체의 방향을 강조하게 하는 방향 지시적인 원리이다.

■ **연속**(sequence)

연속은 특정한 순서와 일정한 규칙을 갖고 어떤 요소의 뒤를 또 다른 하나가 뒤따르는 원리이다. 각각의 뒤를 따르는 요소들은 선을 형성하게 되므로 연속도 일종의 방향 원리이다.

■ **교차**(alternation)

교차는 두 가지의 요소가 동일한 순서를 지니면서 앞, 뒤로 변화되는 것으로 연속과 반복의 결합으로 이루어지는 원리이다. 교차된 두 단위가 비슷한 분위기일 경우 그 효과는 더욱 강화되며, 서로 반대되는 느낌일 경우는 그 효과가 감소되고 흐려진다.

■ **점진**(gradation)

점진은 디자인 요소의 양, 크기, 밀도, 강도들이 단계적으로 강화되거나 약화되는 변화단계로 운동감을 주어 시선을 유도하는 방법이다. 점진은 양이나 크기, 밀도, 강도들이 단계적으로 넓은 것에서 좁은 것으로, 큰 것에서 작은 것으로 혹은 그 반대로 변화되는 것이기 때문에 흥미를 유발시키는 힘이 더욱 크며 극적이다.

③ 리듬의 방법

리듬 원리를 이용한 리듬의 방법으로는 반복 리듬, 전환 리듬, 점진 리듬, 방사선 리듬, 교체 리듬을 들 수 있다.

그림 1-132 디테일에 의한 반복 리듬

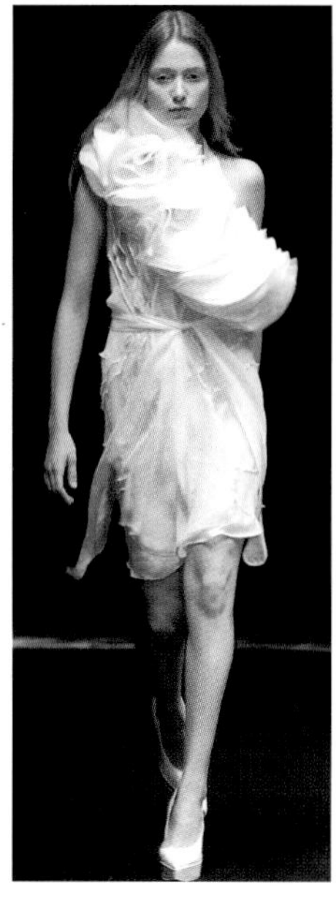

그림 1-133 접기에 의한 반복 리듬

그림 1-134 배색에 의한 반복 리듬

그림 1-135 비대칭으로 장식한 개더의 전환 리듬

그림 1-136 꼬임에서 주름으로의 전환 리듬

그림 1-137 개더에서 카울로의 전환 리듬

■ **반복 리듬**(repetition rhythm)

반복 리듬은 반복되는 단위가 변화 없이 규칙적으로 이루어지는 것으로 균일한 리듬이다. 이것은 동일한 성격의 비중으로 움직이기 때문에 단순하고 계획적인 반면에 안정감을 준다. 반복 리듬은 플리츠, 스티치, 레이스 등의 디테일 등으로 반복하기도 하고 색이나 트리밍, 소재와 같은 디자인의 요소로서 응용되기도 한다. 규칙적으로 사용된 반복 리듬은 같은 요소를 지속시켜 나아가 그 방향을 강조하는 효과가 크다.

■ **전환 리듬**(transition rhythm)

전환 리듬은 처음의 리듬 형태가 다른 모양으로 전환되어지는 것이다. 전환 리듬은 의복의 주름이 자연스럽게 퍼지는 것과 같이, 같은 박자로 일관하다가 도중에 다른 박자로 변환되어져 다른 느낌을 주는 변화를 보이면서 복식에 리듬감을 나타낸다. 이 변화는 인위적인 것이 아니고 위치가 달라지면서 형성되거나 소멸되는 성격이 있다.

■ **점진 리듬**(gradation rhythm)

점진 리듬은 리듬의 요소가 연속적으로 이루어지면서 점차로 그 단계가 약해지거나 강해지는 변화의 리듬이다. 점진 리듬은 반복의 단위가 점점 강해지거나 약해지는 경우와 단위 사이의 거리가 점차 멀어지거나 가까워지는 경우 또는 위의 두 가지가 동시에 일어나는 경우에 생겨난다. 점진 리듬은 강약의 성격이 있기 때문에 변화성이 있고 부드러운 분위기와 흥미를 느끼게 한다. 점진 리듬의 형태는 직선이나 곡선이 이용되는 경우도 있지만 색이나 재질 등 디자인의 요소로서 표현되기도 하고 디테일이나 트리밍으로도 단계적인 변화의 리듬이 표현된다.

그림 1-138 테이프를 이용한 점진 리듬

그림 1-139 리본 장식의 점진 리듬

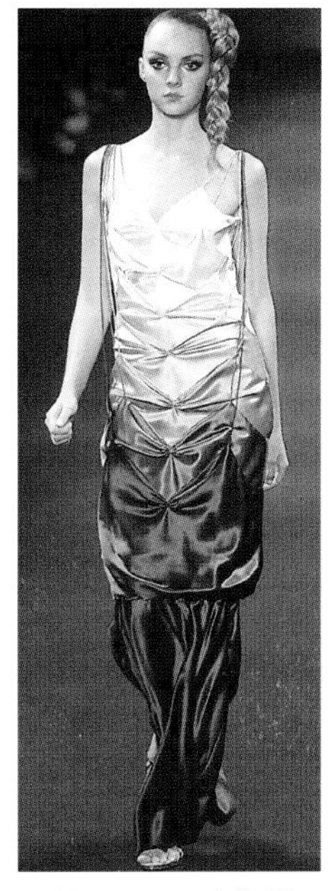

그림 1-140 그러데이션 배색에 의한 점진 리듬

■ **방사선 리듬**(radiation rhythm)

방사선 리듬은 방사선으로 전개되는 리듬으로, 하나의 중심점을 기점으로 사방으로 퍼져나가는 반복요소에 의해 형성된 리듬감이다. 리듬 중 가장 다이내믹하고 생동감이나 운동감을 주기 때문에 강하게 시선을 집중시키는 효과가 있다. 방사선 리듬은 대체로 선을 이용하는 경우가 많으며 체형의 약점

그림 1-141 색상에 의한 방사선 리듬

그림 1-142 주름에 의한 방사선 리듬

그림 1-143 트위스트 기법에 의한 방사선 리듬

그림 1-144 흑 · 백의 교체 리듬

그림 1-145 이질적인 문양의 교체 리듬

그림 1-146 이질적인 색채와 형태와의 교체 리듬

을 커버하는 데에 이용할 수 있고 특수한 용도의 의복에 많이 사용한다.

■ **교체 리듬**(alternation rhythm)

교체 리듬은 선의 두께, 형의 크기, 색채와 재질 중에서 두 가지 종류의 단위가 서로 교차되며 반복될 때 나타나는 리듬으로서 단순 반복 리듬보다 단조로움이 적다. 색채나 형태 등의 요소를 대비시키면 강한 리듬감이 만들어지는 반면 이들의 요소가 유사하면 부드러운 리듬감이 형성된다.

③ 패션 디자인과 리듬

디자인에 의한 리듬의 형성은 의복 디자인에서 여러 가지 디자인의 요소로서 활용되는데 선이나 형, 색채, 재질 등 디자인 요소를 의도적으로 반복시킴으로써 리듬감을 얻는다. 복식에 있어서 리듬감은 옷감의 무늬나 조직, 디자인의 선, 형, 색채, 재질의 요소, 착장의 코디네이션에서 유도할 수 있다. 또한 이것은 착용 시의 동작에 따른 천의 움직임에서도 느껴지며 프릴이나 러플, 단추의 배열, 색채, 트리밍, 선을 이용한 디자인에 따라서도 생긴다. 리듬감은 직선과 곡선의 활용이나 선의 굵기에 따라 그 느낌이 달라진다. 두꺼운 선은 남성적이고 단호한 느낌을 주고, 얇은 선은 여성적이고 연약한 느낌을 준다. 그리고 여러 개가 연속적으로 모이면 그 성격은 더욱 강하게 부각된다.

색채의 명도 차이를 주면 그러데이션에 의한 점진적인 율동감을 느끼게 한다. 줄무늬 소재는 직선의 반복 사용으로 인해 리듬감을 형성하여 줄무늬의 패턴과 배치에 따라 교차나 점진의 원리를 적용시킬 수 있다. 평행을 이루는 플리츠, 턱킹에 의해서도 리듬감을 느낄 수 있으며 점진적으로 층을 이룬 플라운스도 리듬감을 준다. 또한 스모킹과 셔링 등의 표면장식 기법은 좁은 범위내에서 복잡한 리듬을 만들어 내는 데에 효과적이다.

복식에서의 리듬은 어떤 한 요소의 반복을 사용한 곳으로 시선을 유도함으로써 방향성을 강조하는 역할을 한다. 그러나 리듬감을 너무 강조하면 자칫 산만해지기 쉽고 통일감도 없어지므로 적절하게 사용하여야 한다.

(5) 강조(emphasis)

① 강조의 개념

강조는 한 범위 내에서 지배적인 성격을 가지고 흥미를 유발하는 중심적 성격이다. 관심과 흥미를 끌기 위해서는 한 단위 내에서 다른 곳보다 두드러지고 돋보이는 곳이 있어야 하며 다른 부분은 적절하게 절제하여 보조적인 역할이 되도록 해야 한다. 의복에서의 강조점은 반드시 하나이어야 하고 나머지는 그 강조점을 보완하거나 보조해주는 역할이어야 한다. 강조는 디자인 원리 중 가장 핵심적인 것으로서 강조 부위를 적절하고 효과적으로 강조하는 것이 디자이너의 역량이라고 할 수 있다.

② 강조의 방법

강조의 방법으로는 대조, 집중, 우세 등의 기법이 있으며 이 모든 방법이 복합적으로 적용되기도 한다.

■ 대조(contrast)

대조란 서로가 현저히 차이가 나는 것을 맞대어 비교하는 것으로 어떤 특징과 속성을 두드러지게 하기 위하여 그것을 다른 것과 대립시켜 강조하는 것을 말한다. 대조는 전혀 반대되는 두 성격이 대립되는 조화이므로 명쾌함과 풍부한 변화감을 주는 효과가 있다. 대조는 디자인끼리의 반대적 요소의 조화를 이루어야 하며 서로 경쟁적인 대립이어서는 안된다. 따라서 대조는 통일성을 깨뜨리지 않으면서도 차이점을 두드러지게 하여야 한다. 색상에서의 강한 명도 대비나 색상 대비 또는 수직선과 수평선, 직선과 곡선을 대

그림 1-147 소재 대조

그림 1-148 명도 대비에 의한 원, 수직선, 수평선의 대조

그림 1-149 색상 대조

조함으로써 그 반대되는 성격으로 인해 강하고 자극적인 조화를 이룰 수 있다. 또한 서로 다른 형태와 면적을 병렬시킴으로써 강한 대조감을 얻을 수도 있다.

■ 집중(concentration)

집중은 어느 한 곳으로 시선이 쏠리는 것을 의미한다. 시선이 집중되는 중심은 무게의 중심이나 기하학적인 중심과는 다른 개념이며 그 중심은 흥미의 중심이 되므로 그 위치가 어디에 있는가에 따라 디자인의 느낌과 효과가 달라진다.

그림 1-150 집중(검은 리본 장식)

그림 1-151 집중(과도한 꽃 장식)

그림 1-152 집중(목을 둘러 싼 털 장식)

■ 우세(domination)

우세란 어느 한 부분이 다른 것보다 두드러져 강조되는 것을 말한다. 어떤 중요한 위치에 디자인의 요소를 배치시키면 그 부분의 우세로 인해 그 요소의 강조 효과가 커지게 된다. 색상을 강조하고자 할 경우 색상의 강조에서 주가 되는 색상인 주조색과 강조를 위해 사용되는 악센트 컬러를 서로 조화되도록 선택해서 사용하여야 한다. 이 경우의 악센트 컬러는 면적을 적게 해야 더 효과적이다.

그림 1-153 우세(그러데이션 배색의 과장된 어깨 장식)

그림 1-154 우세(상의의 거대한 붉은 색의 꽃 장식)

그림 1-155 우세(빨강 배색의 가슴 장식)

③ 패션 디자인과 강조

복식 디자인에서 강조의 원리를 효과적으로 활용하려면 강조의 방법과 위치를 알아야 할 뿐 아니라 얼마나 강하게 강조해야 하는지도 이해해야 한다.

복식 디자인의 강조에는 몇 가지 원칙들이 있다.

첫째, 강조점의 선택이다. 디자인 요소 중 어느 한 가지 요소를 주안점으로 선택할 경우 나머지 요소들은 부수적인 역할을 해야 한다. 예를 들면 옷감의 재질을 강조점으로 두려고 한다면 색상은 중성색이나 명도나 채도를 낮게 하고 디자인선도 단순하게 하는 것이 좋다.

둘째, 두 개 이상의 강조점은 무의미하다. 의복에 있어서 강조점을 두 개 이상 선택하는 것은 어느 하나도 제 역할을 다하지 못하게 하는 것이다.

셋째, 전체적으로 보아 꼭 필요한 곳에만 강조점을 두어야 하며 체형상 약점이 되는 부위는 신체 부위가 눈에 덜 띄도록 다른 부위에 강한 강조점을 둔다.

넷째, 의복의 용도에 따라 강조의 정도를 다르게 해야 한다. 사무복이나 가

그림 1-156 비대칭 균형에 의한 강조

그림 1-157 소재의 대조에 의한 강조

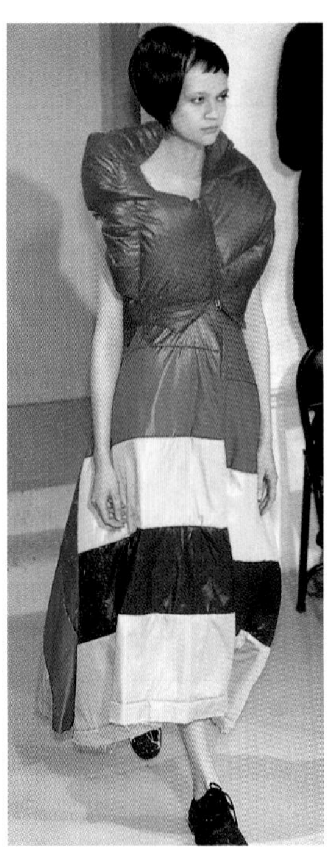

그림 1-158 강렬한 색채대비에 의한 강조

그림 1-159 부조화된 장식의 강조

벼운 외출복 등과 같은 일상복은 강조의 정도가 약한 반면에 특별한 상황에 착용하는 정장(formal wear), 예복, 무대의상, 웨딩드레스 등과 같이 표현적 기능이 중요시되는 의복에는 레이스나 광택 나는 옷감처럼 장식성이 높은 재질, 화려한 재질, 특이한 선, 큰 액세서리 등을 이용하는 등 강한 강조점을 사용하는 것이 좋다.

스포츠 웨어의 경우에도 일상복보다 강한 강조점이 사용되는데 고채도의 강렬한 색채, 강한 색채 대비, 광택 있는 재질, 장식성이 큰 여밈 등 강한 강조점을 이용하여 강렬한 개성을 나타낸다.

복식 디자인에서의 강조는 색채, 재질, 디자인 구성이나 디테일 선을 통하여 효과적으로 이루어진다.

색채 자체가 특이하거나 강렬할 때에는 색채가 강조점이 된다. 또한 대비되는 색채를 배색함으로써 강조점을 형성할 수도 있다. 색채를 대비시킬 때에는 서로 조화를 이루는 색채들을 선택하는 것이 무엇보다 중요하며 대비에 의하여 선과 형이 두드러지게 드러나므로 어느 위치에 얼마나 큰 면적으로

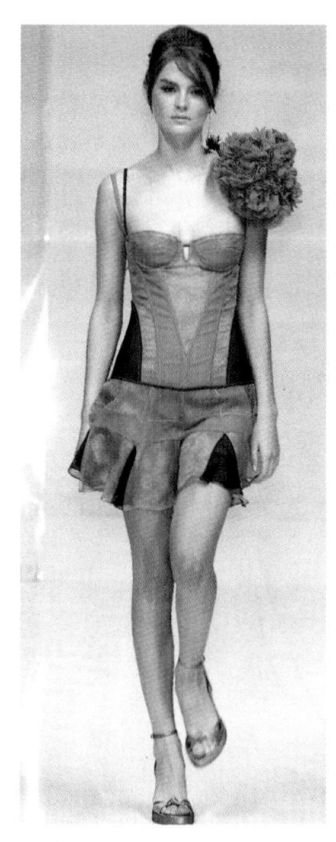

그림 1-160 착용자를 돋보이게 하는 네크라인 근처의 강조

그림 1-161 악센트 색상에 의한 강조

그림 1-162 장식선의 강조

그림 1-163 다른 색상의 리듬감을 이용한 재질감에 의한 강조

어떤 형태로 대비시킬 것인지에 대한 계획을 잘 세워야 한다. 채도 대비도 많이 사용되는데 유사색의 채도 대비보다는 무채색과 유채색의 채도 대비가 주로 사용된다.

디자인에 표현된 선을 강조하거나 대비되는 색채를 활용한 바인딩(binding) 기법이나 브레이드(braid) 등의 트리밍을 활용하여 강조점을 삼을 수 있다. 재질을 강조할 경우에는 재질의 특이성, 재질의 대비, 반복적 사용을 통한 리듬감을 이용하여 강조점을 형성할 수 있다. 두 가지의 재질을 대비시킬 때에는 서로의 재질이 뚜렷이 구별되도록 대비 정도가 강해야만 강조점의 기능을 한다. 복식 디자인에서 강조의 위치는 가능한 한 착용자의 장점이 될 수 있는 부분을 향하여 시선을 유도함으로써 미적인 효과를 거두는 것이 효과적이며, 착용자의 네크라인 근처로 하는 것이 가장 바람직하다. 또한 강조의 위치는 의복의 기능과도 관계가 있으므로 기능상 불편을 초래할 위치에는 강조를 하지 않는 것이 일반적이다. 강조점이 없는 디자인은 평범하고 특징이 없어 좋지 않으며, 강조가 지나치게 의도적으로 여러 가지가 중복되면 강조의 초점을 잃어버린다.

(6) 비례(proportion)

① 비례의 개념

비례는 길이나 면적의 크기가 두 개 이상 존재할 때 그 차이와 수치에 대한 개념으로서 비율(ratio), 규모(scale)의 개념이 모두 속한다. 즉 비례란 하나의 디자인 내에서 각 요소의 부분과 부분, 부분과 전체에 대한 길이와 크기의 적절한 관계를 의미한다.

② 비례의 방법

■ **황금분할**(golden section)

황금분할(黃金分割)은 고대 그리스 시대로부터 현대에 이르기까지 면이나 길이를 조화롭게 분할하는 가장 이상적인 비례의 기준으로 사용되어 온 방법이다. 이는 인간이 느낄 수 있는 가장 아름다운 비례의 미적 분할이란 의미로, 흔히 골든 섹션(golden section), 골든 프러포션(golden proportion)이라고 한다.

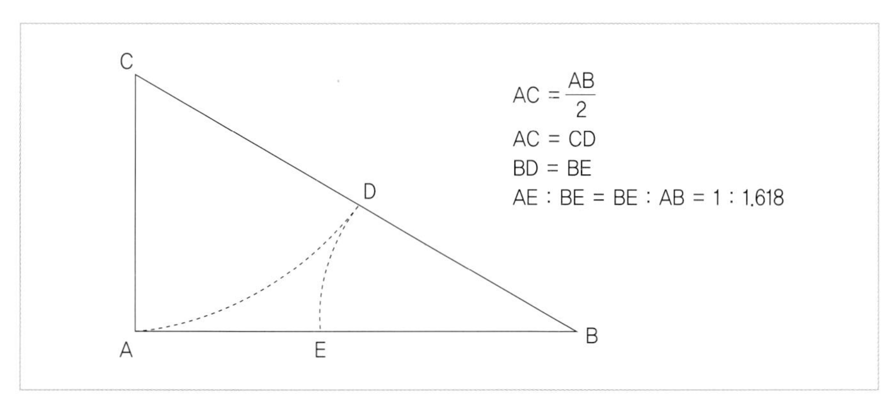

그림 1-164 **황금분할의 계산**

황금분할의 기본 개념은 긴 부분과 짧은 부분의 비가 전체와 긴 부분의 비와 같도록 분할하는 것이다. 황금분할은 그림 1-164의 삼각형을 이용한 방법과 숫자배열방법으로 얻을 수 있다. 높이가 밑변의 1/2인 삼각형 ABC에서 $\overline{CA}$를 반지름으로 원호를 그리고, $\overline{CB}$와 원호가 만나는 위치를 점 D로 표시한다. $\overline{CB}$에서 $\overline{CD}$를 뺀 $\overline{BD}$를 반지름으로 다시 원호를 그려 AB상에 점 E를 표시하는데, 이때 점 E는 $\overline{AB}$를 황금분할한다. 즉, $\overline{AE} : \overline{BE} = \overline{BE} : \overline{AB}$ = 1:1.618의 비를 갖는데, 이러한 관계가 충분한 유사성과 충분한 차이를 동시에 갖는 조화로운 관계이다. 황금분할은 둘로 나눈 비례가 긴 부분과 짧은 부분, 전체와 긴 부분이 각각 1 : 1.618의 비율이 되며 대략 3 : 5나 5 : 8의 비율로 디자인에 응용하는 것이 바람직하다.

■ 비례의 종류

복식에서의 비례는 의복을 이루는 부분들과의 조화, 전체와 부분 사이의 조화에 의해 나타나며 비례의 종류에는 조화비례, 유사비례, 대조비례가 있다.

조화비례는 인체의 비율에 가까운 것으로, 3 : 5, 5 : 8의 비율로 전체적으로 큰 부분과 작은 부분에서 이 비율을 적용시키거나 큰 부분 비율 안에서도 낮은 비율의 치수만큼 적용시켜 응용하면 더 조화로운 디자인을 할 수 있다.

유사비례는 어떤 중간점을 기준으로 위, 아래가 비슷하게 1/1 비율의 대칭적인 비율을 말한다.

대조비례는 어떤 특정 부분을 크거나 작게 한 후 대조적인 미를 추구하는 것으로 보통 1 : 4, 1 : 5, 1 : 6 등의 비율이 적용된다.

그림 1-165 **조화비례**

그림 1-166 **유사비례**

그림 1-167 **대조비례**

③ 패션 디자인과 비례

복식 디자인에서의 비례는 인체를 주체로 하며 의복 디자인을 구성하는 디테일, 트리밍, 기타 액세서리가 조합되어져 이루어지므로 대단히 복합적이다. 따라서 황금분할의 법칙대로 적용하는 것보다는 그 원리를 충분히 이해하여 응용하는 것이 필요하다.

인체를 바탕으로 착용되는 의복의 미적 분할은 우선 체형의 비례와 관련성을 가지고 디자인되어야 한다. 의복의 비례 측정 부위는 사람의 체형에서 의복이 걸쳐지는 어깨에서부터 옷 길이를 중심으로 측정되며 또는 헤어스타일이나 모자, 핸드백을 비롯한 액세서리도 함께 측정되어져 전체적인 미적 비례를 파악하는 것이 좋다.

따라서 유행하는 크기나 길이만을 그대로 따르거나 황금비례에 맞추려고 지나치게 의식하는 것보다는 체형과 의복의 실루엣, 색, 장식선 등과 조화되는 적절한 비례를 이루도록 하는 디자인의 감각을 기르는 것이 중요하다.

의복의 비례는 형태, 크기, 면적, 공간 등이 그들 상호간에 그리고 전체적인 비율로 구성되어야 한다. 의복의 아름다운 비례란 보기 좋고 아름다울 뿐만 아니라 조화를 이루지 못한 인체를 착시라는 시각 작용에 의하여 이상적인 인체로서 보다 날씬하고 아름답게 보이도록 그 비율을 조정하는 것을 의미한다.

의복의 비례는 상의와 하의의 비례, 허리선을 중심으로 한 상·하의 비례, 옷과 액세서리의 관계 외에도 색채나 재질에 따른 비례 등 모든 요소와의 결합에서 전체적으로 평가되어야 하는 부분으로 어느 한 부분에서 이상적인 비례를 보일지라도 그것이 신체의 나머지 부분과 관련성을 갖지 못하면 좋은 비례라고 할 수 없다.

미니스커트가 유행할 때는 상의의 길이가 길어지고, 스커트 길이가 길어지면 상의의 길이가 짧아지는 이유는 긴 길이와 짧은 길이의 비례 조화를 이루기 위해서이다.

면을 이등분하는 1/2선의 위치는 미적으로 매우 좋지 못하기 때문에 반드시 피해야 하며, 이와 유사한 이유로 삼등분, 사등분 점의 분할도 피하는 것이 좋다. 이와 같은 개념을 적용하여 연속적으로 반복되는 단위의 수는 홀수로 한다. 즉 단추의 수를 홀수로 하는 것이 좋으며 단추를 연속적으로 붙일 경우 단추 사이의 간격을 단추의 크기와 같지 않게 하는 것이 조화를 이룬다. 또한 칼라, 포켓, 커프스, 단추, 리본 등과 같은 디테일의 규모는 의복 전체의 실루엣, 착용자의 체형, 옷감의 재질 등에 따라 통일감을 갖도록 해야 한다.

패션 디자인 발상

1 _ 발상의 개념과 조건
2 _ 발상의 과정과 종류
3 _ 패션 디자인 발상의 근원
4 _ 패션 디자인 발상 트레이닝

02

패션 디자인 발상

1. 발상의 개념과 조건

발상은 노력하지 않았는데도 우연히 이루어지는 것은 아니다. 이는 끊임없는 학습과 트레이닝을 통해 향상된다. 따라서 디자인의 목적과 대상에 대한 많은 지식과 정보를 가지고 자신만의 독특한 사고로 발상해 나가려는 노력이 필요하다.

본 장에서는 패션디자인의 발상의 개념과 과정, 조건을 이해하고 창조적인 아이디어 발상을 위한 발상법을 학습한 다음, 다양한 발상의 근원에 따라 자유로운 패션디자인 발상 트레이닝을 시도해 보고자 한다.

1) 발상의 개념

발상이란 일순간에 떠오르는 생각, 즉 인스피레이션(inspiration)을 뜻하며 착상, 고안이라고도 한다. 다시 말해서 발상이란 작품의 모티프를 산출하는 디자이너의 고유한 창조적 이미지 과정으로서 작품의 아이디어를 내고 선택하고 구체화하는 과정이다.

패션디자인에서 가장 중요한 과제는 창조적 발상이며, 특히 현대에 와서는 풍부한 아이디어가 절실히 요구된다. 현대는 감성의 시대로, 모든 분야에서 다감각화가 이루어지고 있으며 패션에서도 독창적 미를 추구하는 현대인들의 감각을 충족시키기 위해 디자이너들은 다양한 영감의 근원을 탐구하며 창조적 발상을 통해 디자인 개발을 하고 있다.

사람들은 종종 패션 디자이너들이 불가사의한 새로운 아이디어를 제안해내는 것을 보게 된다. 그러나 사실 이러한 아이디어들은 거의 새로운 것들이 아니다. 디자이너들은 주변 세계를 재창조함으로써 아이디어를 얻게 된다. 눈에 보이는 것은 물론 생활 속의 모든 것들이 창조의 근원이 되며 발상의 계기를 제공한다. 이 때 생각해야 할 것은 어떻게 하면 하나의 발상을 소재나 형태를 통해 효과적으로 나타낼 수 있으며 자유로운 발상으로부터 독창적인 것을 만들어 낼 수 있는가 하는 것이다. 모든 것으로부터 영감을 얻기 위해서는 오픈 마인드와 자유로운 사고방식으로 주의 깊게 관찰하며 표현기술을 연마해야 한다.

2) 발상의 조건

창조적 디자인이란 무의 상태에서 완전히 새로운 것을 창출해내는 것이 아니라 오히려 기존의 생각이나 물건을 변형하거나 재구성하는데서 얻어진 것이 대부분을 차지하고 있다. 즉 기존의 생각과 연속선상에서 출발하는 것이 많으며, 이전의 것과 전혀 관련 없이 단독으로 유추되는 생각만이 창조적 디자인이라고 단정할 필요는 없다.

그렇다면 훌륭한 발상을 하기 위해서 생각할 수 있는 보다 더 좋은 방법이나 조건에는 어떤 것들이 있을까? 새로운 발상이나 새로운 창조는 뇌 속에 보관되어져 있는 정보와 시각, 청각, 후각, 촉각 등을 통해 들어오는 외부정보를 조합시켜 완전히 새로운 가치를 창출하는 작업이다. 그러기 위해서는 다음과 같은 조건이 필요하다.

(1) 목적과 의도의 구체화

발상의 목적이나 의도를 구체화할 필요가 있다. 왜냐하면 목적이나 의도가 분명하지 않으면 발상이 일어나지 않기 때문이다. 최종적으로 표현하고자 하는 디자인의 목표를 달성하지 못하는 이유는 대부분 목적이나 의도를 명확하게 인식하지 못했기 때문이다. 따라서 원하는 디자인의 목표와 내용을 단순화, 명확하게 하는 훈련을 해서 발상과정과 표현과정에서 오는 오류를 줄일 수 있다.

(2) 정보의 축적

정보가 없는 곳에서 갑자기 발상이 일어나는 것은 아니다. 평상시에 훌륭한 발상을 하기 위해서는 뇌 속에 가치 있는 질 좋은 정보를 될 수 있는 한 많이 축적할 필요가 있다. 이를 위해서 관련정보를 수집하고 관련지식, 중요한 정보에 대한 탐구를 통해 목표에 대한 상황을 분명하게 인식해야 한다.

일상생활에서 영감을 얻을 수 있는 발상의 정보 또는 그에 인접한 정보 등의 단서를 탐구하는 것도 필요하고, 그림이나 사진 등의 영상, 문자나 숫자, 소리나 향기 또는 구체적으로 사물이나 뇌 속에 떠다니는 이미지, 동영상 등 유용한 정보가 필요하다. 이 때 정보를 상식적으로 받아들인다면 식상하거나 편협해서 창조적으로 발상하는데 방해가 되므로 고정관념을 버리고 자유로운 방향에서 접근해야 한다.

(3) 독창적 사고

발상의 본질은 사고의 독창성(originality)에 있다. 독창성은 독자적인 아이디어 창출을 위한 아이디어 발상 및 디자인 전개과정에 있어 반드시 필요하다. 이것은 창조성과도 연결된다. 패션디자인에 있어 창조성(creativity)은 단 하나라는 독특함, 유일함으로 설명할 수 있으나 그것은 이 세상의 유일무이한 것이 아니고 기존요소를 분해, 조립하거나 다르게 전환하여 재구성, 재배치된 새로운 결과물을 창출하는 것이다.

(4) 지속적 의욕

의욕이나 집중력이 부족한 경우에는 훌륭한 발상이 생기지 않는다. 따라서 끈질기게 사고하는 능력을 키우는 것이 중요하다. 다른 일을 하는 과정 중에도 순간적인 발상이나 의문점을 메모하는 습관이 필요하며, 만약 흥미를 갖지 못하는 작업인 경우 흥미를 갖고 즐길 수 있는 작업으로 변화시킬 필요가 있다.

발상이 의도한 대로 잘 이루어지지 않는다고 해도 문제의 해결에 대한 강한 의욕을 가지고 지속적으로 노력하는 자세가 필요하다.

2. 발상의 과정과 종류

1) 발상의 과정

발상은 인간의 사고 중에 막연한 상으로 나타나게 되고 그것이 구체적인 형태로 결실을 맺는 과정에서 '제육감(第六感)' 이라고 부르는 순간의 인스피레이션이 작용한다.

인간의 욕구를 인식하고 아이디어를 구체화해서 하나의 형태를 가진 대상을 제안해 가는 과정 전체를 넓은 의미에서 발상의 과정이라고 할 때, 이 발상의 과정은 일반적으로 다음과 같이 4단계로 이루어진다.

(1) 정보수집 단계

아이디어는 무(無)에서 유(有)를 만들어 내거나 아무 자료가 없는 상태에서 이루어지지 않는다. 새로운 주제에 대한 영감, 즉 정보의 원천을 얻기 위해서는 필요한 정보를 광범위하게 수집할 필요가 있다. 이 단계는 다양한 측면에서 아이디어의 근원을 세심하게 분석해서 정보를 수집하여 작업의 시초가 되는 발판을 준비하는 과정이라 할 수 있다(그림 2-1).

그림 2-1 정보수집 단계

(2) 정보검토 단계

정보를 분해하고 재구성해서 통합하여 아이디어를 발전시키는 단계로, 많은 의식적인 노력을 필요로 한다. 문제를 효과적으로 다루기 위해 또는 필요한 것을 알기 위해 뚜껑을 여는 것과 같은 발견의 단계이며, 이때 정보 파악을 위해 폭넓고 다양한 요소나 방법들을 고려해야 한다(그림 2-2).

그림 2-2 정보검토 단계

그림 2-3 인스피레이션 단계

(3) 인스피레이션 단계

영감에 의한 조합 중에서 핵심적인 아이디어를 감지하거나 포착하는 단계로, 다양한 근원에서 아이디어가 점차 형성되어 가는 시기이다. 이때 이미지 맵(image map 혹은 mood board)을 활용하면 아이디어를 구체화할 수 있으며, 수집한 아이디어를 선택하는데 도움이 된다(그림 2-3).

그림 2-4 디자인 전개 단계

(4) 디자인 전개 단계

아이디어의 타당성이 검증되어 디자인을 전개하는 단계로, 이 단계에서는 아이디어가 목적과 합당한지 검토하고 테스트하게 된다(그림 2-4).

2) 발상법의 종류

디자인 발상에 자주 사용되는 발상법에는 체크리스트법과 형태분석법이 대표적이며, 그 밖에 브레인스토밍법, 고든법, 시네틱스법, KJ법, 특성열거법 등이 있다.

(1) 체크리스트법(checklist method)

체크리스트법은 디자인 발상에 관련된 항목들을 나열하고, 그 항목별로 어떤 특정 변수에 대해 검토함으로써 아이디어를 구상하는 것으로, 단어 또는 시각적 이미지의 리스트를 작성하여 얼핏 보아도 그것들 중 어떤 것이 새로운 아이디어를 자극시킬 수 있는가를 알 수 있게 만든 발상법이다. 이것은 다른 발상법과의 결합으로 이중의 효과를 낼 수 있으므로 활용가치가 크다.

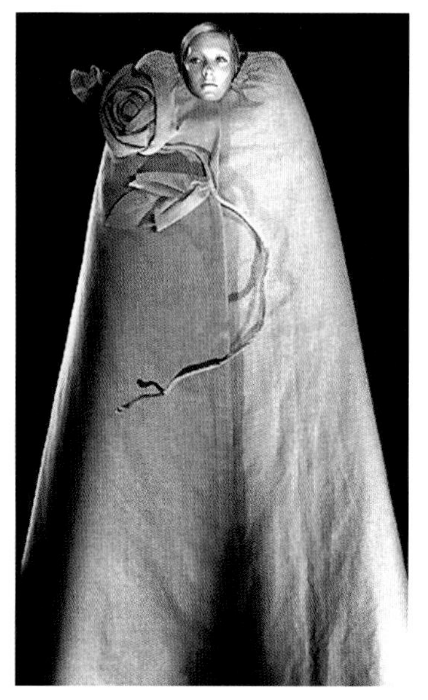

그림 2-5 극한법 Ⅰ

그림 2-6 극한법 Ⅱ

① 극한법

극한법은 사물의 상태나 특성을 변형하는 방법으로, '큰 것을 최대한 크게', '작은 것을 최대한 작게', '긴 것을 최대한 길게', '짧은 것을 최대한 짧게' 등으로 이루어진다.

그림 2-5는 극한의 개념을 도입하여 코트를 극대화시킨 디자인이다. 그림 2-6은 러프(ruff) 칼라의 변형된 형태로 소재를 여러 겹 겹쳐 형성된 정교한 벌집모양의 과도한 목 장식이 그로테스크한 느낌을 준다. 그림 2-7은 소매의 퍼프(puff) 부분을 극도로 과장시킨 디자인으로, 위압감과 중압감을 느끼게 한다. 그림 2-8은 일반적인 소매길이를 무시한 긴 소매와 높은 크라운으로 인해 고

그림 2-7 극한법 Ⅲ

그림 2-8 극한법 Ⅳ

정관념을 탈피한 새로움을 느끼게 한다.

그림 2-9 **반대법 Ⅰ**

그림 2-10 **반대법 Ⅱ**

그림 2-11 **반대법 Ⅲ**

그림 2-12 **반대법 Ⅳ**

② 반대법

반대법은 현재 있는 것을 정반대로 생각해 보거나 전혀 상반되는 형태나 성질의 것을 역으로 관련지어 생각해 보는 발상법으로, 일상적인 기대와 예상을 깨는 파괴는 매력적인 위력을 지닌다. 예를 들면 위에 있는 것을 아래로 한다거나 앞에 있는 것을 뒤쪽으로, 겉을 안으로 바꾸어 보는 것은 혁신적인 디자인으로 연결될 수도 있다.

그림 2-9는 앞뒤를 바꾼 반대법에 의한 디자인이다. 그림 2-10은 퍼(fur)와 자수, 비즈로 장식되어 있는 니트 카디건의 앞뒤를 반대법에 의해 표현함으로써 등을 강조하여 섹시한 페미니티(feminity)를 나타내었다. 그림 2-11은 브래지어를 스커트와 같은 소재로 디자인하여 속옷과 겉옷의 위치를 바꾸어 반대로 표현한 디자인이다. 그림 2-12는 재킷의 행커치프의 상하를 뒤바꾸고, 캐미솔의 위아래를 바꾸어 끈이 아래로 내려오도록 착용한 디자인이다.

③ 전환법

전환법은 다른 분야에서 흔히 사용되는 것을 의복에 적용해 본다든가, 현재 사용하고 있는 목적과 용도를 달리하여 다른 목적으로 전환해 보는 발상법이다. 예를 들면, 의복 소재로 적합할 것 같지 않은 다양한 재료를 사용하거나 의복의 기능적 목적으로 쓰인 포켓이나 지퍼, 벨트, 넥타이 등을 장식적인 목적으로 전환시켜 사용하는 것이다.

그림 2-13은 어린아이들의 종이인형 옷을 어른들의 의상에 적용시킨 디자인으로 독특함과 깜찍함을 엿볼 수 있다. 그림 2-14는 넥타이의 용도를 전환시켜 원피스로 활용한 디자인이다. 그림 2-15는 여밈 도구로 사용되는 지퍼의 용도를 전환하여 뷔스티에(bustier)의 소재로 활용하였다. 그림 2-16은 하의의 스커트를 상의인 망토로 활용하여 스커트의 위치와 용도를 전환시킨 디자인이다.

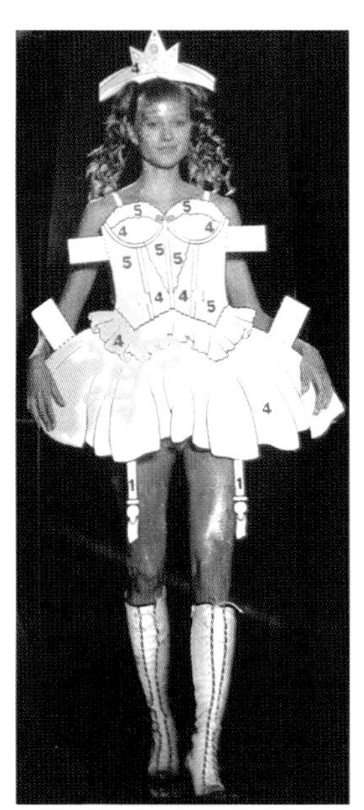

그림 2-13 **전환법 Ⅰ**

그림 2-14 **전환법 Ⅱ**

그림 2-15 **전환법 Ⅲ**

그림 2-16 **전환법 Ⅳ**

그림 2-17 **결합법 Ⅰ**

그림 2-18 **결합법 Ⅱ**

그림 2-19 **결합법 Ⅲ**

그림 2-20 **결합법 Ⅳ**

④ 결합법

결합법은 결합시키는 것에서 새로운 아이디어를 얻는 발상법으로, 의복의 소재, 아이템, 디테일, 패턴, 칼라 등을 다양하게 결합시키거나 동양과 서양의 결합, 과거와 미래의 결합, 남성과 여성의 결합 등 이질적인 요소들을 결합함으로써 디자인의 새로운 가능성을 제시하고 있다.

그림 2-17은 정장 수트의 팔과 어깨부분에 가죽소재를 결합시킨 디자인으로, 의외성의 신선함과 대안적이고 기능적인 도시의상의 가능성을 제시하고 있다. 그림 2-18은 후드와 머플러, 가방을 결합시킨 디자인으로, 스포티브한 이미지와 기능성을 강조하고 있다. 그림 2-19는 재킷의 한쪽 팔 부분과 망토를 결합시켜 활동적이고 비대칭적인 새로운 구성의 디자인이다. 그림 2-20은 남성적 이미지의 연미복과 여성적 이미지의 드레스를 결합시켜 중성적인 매력을 나타내도록 한 디자인이다.

⑤ 제거법

제거법은 디자인의 한 부분을 제거해 보는 방법으로, 과감한 제거를 통한 발상은 기존의 형태를 파괴하여 새로운 형태를 재창조한다.

그림 2-21은 엉덩이를 덮는 긴 재킷의 허리부분을 제거하여 재킷의 아랫부분을 스커트처럼 착용한 디자인이다. 그림 2-22는 재킷의 어깨와 소매부분을 제거하고 끈으로 연결함으로써 심플하고 파격적인

섹시함을 표현한 디자인이다. 그림 2-23은 사파리 재킷의 한쪽 소매 부분을 제거하여 파격적인 미를 표현하였다.

그림 2-21 제거법 Ⅰ

그림 2-22 제거법 Ⅱ

그림 2-23 제거법 Ⅲ

⑥ 부가법

부가법은 하나의 형태, 색채, 소재 등을 반복하거나 부가, 확장하는 방법으로, 결합법과는 달리 이미 존재하는 것을 추가시키는 것을 의미한다. 예를 들면, 동일 아이템에서 벨트, 포켓 등을 반복하거나 여러 개의 모자를 겹쳐 쓴다거나 셔츠나 재킷을 겹쳐 입는 것 등이다.

그림 2-24는 팬츠 위에 스커트를 부가시켜 비대칭적인 레이어드를 연출하였다. 그림 2-25는 재킷의 칼라를 여러 개 추가하여 강조한 디자인이다. 그림 2-26은 여러 개의 벨트로 만들어진 섹시한 스트랩리스(strapless) 원피스이

그림 2-24 부가법 Ⅰ

그림 2-25 부가법 Ⅱ

그림 2-26 부가법 Ⅲ

그림 2-27 부가법 Ⅳ

다. 그림 2-27은 여러 겹의 재킷이 겹쳐져 상의가 확대된 디자인으로, 압도감과 위압감을 느끼게 한다.

그림 2-28 데스피나 파파도폴러스의 'Hug Jackets'(2005)

⑦ 연상법

연상법은 어떤 생각을 출발점으로 하여 여러 각도에서 관련지어 전개해 가는 방법으로, 유사법 혹은 유추법이라고도 한다.

그림 2-28은 사물을 인격화, 의인화한 '허그 재킷'으로 사람들 간의 유대감을 이끌어내기 위해 제작된 제품이며, 두 사람이 포옹하면 제품에 설치된 LED가 활성화되고 아름다운 멜로디가 흐른다. 이 제품은 재킷의 앞면에 전도성 섬유 패치를 부착한 것으로, 재킷을 입은 두 사람이 서로 포옹하면 패치를 통해 전력이 공급되게 된다. 그림 2-29는 새의 털과 부리를 의상과 입에 장식하여 새의 형상을 직접적으로 연상시키는 디자인이다. 그림 2-30은 말꼬리와 안장을 엉덩이 부분에 부착시켜 디자인한 스커트와 말의 귀가 달린 듯한 형태의 모자가 말을 연상시킨다.

그림 2-29 연상법 Ⅰ

그림 2-30 연상법 Ⅱ

(2) 형태분석법(morphological method)

형태분석법은 사물의 구조를 부분적으로 변화시켜 봄으로써 새로운 특성을 가진 디자인을 발상해 내는 방법으로, 비교적 짧은 시간에 많은 아이디어를 발상할 수 있는 장점을 가지고 있고 다른 발상법과는 달리 시각적인 접근이 가능하기 때문에 좀 더 구체적인 해결안을 도출해 낼 수 있다.

형태분석법에 의한 의복디자인 발상을 아이템에 따라 부분 기법을 변화시키는 방법과 한 가지 아이템에 부분 기법을 변화시키는 방법이 있다. 표 2-1

표 2-1 .. 아이템에 따른 부분 기법의 변화

	재 킷	블라우스	스커트
셔 링	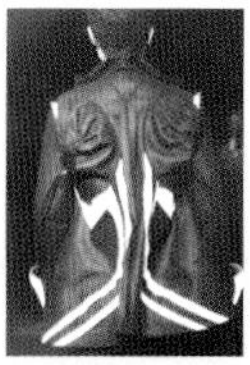		
프 릴			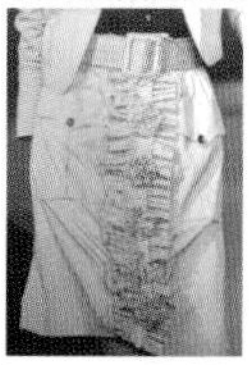
플라운스			
플리츠			
드레이프			
보 우			
지 퍼			
컷아웃			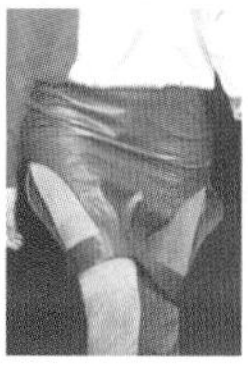

은 아이템을 재킷, 블라우스, 스커트로 선정하고 각 아이템에 셔링, 프릴, 플라운스 등 디테일의 변화를 줌으로써 다양한 디자인을 발상해 낸 것이다.

(3) 브레인스토밍법(brain storming method)

브레인스토밍이라는 용어는 원래 정신병 환자의 정신착란을 의미하는 것이었으나, 현재는 자유분방한 아이디어의 산출법을 의미하는 용어로 사용하고 있다. 이것은 집단의 아이디어를 집약하여 시너지 효과를 기대할 수 있는 방법으로, 일상적인 사고방식에서 벗어나 제멋대로 거침없이 생각하고, 좀 더 다양하고 폭넓은 사고를 하게 함으로써 새롭고 우수한 아이디어를 산출하는 방법이다.

(4) 고든법(Gordon method)

브레인스토밍법과 마찬가지로 집단적으로 발상을 전개하는 방법이다. 브레인스토밍법이 테마가 구체적으로 제시되는데 반해, 고든법은 키워드만 제시된다. 구체적인 문제를 제시하게 되면 아이디어 발상에 한계가 있으므로 문제를 추상화 시켜서 구성원들의 자유연상을 유도하여 문제에 관련된 정보를 탐색하게 한다.

(5) 시네틱스법(synetics method)

시네틱스의 어원은 서로 아무 관련이 없는 몇 개의 부분을 하나의 의미 있는 것으로 통합한다는 그리스어 'synthesis' 에서 유래되었다. 브레인스토밍법에 비해 좀 더 구체적인 테마를 가지고 문제 해결을 시도하는 방법이다.

시네틱스법은 이질동화와 동질이화라는 두 가지 기본적인 운영기법을 활용한다. 이질동화는 낯선 것을 익숙한 것으로 만드는 것으로써 문제의 근본을 이해하기 위한 분석단계에 활용된다. 반면에 동질이화는 익숙한 것을 낯설게 하는 것으로써 일상적인 사물을 보는 습관적 관점을 의도적으로 왜곡하고 바꾸어 익숙해져 있는 세상을 새롭게 조명하려는 의식적인 노력을 의미한다.

(6) 기 타

그 밖의 디자인 발상법에는 KJ법, 특성열거법 등이 있다. KJ법은 일본의 문화 인류학자인 가와기타 지로(Kawakita Jiro)에 의해 개발된 방법으로, 수집된 정보나 조사 자료를 서로 관계가 있는 것끼리 분류, 정리하여 새로운 문제의 구조를 개발해 나가는 방법이다. 이것은 일본에서 널리 활용되고 있는 발상법으로, 가장 큰 장점은 짧은 시간에 복잡한 정보를 구조화할 수 있다.

특성열거법은 사물을 구성하고 있는 부분이나 요소, 성질과 기능 등의 특성을 계속 열거해 나가면서 문제점을 파악하기 위한 분석적인 기법이다. 특정 대상의 문제를 분석하기 위한 매우 간단한 기법으로, 쉽게 적용할 수 있으며 생각이 잘 떠오르지 않을 때 사용하면 효과적이다.

3. 패션 디자인 발상의 근원

디자이너의 시각으로 주위를 바라보면 어느 곳이나 디자인을 위한 영감이 존재한다는 것을 알 수 있다. 박물관, 미술관, 해변, 거리, 심지어 집의 정원에서도 디자인 영감의 재료를 찾을 수 있다. 영감의 재료를 찾을 때까지 끊임없이 박물관을 방문하고 다양한 책을 내키는 대로 읽다보면 흥미로운 주제를 얻을 수 있을 것이다.

패션디자인에 활용된 주제나 발상의 근원은 매우 다양하다. 디자인의 발상은 복식의 기능성에서 시작될 수도 있고, 고도의 심미성에서 출발하기도 한다. 이렇듯 패션디자인에서 영감으로 제공되는 발상의 근원들과 다양하게 표현된 주제는 몇 가지로 분석되어 정리될 수 있다. 즉 디자인 작업에서 지속적으로 사용되고 있는 자연이나 주기적으로 패션 전면에 부각되고 있는 역사복식, 시대의 흐름에 따라 주목받는 민속복식, 심미적인 관심을 유발시키는 예술양식, 새로운 경험을 제공하는 과학, 인간의 심상을 정화시켜주는 문학, 음악 등은 패션디자인 분야에 지속적으로 영향을 미치는 주제라고 할 수 있다.

1) 역사복식

많은 디자이너들은 아이디어의 원천을 역사복식에서 찾고 있다. 비비안 웨스트우드(Vivienne Westwood)는 영국 BBC TV와의 인터뷰에서 "미래를 아는 것은 불가능하지만 과거에 일어난 일은 무엇이든 알 수 있다. 과거에는 나의 창조성을 자극하는 것들로 가득 차 있다"고 말했다. 칼 라거펠드(Karl Lagerfeld) 또한 "과거를 확장시켜서 더 나은 미래를 구축한다"는 괴테의 말을 신조로, 샤넬 부티크(boutique)의 전통적인 스타일을 존중하면서 새로운 세대와 새로운 시대적 분위기에 맞는 실루엣으로 샤넬 이미지를 창출해 내고 있다.

복고주의에 의한 역사복식의 부각과 관심은 다양한 현재의 상황에서 야기되는 미래에 대한 불안과 각박한 현실에서 그리게 되는 과거에 대한 향수로 인해 나타나는 경우가 많다. 그래서 각 세기말마다 역사복식의 영향을 보이는 실례들을 찾을 수 있다. 그리스풍의 드레스가 재현된 신고전주의, 1960년대의 물질적인 풍요를 모방한 1990년대의 패션 등이 대표적인 예이다. 역사복식에서 디자인의 영감을 얻게 되는 경우 역사복식을 그대로 재현하기보다는 도입하는 시대의 트렌드를 반영해서 새롭게 해석해야 한다.

본 항에서는 고대부터 1980년대까지 과거의 복식 양식에 근원을 두고 당시대의 감성에 맞게 재해석해서 패션디자인 발상에 적용시킨 예를 살펴보기로 한다.

① 고대복식

그림 2-31은 1922년에 발견된 이집트 투탕카멘 왕의 무덤으로, 파시움 장식을 하고 킬트(kilt)를 착용한 투탕카멘 왕과 칼라시리스(kalasiris)를 착용한 왕비의 모습이다. 그림 2-32는 황금색과 청색의 줄무늬가 들어있는 스핑크스의 머리모양과 칼라시리스 형태의 흰색 리넨을 허리에 묶어 이집트의 우아하고 장엄한 분위기를 표현한 디자인이다. 그림 2-33은 기원전 5세기 말 그리스 여성이 착용한 키톤(chiton)으로, 핀으로 어깨부분을 고정하고 드레스의 윗부분을 한번 접어 젖혀 보디스 위로 겹쳐 흘러내리게 착용하였다. 그림 2-34는 부드러운 주름의 리듬감이 인체와 조화를 이룬 그리스 키톤 형태로 비대칭적인 균형감각을 현대적으로 표현한 디자인이다.

그림 2-31 칼라시리스를 착용한 이집트 왕비

그림 2-32 칼라시리스에서 영감을 얻은 디자인

그림 2-33 키톤을 착용한 여성

그림 2-34 키톤에서 영감을 얻은 디자인

그림 2-35 토가를 착용한 티베리우스

그림 2-36 토가에서 영감을 얻은 디자인

그림 2-37 튜닉 위에 팔루다멘툼을 착용한 유스티니아누스 황제와 달마티카를 착용한 성직자들

그림 2-38 달마티카에서 영감을 얻은 디자인

그림 2-35는 고대 로마인이 겉옷으로 착용한 토가(toga)로, 한 장의 긴 천을 몸에 두르거나 반원형이나 타원형 또는 팔각형의 천을 접어 몸을 감싸 앞으로 늘어뜨려 착용하였다. 그림 2-36은 몸에 둘러 착용한 드레이퍼리가 로마시대의 토가를 연상시킨다. 그림 2-37은 튜닉(tunic) 위에 팔루다멘툼(paludamentum)을 입은 유스티니아누스황제와 달마티카(dalmatica) 위에 채저블(chasuble)을 입고 로룸(lolum)을 걸친 대주교가 있으며, 그 옆의 성직자는 달마티카를 입고 있다. 그림 2-38은 소매가 길고 넓은 헐렁한 T자형의 드레스로 소매끝단과 헴라인에 클라비(clavi) 같은 장식선이 있어 달마티카를 연상시킨다.

② 중세복식

그림 2-39는 섕즈(chainse) 위에 블리오(bliaud)를 착용한 모습으로, 상체부분이 극히 타이트하여 신체의 실루엣이 그대로 드러나며, 신체에 밀착하는 소매는 소매 끝 쪽으로 갈수록 자연스럽게 넓어지는 형태이다. 그림 2-40은 드레스의 실루엣이 상의는 꼭 맞고 하의는 풍성한 블리오 형태이며, 머리에서 목까지 연결된 모자는 윔플(wimple)을 연상시킨다. 그림 2-41은 14세기에 쉬르코(surcot) 위에 겹쳐 입는 남녀 외투인 가르드 코르(garde corpe)로, 일반적으로 여유가 있으며 소매가 없는 경우는 슬릿(slit)이 있어 팔을 내놓을 수 있다. 그림 2-42는 케이프(cape)가 달린 후드와 검은색의 소재를 통해 금욕적이고 종교적인 중세시대의 가르드 코르에서 영감을 얻은 듯한 디자인이다.

그림 2-43은 쉬르코의 변형된 의복인 쉬르코 투

그림 2-39 섕즈 위에 블리오를 착용한 여성

그림 2-40 블리오에서 영감을 얻은 디자인

그림 2-41 가르드 코르를 착용한 남성

그림 2-42 가르드 코르에서 영감을 얻은 디자인

그림 2-43 코트 위에 쉬르코 투베르를 착용한 여성

그림 2-44 쉬르코 투베르에서 영감을 얻은 디자인

그림 2-45 화려한 소매가 달린 우플랑드를 착용한 여성

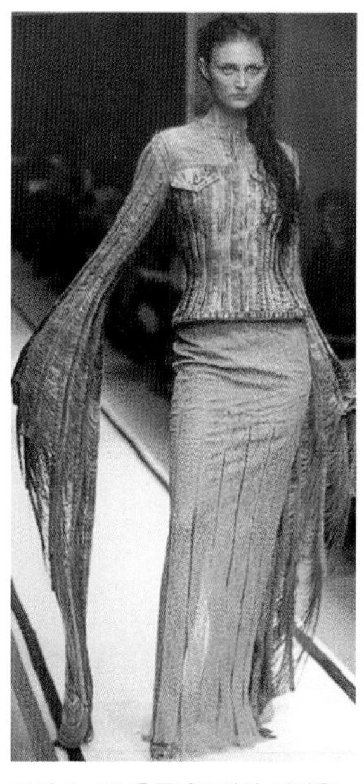

그림 2-46 우플랑드에서 영감을 얻은 디자인

베르(surcot ouvert)로 진동둘레가 힙선까지 파여져 있어 속에 입은 코타르디(cotardie)의 윤곽이 드러나 보이고 발끝이 보이지 않을 정도로 바닥에 끌리게 입었으며 털 장식이나 보석 달린 단추를 촘촘하게 단 것이 특징이다. 그림 2-44는 고딕시대의 쉬르코 투베르에서 영감을 얻은 듯한 디자인으로, 가는 상체와 허리 밑으로 깊게 파인 암 홀 라인, 중심에서 길게 내려오는 단추장식이 특징적이다. 그림 2-45는 14C 후반에서 15세기 전반에 걸쳐 유럽의 남녀가 착용했던 가운의 일종인 우플랑드(houppelande)로, 소매는 끝이 넓고 벌어지는 백 파이프 형태이며 소매 가장자리의 잎사귀(dagging) 모양이 특징이다. 그림 2-46은 데님 소재 재킷의 소매를 우플랑드 소매처럼 끝이 길고 넓게 벌어지는 형태로 디자인한 것이다.

③ 근세복식

그림 2-47은 14세기부터 17세기까지 남성이 착용한 상의인 푸르푸앵(pourpoint)으로, 앞 중심선과 소매 옆선에 조밀하게 달린 단추와 전체적으로 어깨와 허리의 완만한 커브가 특징적이다. 그림 2-48은 르네상스 시대의 푸르푸앵에서 영감을 얻은 디자인으로, 러프 칼라와 슬리브의 형태를 현대화한 디자인이다. 그림 2-49는 17, 18C 남자 코트인 쥐스토코르(justaucorps)로, 상체 부분이 꼭 맞고 폭 넓은 스커트 부분이 달렸으며 조끼, 무릎 길이의 바지와 함께 착용하였다. 그림 2-50은 여성스러움을 강조한 쟈보(Jabot) 장식의 블라우스와 절제된 테일러링으로 시크하게 표현된 수트가 바로크 시대의 쥐스토코르를 연상시킨다.

그림 2-51은 루이 14세의 애인 퐁파두르(Pompadour) 부인의 초상화로, 깊게 파인 네크라인, 리본과 프릴 등으로 장식한 보디스, 앙가장트(engageantes) 소매 등이 특징이다. 그림 2-52는 18세기 로브 아 라 프랑세즈(robe à la fransaise)를 비롯하여 거대한 머리 장식, 앙가장트 소매, 리본, 프릴 장식 등을 엿볼 수 있다. 그림 2-53은 로코코를 대표하는 화가 프랑소아 부세(Francois Boucher)의 작품이다. 그림 2-54는 부세의 그림에서 영감을 얻은 듯한 '울트라 페미니티'를 컨셉으로 관능적이고 육감적인 이미지를 표현하였으며, 부팡 슬리브(bouffant sleeve)와 블라우징(blousing) 시킨 톱을 볼 수 있다.

그림 2-47 푸르푸앵을 착용한 남성(1582)

그림 2-48 푸르푸앵에서 영감을 얻은 디자인

그림 2-49 쥐스토코르를 착용한 남성(1705)

그림 2-50 쥐스토코르에서 영감을 얻은 디자인

그림 2-51 프랑소와 부세의 '퐁파두르 부인'(1759)

그림 2-52 로브 아 라 프랑세즈에서 영감을 얻은 디자인

그림 2-53 프랑소와 부세의 'The interrupted sleep'(1750)

그림 2-54 로브 아 라 폴로네즈에서 영감을 얻은 디자인

④ 근대복식

그림 2-55는 19C 엠파이어 스타일의 슈미즈(chemise) 드레스이다. 그림 2-56은 하이웨이스트에 목둘레가 깊이 파인 네크라인과 부드러운 소재가 엠파이어 스타일을 연상시킨다. 그림 2-57은 1800년대 로맨틱 스타일로, 넓게 파진 네크라인과 부풀린 소매의 부풀린 스커트로 인해 허리가 더욱 가늘어 보이는 X자형 실루엣의 디자인이다. 그림 2-58은 전체적인 실루엣은 드롭 숄더(dropped shoulder)로 어깨를 강조하고 소매를 약간 확대시켰으며, 허리는 층층이 겹쳐 넓게 퍼지는 로맨틱 시대의 X자형 실루엣을 표현하고 있다.

그림 2-59는 19세기 중엽, 사상 최대로 부풀려진 크리놀린(crinoline) 스타일로, 밑단 쪽으로 가면서 벌어지는 커다란 피라미드형의 스커트이다. 그림 2-60은 극대화된 크리놀린스타일을 재현한 것이다.

그림 2-55 슈미즈 드레스를 착용한 여성

그림 2-56 슈미즈 드레스에서 영감을 얻은 디자인

그림 2-57 로맨틱 스타일의 드레스를 착용한 여성

그림 2-58 로맨틱 스타일에서 영감을 얻은 디자인

그림 2-59 크리놀린 위에 스커트를 착용하는 모습(1865)

그림 2-60 크리놀린 스타일을 재현한 패션쇼

그림 2-61 G. 쇠라의 '그랑제트 섬의 일요일 오후의 풍경'(1985)

그림 2-62 버슬 스타일에서 영감을 얻은 디자인

그림 2-61은 1885년경의 쇠라(G. Seurat)의 작품으로, 1880년대 여성들이 착용한 버슬(bustle) 스타일을 엿볼 수 있다. 그림 2-62는 허리를 꼭 졸라맨 스커트 위에 다른 소재로 된 러플, 리본, 레이스로 엉덩이 부분을 장식하여 19C의 버슬 스타일을 현대적으로 세련되게 표현하였다. 그림 2-63은 1901년 컷워크와 자수를 곁들인 경마장용 드레스로, 타이트한 소매에 허리를 조이고 가슴과 엉덩이를 강조하여 전체적으로 관능적인 S커브 실루엣을 이루고 있다. 그림 2-64는 그러데이션 된 그레이 컬러의 쉬폰 소재에 아름다운 비즈 장식이 특징적이며 가슴과 힙을 강조한 S커브 실루엣의 디자인이다.

그림 2-63 S커브 실루엣의 드레스를 착용한 여성

그림 2-64 S커브 실루엣에서 영감을 얻은 디자인

⑤ 20세기 복식

그림 2-65는 20C초 폴 푸와레(Paul Poiret)가 디자인한 작품으로, 엉덩이 주위를 부풀리고 무릎 근처의 폭을 좁게 한 호블 스커트와 여우털이 장식된 외투로 우아한 멋을 표현하였다. 그림 2-66은 1910년대의 호블 스커트를 응용한 디자인으로, 역삼각형의 실루엣과 사선으로 흐르는 주름에서 동적인 리듬감과 율동미가 느껴지며 발목으로 갈수록 좁아지는 것이 특징이다. 그림 2-67은 1920년대의 플래퍼 스타일(flapper

그림 2-65 호블 스커트를 착용한 여성(1913)

그림 2-66 호블 스타일에서 영감을 얻은 디자인

그림 2-67 클로슈 해트를 쓰고 있는 플래퍼 스타일의 여성

그림 2-68 플래퍼 스타일에서 영감을 얻은 디자인

style)로, 클로슈(cloche) 해트를 쓰고 있다. 그림 2-68은 1920년대의 플래퍼 스타일을 화려한 프린트의 로우 웨이스트 원피스와 클로슈 해트로 완성시켰다.

그림 2-69는 알릭스(Alix)가 디자인한 클래식한 이브닝 드레스로, 허리에 절개선이 없이 등 뒤로 큰 주름을 잡아 길게 늘어뜨리는 전형적인 1930년대풍 드레스이다. 그림 2-70은 시폰 소재로 시원하게 노출시킨 등이 섹시하고 엘레강스한 느낌을 주는 30년대 풍 드레스이다. 그림 2-71은 1947년 세계적인 센세이션을 일으켰던 크리스티앙 디오르(Christian Dior)의 '뉴 룩(New Look)'으로, 여성스런 둥근 어깨, 가는 허리, 길고 넓은 플레어 스커트가 특징적이다. 그림 2-72는 패티코트 위에 걸친 한층 강조된 플레어 스커트, 둥그스름한 어깨선, 가는 허리가 50년대의 뉴 룩을 연상시킨다.

그림 2-69 등이 노출된 이브닝 드레스

그림 2-70 30년대풍 이브닝 드레스에서 영감을 얻은 디자인

그림 2-71 크리스티앙 디오르의 뉴 룩(1947)

그림 2-72 뉴 룩에서 영감을 얻은 디자인

그림 2-73 피에르 카르댕의 스페이스 룩(1966)

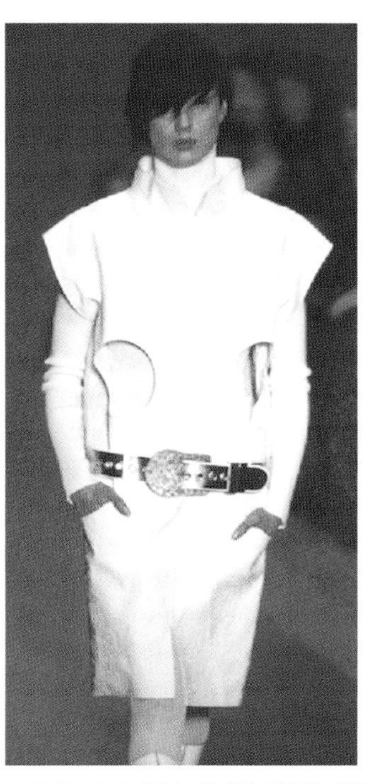

그림 2-74 스페이스 룩에서 영감을 얻은 디자인

그림 2-75 메리 퀀트의 피너포어 드레스(1965)

그림 2-73은 1966년 피에르 카르댕(Pierre Cardin) 작품으로, 허리선에서 완전히 해방된 원피스의 원과 직선의 기하학적인 커팅, 스페이스 해트(space hat)등 1960년대 스페이스 룩을 보여주고 있다. 그림 2-74는 웨이스트 부분의 기하학적인 컷 아웃과 금속의 체인 벨트를 한 미니 원피스로 1960년대 스페이스 룩을 연상시킨다. 그림 2-75는 1965년 패션계에 등장한 메리퀀트(Mary Quant)의 피너포어(finafore) 드레스로, 무릎 위로 올라간 스커트의 헴 라인과 체크무늬가 특징적이다. 그림 2-76은 기하학적인 패턴과 컷아웃이 들어간 원피스, 타이즈와 펌프스 등이 현대적으로 표현되었다.

그림 2-76 미니 드레스에서 영감을 얻은 디자인

그림 2-77 런던의 히피(1971)

그림 2-78 히피스타일에서 영감을 얻은 디자인

그림 2-79 런던 펑크 커플(1970년대 후반)

그림 2-80 펑크스타일에서 영감을 얻은 디자인

그림 2-77은 1960년대 말, 자연 상태로의 회귀를 희망하는 젊은이들 사이에서 유행한 히피스타일로 곱슬곱슬한 긴 머리에 인디언풍 헤어밴드를 하고 그런지풍의 청바지를 착용했다. 그림 2-78은 곱슬곱슬한 긴 머리에 인디언풍 헤어밴드를 착용하고, 자수, 패치워크, 아플리케 등 수공예적인 디테일을 사용하여 히피스타일을 현대적으로 표현했다. 그림 2-79는 1970년대 런던 거리에 모인 전형적인 펑크스타일로, 공격적인 이미지의 모히칸 헤어스타일과 공포감을 주는 메이크업, 폭력적 이미지의 액세서리가 특징이다. 그림 2-80은 화이트의 펑크 헤어스타일이 모히칸 헤어스타일을 연상시키고, 트렌치 코트를 해체시켜 재구축하여 펑크스타일로 표현하였다.

그림 2-81은 1980년대 유행한 빅 룩(big look) 스타일로, 패드를 넣어 어깨를 강조하였다. 그림 2-82는 숄(shawl) 칼라의 모피와 플라운스 장식으로 1980년대의 빅 룩처럼 넓은 어깨를 강조한 수트이다.

그림 2-81 어깨를 과장한 빅 룩(1986)

그림 2-82 빅 룩에서 영감을 얻은 디자인

2) 민속복식

20세기 후반부터 다른 민족에 대한 관심의 고조로, 패션디자인에서도 민속복식에서 영감을 얻은 디자인이 많이 발표되고 있다. 이러한 민속풍의 유행은 서구문화권에서 바라본 다른 민족의 민속복식에 근원을 둔 것으로서, 그동안 세계문화의 중심부로부터 제외되었던 주변부 문화에 대한 새로운 관심으로 나타난 하나의 현상이라고 할 수 있다. 아프리카나 중동아시아 복식의 출현, 미국 인디언 복식의 수용 등이 바로 민속복의 패션 중심부로의 진입을 촉진시킨 계기가 되었다.

인류를 구성하고 있는 무수한 민족들을 고려할 때 각 민속복식의 조형미는 패션디자인의 테마로 활용할 수 있는 무궁무진한 보고(寶庫)라 할 수 있다.

① 에스닉

에스닉(Ethnic)은 비기독교 문화권의 민속의상이나 종교, 염색, 직물, 자수 등에서 힌트를 얻은 소박한 느낌을 강조한 디자인을 말한다. 그 중에서 한국, 중국, 일본 등 아시아의 민족의상에서 영감을 얻은 디자인을 오리엔탈풍이라고 하는데, 오리엔탈풍이란 동방 세계에 대한 동경을 동기 또는 소재로 삼아 나타난 동방 취미, 동방적 정서, 동방적 예술을 말한다.

에스닉 이미지는 잉카의 기하학 문양, 인도네시아의 바티크(batik), 아라베스크(arabesque) 문양, 동양풍의 길상문양, 홀치기염 등으로 표현할 수 있다. 주로 사용되는 액세서리로는 나무, 뿔, 유리, 은으로 된 아프리카나 인도풍의 목걸이와 귀고리, 팔찌, 터번(turbon), 밴대너(bandana), 숄, 비즈, 프린징(fringing) 장식이 들어간 인디언풍의 가방, 일본이나 중국의 부채, 담뱃대, 종이우산 등이 있다.

그림 2-83은 원시부족의 문양, 원색적인 구슬로 만든 장신구, 깃털 장식, 바디스에 표현된 마스크가 포인트로 사용되어 아프리카의 원시적인 이미지를 표현하였다. 그림 2-84는 전개형 여밈법, 동양적 자수, 오비를 연상시키는 듯한 벨트 등을 모티프로 하여 일본의 기모노를 현대적인 감각으로 표현하였다. 그림 2-85는 직선과 곡선의 조화, 매듭 등의 한복 요소를 모시와 수공예적인 전통 조각보 기법을 통하여 한복의 이미지를 현대적으로 표현하였다. 그림 2-86은 코사크(cossack) 모자, 매듭장식 등을 사용하여 러시아풍의 귀

그림 2-83 아프리카에서 영감을 얻은 디자인

그림 2-84 기모노에서 영감을 얻은 디자인

그림 2-85 한복에서 영감을 얻은 디자인

그림 2-86 러시아 의상에서 영감을 얻은 디자인

그림 2-87 아라비안스타일에서 영감을 얻은 디자인

족적이면서 여성스러운 이미지를 표현하였다. 그림 2-87은 터번과 목 부분과 얼굴을 감싸는 아라비안 스타일로 스팽글로 장식된 타투(Tattoo) 드레스이다. 와일드하면서도 엘레강스한 이미지를 보여주며, 팔 한쪽에 있는 문양은 마치 타투를 한 듯한 효과를 나타내고 있다.

② 포클로어

포클로어(folklore)는 유럽지역을 대표하는 기독교 문화권의 민속의상으로 유럽의 농민, 인디언 의상의 영향을 받은 복장이나 그것을 직접 이용한 복장을 말한다. 포클로어의 근원은 60년대 말 히피의 영향으로 인도, 티베트 등의 민속의상이 주목되면서 클로즈업되기 시작했고, 본격적으로 패션의 주제가 되기 시작한 것은 이브 생 로랑(Yves Saint Laurent)이 70년대 말 페전트(peasant)풍으로, 겐조(Kenzo)가 포클로어풍으로 컬렉션에서 발표한 이후부터이다. 90년대에 접어들면서 다양성을 강조하는 다문화적인 트렌드의 영향으로 포클로어의 다양한 현상이 패션에 반영되어 민속적, 지역주의적 특성을 나타낸다.

그림 2-88은 페루와 과테말라의 직물에서 많이 볼 수 있는 기하학적인 문양과 이카트 기법을 응용한 텍스타일이 특징적이다. 그림 2-89는 페루에서 고대부터 성행하였던 염색 기법인 홀치기염을 응용한 디자인이다. 그림 2-90은 잉카제국 페루의 모자와 조각조각이 연결된 가죽점퍼는 강인하면서도 이국적인 느낌을 주고 있다. 그림 2-91은 라틴 아메리카의 대표적인 민속 의상인 판초(poncho)를 응용한 디자인이다.

그림 2-88 페루와 과테말라의 직물 문양에서 영감을 얻은 디자인

그림 2-89 페루의 홀치기염에서 영감을 얻은 디자인

그림 2-90 페루의 모자와 의상에서 영감을 얻은 디자인

그림 2-91 라틴 아메리카의 판초에서 영감을 얻은 디자인

3) 예술양식

한 시대를 대변하는 미술양식은 동시대 복식 스타일에 커다란 영향을 미친다. 현대까지 예술세계는 끊임없이 새로운 사상과 예술운동을 일으켰으며, 이러한 현상은 의상디자인에도 직간접적으로 반영되었다.

예술양식이 구체적으로 의상디자인의 주제로 활용된 것은 현대에 이르러서이다. 의상디자인의 조형적인 작업은 예술의 형성과정과 매우 유사하므로 두 분야는 많은 부분에서 공통적인 특징을 갖고 있다.

① 상징주의

19C 말에서 20C 초에 낭만주의에 근원을 두고 출현한 상징주의는 예술적 형식보다는 시적 사상의 표현과 미술이나 종교적 신비에 더 많은 관심을 기울였으며, 이국적이고 신비스러운 주제의 탐구와 상상력을 통해 인간의 직관을 풍부한 색채와 충동적이고 자유스러운 데생으로 표현하였다. 개인적인 충동과 경험을 중시하여 도덕성을 개의치 않고 더 내성적이고 탐미적이며 데카당트한 측면과 연결하여 표현하였다.

그림 2-92 클림트의 '아델레블로흐 바우어의 초상'(1907)

그림 2-93 클림트의 작품에서 영감을 얻은 디자인

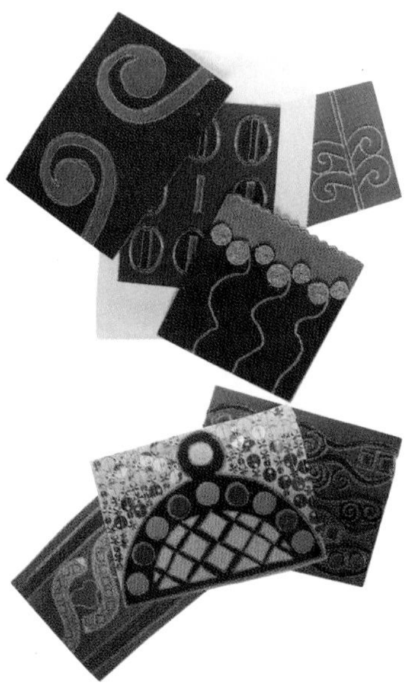

그림 2-94 클림트의 작품에서 영감을 얻은 텍스타일 디자인

상징주의의 대표적 작가인 구스타브 클림트(Gustav Klimt)는 관능주의적인 환상을 추구하였으며 아르누보적 장식성과 여성을 통한 다양한 인간 사상과 심리를 표현하였다. 또한 이국 취향의 동양적 주제에 대한 표현을 특징적으로 묘사하고 있다.

그림 2-92는 클림트의 금을 소재로 한 새로운 화법으로, 이집트의 모티프인 피라미드를 상징하는 삼각형 속에 갇혀있는 탐미적인 외눈들을 그려 그로테스크한 상징주의를 표현하였다. 그림 2-93은 클림트의 '아델레블로흐 바우어의 초상'을 단순한 면구성과 밝고 화려한 컬러로 재구성하여 현대적으로 표현하였다. 그림 2-94는 클림트 작품에 나타난 기하학적인 문양을 텍스타일 디자인의 모티프로 활용하였다.

② 큐비즘

큐비즘(Cubism)은 20C 초에 파리에서 일어났던 미술혁신운동으로, 자연을 있는 그대로 표현하지 않고 대상을 입체적으로 분석하고 재구성하여 새로운 형태를 창조하였다.

큐비즘의 대표적인 작가로는 피카소(Picasso)와 브라크(Braque)이며, 그들은 단순화한 직선과 곡선으로 원근법을 무시하고 외형보다 자기주관의 사상과 감정을 표현하고 콜라주(collage)를 이용해서 그림 표면에 종이, 금속판, 철사 등을 붙여서 작품을 제작하였다. 이러한 큐비즘은 의상에 도입되어 단순하고 실용적이며 기능적인 디자인으로 나타났다. 기하학적인 단순성으로 실용적이고 기능적인 스타일을 제시한 샤넬과 바이어스(bias) 커팅법에 의해 둥그런 입체감의 인체와 옷감의 조화로 새로운 조형적 구성을 창시한 비오네(Vionnet)는 큐비즘의 영향을 받은 대표적인 디자이너라 할 수 있다.

그림 2-95는 1918년 피카소의 '파이프와 유리잔이 있는 정물'이라는 작품으로 형태와 색채의 구조화된 구성을 표현하고 있다. 그림 2-96은 조각들이 연결된 구조의 탑이 큐비즘의 구조화된 구성을 연상시킨다.

그림 2-95 피카소의 '파이프와 유리잔이 있는 정물'(1918)

그림 2-96 피카소의 작품에서 영감을 얻은 디자인

③ 구성주의

구성주의(Constructivism)는 제1차 세계대전 후 러시아에서 일어나 서유럽에 퍼진 추상미술의 유파로서 아방가르드 운동 중의 하나이다. 자연을 모방하거나 재현하는 전통적인 미술개념을 전면적으로 부정하고 기계적이고 기하학적인 단순한 형태를 적용한 역학적인 미를 창조하였고 대량 생산된 재료를 이용하여 새로운 형식을 탄생시켰으며, 네덜란드의 데 스틸(De Stijl)과 독일의 바우하우스(Bauhaus)에 큰 영향을 미쳤다.

구성주의는 현대미술사조에서 볼 때 반사실주의 운동 중에서도 가장 극단적인 것 중의 하나로 자연묘사 또는 인상적인 표현을 배제하고 주로 기계적, 기하학적 형태의 합리적, 합목적 구성에 의해 전혀 새로운 형식의 미를 창조, 표현하려고 했다.

그림 2-97은 러시아 구성주의 작가인 카시미르 말레비치(Kazimir Malevich)의 '날으는 비행기'라는 작품으로 날고 있는 비행기의 모습을 기계적 또는 기하학적인 단순한 형태로 표현하여 공간성과 역학적 미를 창조하였다. 그림 2-98은 말레비치의 블랙 앤 화이트 패턴을 드레스에 프린트하여 구성주의의 동적인 리듬감과 불균형에 기인한 기하학적인 율동감을 표현하였다. 그림 2-99는 원, 삼각형, 사각형, 마름모꼴 등의 기하학적 패턴과 잘 조화된 색채를 통하여 구성주의의 세련된 이미지를 표현하였다.

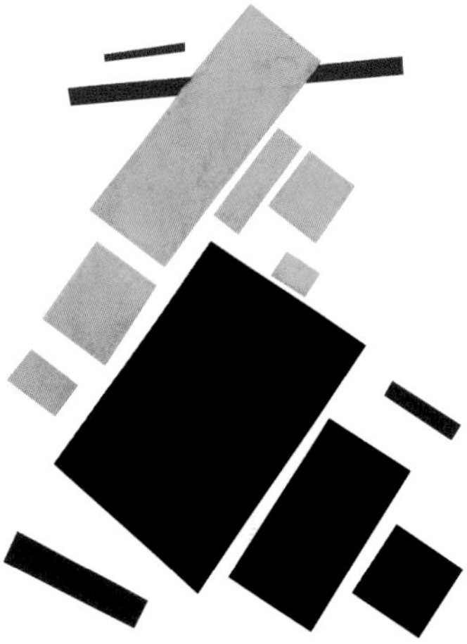

그림 2-97 말레비치의 '날으는 비행기'(1915)

그림 2-98 말레비치의 작품에서 영감을 얻은 디자인

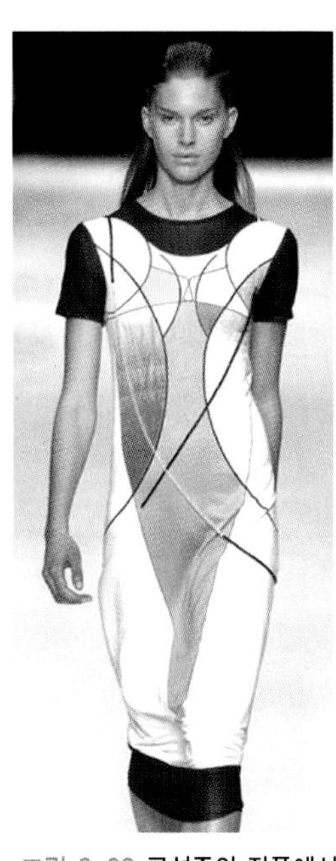

그림 2-99 구성주의 작품에서 영감을 얻은 디자인

④ 초현실주의

초현실주의(Surrealism)는 1919년부터 제 2차 세계대전 직후까지 전개된 전위적인 문학예술운동으로, 이성의 지배를 받지 않는 공상 · 환상의 세계를 중요시한다. 대표적인 화가로는 살바도르 달리(Salvador Dali), 호앙 미로(Joan Miro) 등이 있으며, 패션에 있어서는 초현실적 회화작품을 의상에 응용하거나 인체의 조형성, 나무, 새, 동물 등을 오브제로 도입 또는 콜라주 기법을 응용해 조형성을 강조한 의상을 창조하였다.

대표적인 디자이너인 엘자 스키아파렐리(Elsa Schiaparelli)는 극단적인 표현양식을 통해 여성의 환상 콤플렉스를 만족시켰으며, 1920년대 의상의 단조로움을 깨는데 많은 역할을 하였다. 그녀는 포비즘(Fauvism)의 강력한 색채를 도입하여 강하고 밝은 원색 사용과 원색끼리의 대비효과로 의상에 있어서 색채의 혁신을 일으켰다.

그림 2-100은 초현실주의 화가인 달리의 1936년도 작품으로, 얼굴을 꽃다발로 표현하였다. 그림 2-101은 모델의 움직임이 오르골(Orgel)을 생각나게 하며, 앤틱한 화이트 블라우스에서는 잔디가, 스커트에서는 나뭇가지가 나오

그림 2-100 달리가 디자인한 보그지 표지 (1936)

그림 2-101 달리의 작품에서 영감을 얻은 디자인

그림 2-102 르네 마그리트의 '맥 세네트에 대한 존경'(1934)

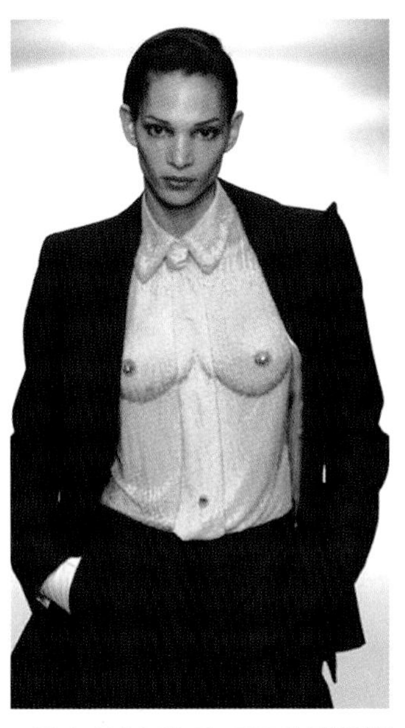

그림 2-103 르네 마그리트의 작품에서 영감을 얻은 디자인

는 듯한 형상으로 초현실주의의 환상적인 세계를 표현하고 있다. 또한 꽃다발로 얼굴을 덮어 씌워 달리의 1936년도 작품을 연상시킨다. 그림 2-102는 르네 마그리트(Rene Magritte)의 1934년도 작품으로 초현실주의 기법에 의해서 여성의 나체가 원피스에 적나라하게 프린트 되어 에로틱한 감각을 느끼게 한다. 그림 2-103은 스킨 컬러의 블라우스에 여성의 상체를 프린트하여, 마치 수트 안에 아무것도 입지 않은 듯한 착시효과를 일으키는 초현실주의적 디자인이다.

그림 2-104와 그림 2-105는 살바도르 달리와 엘자 스키아파렐리의 신발을 모자로 용도 전환시킨 초현실주의 작품이다. 그림 2-106은 화이트 이브닝 드

그림 2-104 신발을 모자로 쓰고 있는 달리(1932)

그림 2-105 엘자 스키아파렐리의 '뉴 해트를 위한 스케치'(1937)

그림 2-106 초현실주의에서 영감을 얻은 디자인

레스의 웨이스트 부분에 그려진 장갑 낀 손의 문양이 마치 여자를 뒤에서 안고 있는 듯한 형상으로 눈속임수(trompe l' oeil) 기법을 통해 신체를 상징적으로 표현하였다. 또한 손 형태의 헤어 장식과 블랙의 긴 장갑이 초현실적인 이미지를 더한다.

⑤ 팝아트

팝아트(Pop Art)는 1960년대 초 미국에서 대중문화에 의해 창출된 대중예술을 지칭한다. 지극히 일상적이며 통속적인 것을 주제로 단순구성에 의해 사실적으로 표현하였으며, 이미지를 대중화하여 시각전달을 하는 것이 특징이다.

상징적이고 대중적인 마크나 만화풍의 그림 등을 셔츠에 장식하기도 하고 대중스타의 얼굴, 상표, 돈의 이미지를 실크 스크린 기법을 써서 그려 넣기도 하였는데, 1960년대 젊은층의 생활 감각에 잘 맞아 완벽하게 영 룩(young look)을 주도하였다. 많은 디자이너들은 팝아트의 대중적 이미지를 재구성하여 현대적이고 감각적인 시각을 의상디자인에 도입해 독특한 개성과 팝적인 유머를 표현하고 있다.

그림 2-108은 팝아트의 대표적인 화가 앤디 워홀(Andy Warhol)의 작품인 마릴린 먼로(Marilyn Monroe)로, 그림 2-107을 모티프로 하여 디자인한 모자

그림 2-107 앤디 워홀의 '마릴린 먼로'(1962)

그림 2-108 앤디 워홀의 작품에서 영감을 얻은 디자인 I

그림 2-109 **앤디워홀의 작품에서 영감을 얻은 디자인 Ⅱ**

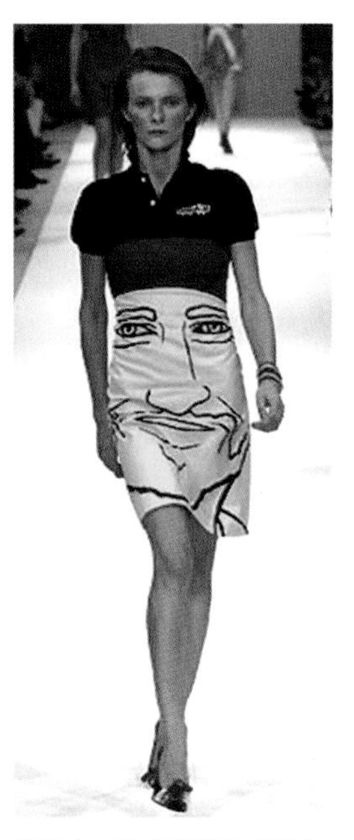

그림 2-110 **만화책의 일러스트에서 영감을 얻은 디자인**

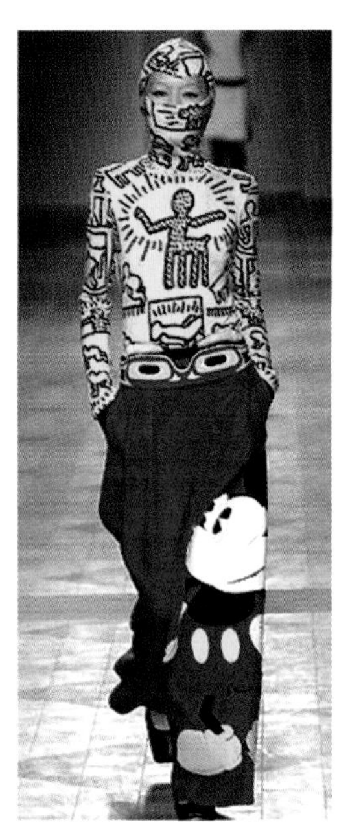

그림 2-111 **키스해링 작품에서 영감을 얻은 디자인**

이다. 그림 2-109는 과장된 입술을 모티프로 반복적으로 프린트하여 팝적인 재미를 더했다. 그림 2-110은 스포티한 드레스에 얼굴(face) 일러스트를 가미하여 만화책을 보는 듯한 유머러스한 팝아트 패턴을 표현하였다. 그림 2-111은 미키마우스와 키스 해링(Keith Haring)의 작품을 모티프로 대담한 팝아트 디자인을 표현하였다.

⑥ 옵아트

옵아트(Op Art)는 1960년대 시각적 착각을 이용한 미술 양식으로, 실제로 화면이 움직이는 듯한 환각을 일으킨다. 착시현상을 일으키는 화면이 옵아트의 특징이다. 모티프는 직선, 곡선, 원, 삼각형 등 기하학적 무늬로, 조화에 따라 화면 전체의 움직임을 창조한다. 색채도 원근감을 통한 공간의 깊이감과 강한 시각적 자극을 유도하는 흑백의 극대미를 통해 인체의 뚜렷한 윤곽선을 해체시킴으로써 의상을 통한 움직임을 보여주었다.

그림 2-112는 옵아트의 대표작가인 빅터 바자렐리(Victor Vasarely)의 1937년 작품으로, 도형의 크기와 색채의 변화로 화면에 생생한 움직임을 주어 보는 이로 하여금 시각적인 입체감을 느끼게 한다. 그림 2-113은 블랙과 화이

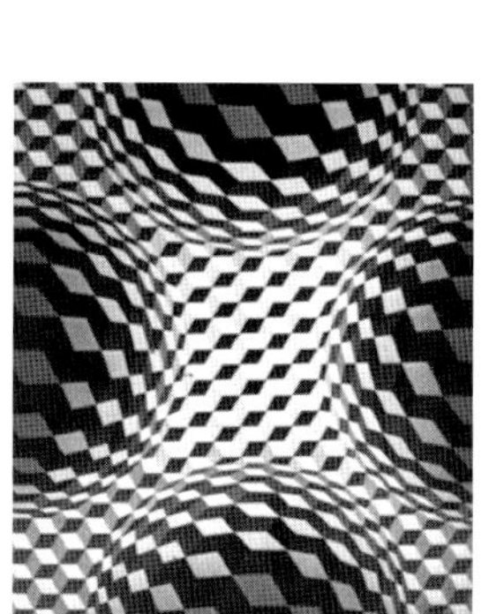

그림 2-112 빅터 바자렐리의 '팽창-후퇴하는 완벽한 구조들' (1937)

그림 2-113 빅터 바자렐리의 작품에서 영감을 얻은 디자인 Ⅰ

그림 2-114 빅터 바자렐리의 '루미 R276'

그림 2-115 빅터 바자렐리의 작품에서 영감을 얻은 디자인 Ⅱ

트가 교차되면서 다양한 각도에서 느껴지는 기하학적인 면 분할에 의한 옵아트 프린트를 볼륨감이 있는 인체에 표현하여 착시와 함께 율동감을 느끼게 한다. 그림 2-114도 바자렐리의 작품으로, 도형의 크기와 색채의 변화로 화면에 생생한 움직임을 주어 보는 이로 하여금 시각적인 착시와 현대적 감각을 느끼게 한다. 그림 2-115는 바자렐리의 색채에 의한 옵아트 패턴을 연상시킨다.

4) 자연물

자연은 예로부터 인간의 관심의 대상이었고 생활의 터전이었으며 그 신비로움과 아름다움과 장엄함은 인간으로 하여금 늘 표현하고자 하는 대상이었다. 많은 디자이너와 예술가들은 자연의 유기적 형태를 모티프로 다양한 창작활동을 하였으며, 특히 아르누보 양식은 풍부한 자연에 초점을 맞추어 자연에서 추출한 유기적인 곡선과 생명력 있는 동 · 식물, 곤충의 유기적 형태를 상징적으로 표현하였다.

디자인의 영감으로 작용하는 자연은 자연과의 조화 또는 자연에의 회귀를 목적으로 한다. 특히 산업화가 진행된 현대사회에서는 지구오염이나 자연 파괴의 위협과 위기의식 속에서 에콜로지가 유행하였고, 에콜로지의 유행은 자연의 유기적인 선을 부각시켰으며 자연에서 많이 볼 수 있는 색을 주조색으로 활용하였다.

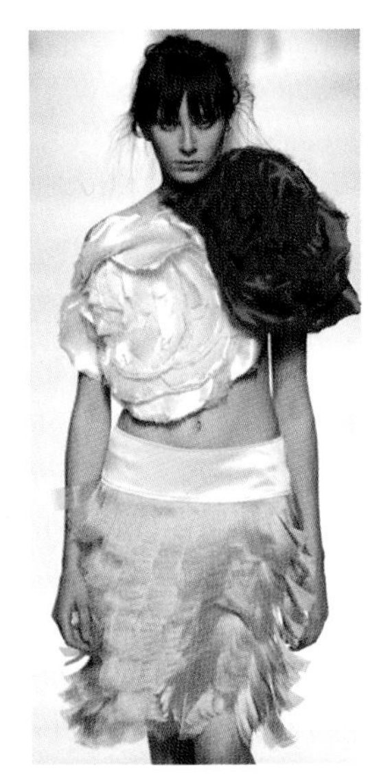

그림 2-116 장미에서 영감을 얻은 디자인

그림 2-117 카멜리아에서 영감을 얻은 디자인

그림 2-118 대나무에서 영감을 얻은 디자인

그림 2-119 석류에서 영감을 얻은 디자인

① 식 물

식물의 줄기, 잎, 열매 등은 패션 디자인의 요소인 실루엣, 소재, 무늬, 색채를 표현하는데 많이 활용된다. 식물 중에서도 특히 꽃은 여성적인 이미지를 나타내는데 많이 사용된다. 꽃의 종류와 형태, 색채 등, 꽃이 지닌 이미지와 표현방법을 변화시키면 다양한 발상을 할 수 있다.

그림 2-116은 시폰을 이용하여 만든 오버사이즈의 장미 꽃을 슬리브리스 톱으로 디자인하여 로맨틱한 여성미를 표현하였다. 그림 2-117은 샤넬을 상징하는 커밀리어(camelia) 꽃을 드레스 전체에 풍성하게 장식하여 백색의 로맨틱하고 엘레강스한 웨딩드레스를 표현하였다. 그림 2-118은 대나무 줄기를 엮어 의복소재로 사용한 것으로, 줄기의 특징을 살려 피라미드 형태인 크리놀린의 풍성한 실루엣을 표현하였다. 그림 2-119는 비대칭 컷의 화이트 원피스 목 부분에 다산을 상징하는 석류로 장식적인 효과를 더했으며, 원피스에는 흘러내린 석류의 과즙을 무늬로 표현하였다.

② 동 물

인류가 최초로 의복을 착용했을 때 사용된 재료는 수렵 활동으로 획득한 동물의 가죽이나 모피였다. 동물에 의한 디자인 발상은 다양한 종류의 가죽을 소재로 직접 이용하거나 직물 무늬로 많이 활용하는데, 이는 애니멀리즘(animalism)이라는 패션 트렌드로 표현된다. 새와 비둘기는 의복에 깃털 장식만으로 다양한 이미지를 연출할 수 있기 때문에 패션디자인에 많이 활용되고 있다. 나비, 벌집, 거미줄, 곤충과 같은 곤충류는 추하고 저속한 것도 디자인에 활용될 수 있음을 보여 주는 대표적인 예들이다. 물고기나 조개, 고동껍질, 불가사리 등과 같은 바다 생물들은 직물의 무늬나 복식의 부분적인 장식에 많이 이용된다.

그림 2-120은 동물의 가죽을 직접 이용한 듯한 소재와 꼬리를 연상시키는 털 장식을 머리와 스커트 헴라인에 가미하여 역동적인 말을 형상화하였다. 그림 2-121은 깃털로 장식된 코트의 윗부분에 거대한 독수리 모형을 달아 초자연적이면서 야성적인 이미지를 표현하였다. 그림 2-122는 나비문양의 프린트와 조형성을 표현하여 팔을 펼치면 마치 나비가 날아갈 것 같은 느낌을 준다. 그림 2-123은 비즈로 장식된 시스루 소재의 블라우스에 진주 빛 조개와 새우로 네크라인을 장식하여 신비한 바다 속의 이미지를 표현하였다.

그림 2-120 말에서 영감을 얻은 디자인

그림 2-121 새에서 영감을 얻은 디자인

그림 2-122 나비에서 영감을 얻은 디자인

그림 2-123 조개, 새우에서 영감을 얻은 디자인

③ 자연환경

자연은 신의 섭리에 의해 창조된 신비의 세계이며, 하늘과 땅의 구분이 있고 그 공간에는 많은 생명체와 무생물이 존재한다. 자

그림 2-124 알프스 산맥에서 영감을 얻은 디자인

그림 2-125 눈 덮인 알프스 산맥과 에델바이스 꽃에서 영감을 얻은 디자인

연에는 인간의 감각으로 미를 느낄 수 있는 무수한 것들이 존재하고 있는데, 그 어느 것 하나 신비스럽지 않는 것이 없다. 의상디자인에 있어서의 자연은 하늘, 대지, 암석 등에 근원을 두어 색채, 형태, 무늬, 재질 등으로 표현되며, 자연의 형태는 자연 스스로가 창출해낸 자연적 패턴이 매우 훌륭하고 실용적이어서 디자인에 응용되며 발상의 근원으로 사용된다.

그림 2-124는 알프스 산에 눈이 내린 듯한 문양이 프린트된 셔츠와 수공예적 느낌의 따뜻한 느낌을 주는 베스트로 알프스의 자연환경을 표현하였다. 그림 2-125는 눈 덮인 알프스를 연상시키는 퍼 트리밍과 알프스 고산지대의 에델바이스 꽃이 수놓아진 따뜻한 느낌의 화이트 코트가 알프스의 자연환경을 연상시킨다.

5) 인공물

조형의 세계는 구체적이고 정확하게 자연을 재현, 묘사하던 것에서 단순하고 간결한 형태로 자연을 재해석하거나 자연에 존재하지 않는, 인간의 상상력에 의한 인공적인 형태에 이르기까지 다양하게 창출되고 있다. 복식의 디자인 발상에 활용되는 인공조형은 건축물, 생활도구 등 생활주변에서 흔히 볼 수 있는 조형물 뿐만 아니라 인간의 상상력만큼이나 다양하다.

① 건축물

복식을 위한 영감을 얻는데 건축물을 이용하는 것이 약간 놀라운 일처럼 보일 수 있으나 오래 전부터 건축과 복식은 밀접한 관계를 맺어왔다. 그 형태가 3차원적이고 구조적이며 재미있는 텍스처나 컬러, 풍부한 디자인적 특징으로부터 많은 아이디어를 얻을 수 있다.

고대 피라미드의 형태와 비슷한 로인 클로스(loin cloth), 그리스 건축양식과 비슷한 키톤, 고딕양식과 비슷한 에냉(hennin) 등 건축과 복식의 관련성을 많이 찾아볼 수 있다. 고층건물의 반짝이는 유리는 현대의 비치는 직물에 아이디어를 제공하였고, 오래된 바닷가 오두막의 벗겨진 페인트는 찢어진 레이어를 혼합한 룩을 창조하게 하였다. 피사탑의 아케이드 기둥은 복잡한 소매 디테일이나 바디스의 레이스를 생각나게 한다. 또한 종종 건축물의 외관은 복식의 라인에 대한 아이디어를 제공한다. 구겐하임 뮤지엄(Guggenheim Museum)이 물결 블라우스를 연상하게 하고, 크라이슬러 빌딩(Chrysler Building)의 아르데코 양식은 층을 이루는 실루엣을 만들었는지도 모른다.

그림 2-126은 전체적인 실루엣에서 건축적인 형태를 볼 수 있으며, 종이 소재의 드레스 전면에는 교토의 5층탑을, 후면에는 파리의 에펠탑을 표현하였다. 그림 2-127은 파리의 화려한 불빛의 야경을 프린트하여 더욱 세련되고 섹시한 이브닝 드레스를 표현하였

그림 2-126 교토의 5층탑과 파리의 에펠탑에서 영감을 얻은 디자인

그림 2-127 파리의 에펠탑에서 영감을 얻은 디자인

그림 2-128 성에서 영감을 얻은 디자인

다. 그림 2-128은 골드 컬러로 채색된 웅장한 성의 형상을 어깨 부분의 장식으로 사용하여 비대칭의 효과를 주고 있다.

② 생활용구

패션 디자이너들은 부채, 베개, 이불, 장갑, 지구본 등과 같은 생활용구의 형태를 직접적으로 표현하거나 또는 부분적이고 장식적인 요소로 사용하여 뜻밖의 기발한 효과를 연출하고 있다.

그림 2-129는 베개와 이불의 모티프를 전체 의복의 형태에 적용하여 마치 이불 속에 여성이 누워있는 것과 같이 보이도록 하였으며, 입체적으로 볼륨감 있게 표현하였다. 그림 2-130은 스카프로 얼굴을 가리고 인형 얼굴을 모자처럼 사용하여 전위적인 이미지의 인형의 모습을 패션 디자인에 표현하였다. 그림 2-131은 소매와 칼라, 헴라인을 장갑의 형태로 표현하여 재미와 흥미를 불러일으키고 있다.

그림 2-132는 여러 개의 지구본을 스커트 벨트 부분에 매달아 풍성한 실루엣을 표현한 디자인이다. 그림 2-133은 화려하고 섬세한 용 문양이 그려진 청화, 백자를 모티프로 한 머메이드 실루엣의 이브닝 드레스 디자인이다. 그

그림 2-129 베개, 이불에서 영감을 얻은 디자인

그림 2-130 인형에서 영감을 얻은 디자인

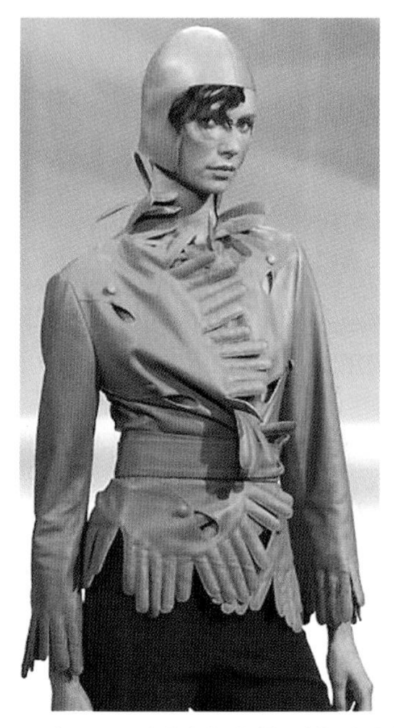

그림 2-131 장갑에서 영감을 얻은 디자인

그림 2-132 지구본에서 영감을 얻은 디자인

그림 2-133 도자기에서 영감을 얻은 디자인

그림 2-134 호스에서 영감을 얻은 디자인

림 2-134는 호스를 헴라인에 엮어서 처리하여 볼륨감을 주었으며, 한쪽 어깨의 네크라인 부분에 마치 숄을 걸친 듯한 효과를 주는 아방가르드한 디자인이다.

6) 소 재

많은 디자이너들은 소재를 창조과정의 출발점으로 여기고 있다. 예를 들면 에이 에프 반데볼스트(A.F. Vandevorst)는 “소재 선택은 아이디어 전개에 결정적 역할”을 한다고 하였고, 인그리드(Ingrid van de wide)는 신소재가 “브랜드 가치를 높인다”고 강조하였다. 따라서 조직, 촉감, 색과 문양 등과 같은 소재의 기본적인 요소를 잘 파악하여 소재를 가장 효과적으로 나타낼 수 있는 디자인을 하는 것이 중요하다.

① 섬유소재

의복의 소재는 주로 섬유이다. 섬유는 그 짜임새나 무늬나 촉감에 따라 다양하게 표현될 수 있으며, 그 특성을 살려 디자인을 했을 때 보다 효과적이

그림 2-135 진에서 영감을 얻은 디자인

그림 2-136 카무플라주 패턴에서 영감을 얻은 디자인

그림 2-137 플리츠에서 영감을 얻은 디자인

다. 질감(texture)은 옷의 디자인이나 형태에 많은 영향을 미친다. 또한 무늬(pattern)는 형태와 크기에 따라 다양하게 사용되며, 종류로는 민족이나 국가의 전통적 감정을 표현하는 전통무늬, 자연계에 있는 생물을 소재로 하여 만든 자연무늬, 어떤 사실적 형태를 갖지 않는 추상무늬, 점무늬, 기하학적 무늬가 있다.

그림 2-135는 진(jean) 소재를 이용하여 젊고 발랄한 이미지와 올풀림의 효과를 현대적 감각으로 표현하고 있으며, 그림 2-136은 군사복에서 위장을 위해 사용되는 카무플라주(camouflage) 패턴을 이용하여 아방가르드한 이미지의 원피스 드레스 디자인을 하였다. 그림 2-137은 질감 표현을 위해 인위적 기계주름을 잡아 조형적으로 표현하였다.

② 특수소재

19C에는 의복에 사용되는 소재가 지극히 한정적이었으나, 20C 중반 이후에는 과거의 고정관념에서 탈피하여 부직포, 비닐, 플라스틱, 금속, 종이뿐만 아니라 새로이 개발되고 있는 신소재 등 다양한 종류가 활용되고 있다. 이러한 소재들은 특성에 따라 다양한 실루엣과 텍스처를 제공한다.

금속(metalic)은 1960년대 앙드레 쿠레주(André Courrèges)가 스페이스룩으로 일반인들의 관심을 끌면서 부각되었고, 파코라반(Paco Rabanne)의 실험적인 금속 소재 의상이 발표되면서 실용화 단계를 거쳐 대중 패션으로 정착되었다. 1990년대 초반 정보화 테크놀로지가 세기말의 분위기와 맞물려 사이버 테크노 펑크스타일이 나타났으며, 이러한 금속소재의 움직임에 따른 빛의 효과는 새로운 아이디어로서 하이테크 비전(High-tech Vision)과 미래 세계에 대한 디자인 발상의 근원으로 사용되었다.

그림 2-138 금속에서 영감을 얻은 디자인

그림 2-139 종이에서 영감을 얻은 디자인

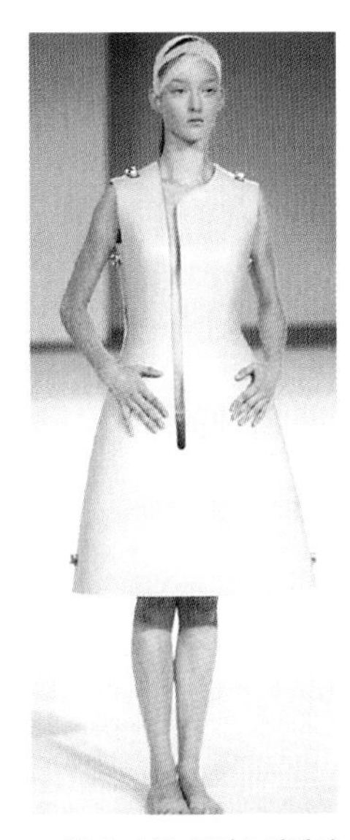

그림 2-140 플라스틱에서 영감을 얻은 디자인

그림 2-141 나무에서 영감을 얻은 디자인

종이(paper)가 의복소재로 사용된 것은 일본 헤이안 시대 중기인 988년 쇼쿠(Shoku)라는 일본 수도승에 의해 만들어진 '紙子'(Kamiko)라는 종이옷이 최초였으며, 1960년대 이후부터 Wearable Art Pop Fashion 속에서 의복, 액세서리나 기타 디자인적 형태의 작품을 통해 사용되고 있다. 종이의 텍스처와 질(quality)에 따라 다양한 효과의 디자인을 연출할 수 있다.

플라스틱(plastic)은 1960년대 중반 이후 우주시대에 대한 관심과 함께 나타났으며 테크놀로지와 미래지향적 디자인을 위해 사용되었다. 현대패션에서 우주적 관념과 공간의 연속성을 표현하기 위해 비닐, 아크릴판, 플라스틱 셀로판 등이 사용되었고, 일반 의복 소재와 매치하거나 액세서리로 활용되었다.

그림 2-138은 중세 군인들이 입은 쇠사슬 갑옷과 비슷한 디자인으로 남성에 대립되는 호전적인 여성상을 추구하는 디자인이며, 그림 2-139는 종이로 만든 꽃을 원피스에 붙여 입체적으로 표현하였다. 그림 2-140은 플라스틱으로 원피스를 만들어 어깨와 옆솔기를 금속 장식으로 고정한 것으로 활동의 자유가 억압된 이미지를 표현하였다. 그림 2-141은 나무를 기하학적인 모티프로 잘라 피스로 고정하여 제작한 조형성을 강조한 디자인이다.

4. 패션 디자인 발상 트레이닝

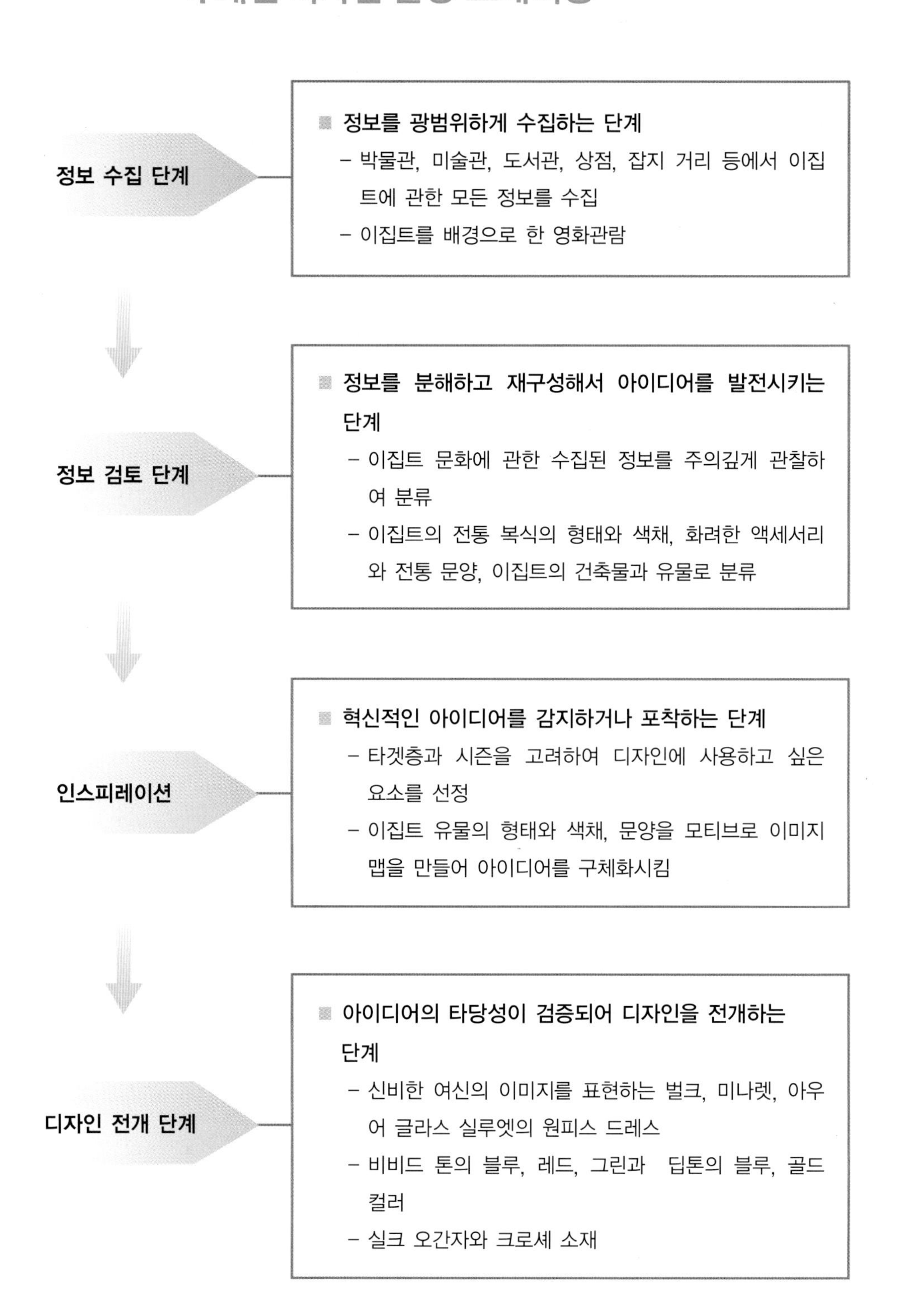

1) 역사복식에 의한 디자인 I (이집트)

- 모티프 : 이집트의 파양스(Faience)
- 아이템 : 벌크 실루엣의 원피스 드레스
- 색 채 : 비비드와 딥 톤의 블루, 골드
- 소 재 : 실크 오간자, 크로셰
- 기 법 : 컷아웃, 니팅

이집트의 파양스(Faience) 술잔(B.C.1550~1295년 경)

- 모티프 : 이집트의 풍뎅이 펜던트
- 아이템 : 미나렛 실루엣의 원피스 드레스
- 색 채 : 비비드 톤의 블루, 레드, 그린, 골드
- 소 재 : 실크 오간자
- 기 법 : 컷아웃, 비딩

이집트의 풍뎅이 펜던트 (B.C.1890년 경)

- 모티프 : 멤피스(memphis)의 꽃다발 형태의 흑단 숟가락
- 아이템 : 아우어 글라스 실루엣의 원피스 드레스
- 색 채 : 비비드와 딥 톤의 블루
- 소 재 : 실크 오간자
- 기 법 : 컷아웃, 실크 스크린

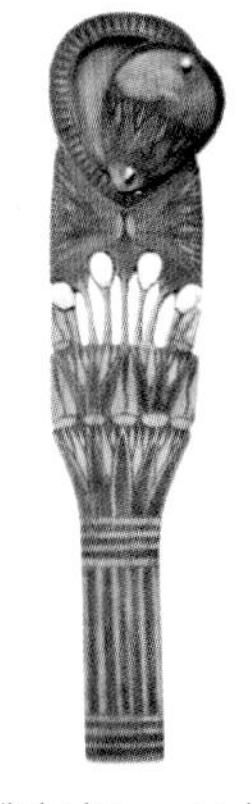

맴피스(Memphis)의 꽃다발 형태의 흑단 숟가락 (B.C.1350년 경)

역사복식에 의한 디자인 Ⅱ (르네상스)

- 모티프 : 파파뉴기니아의 훌리(Huli)의 머리 장식, 몸과 얼굴의 문양
- 아이템 : 아우어 글라스 실루엣의 투피스
- 색 채 : 브라이트 톤의 레드 브라운, 블랙, 화이트
- 소 재 : 가죽, 실크, 양모사
- 기 법 : 실크 스크린, 니팅

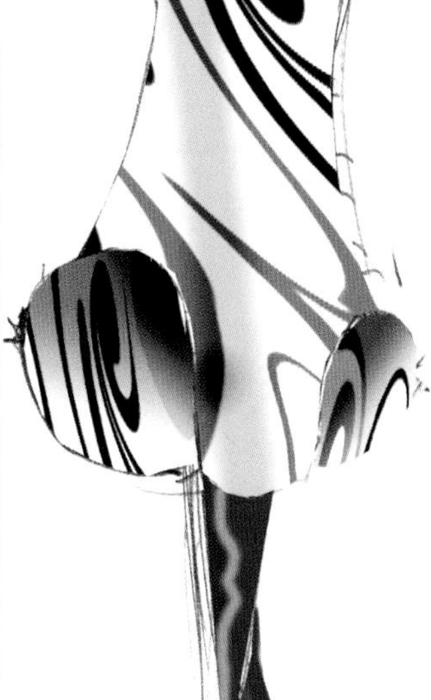

민속복식에 의한 디자인 Ⅱ (아프리카)

- 모티프 : 파파뉴기니아의 얼굴에 페인팅 디자인된 해골, 의식용 의자의 얼굴 조각
- 아이템 : 벌크 실루엣의 투피스
- 색 채 : 블랙, 화이트, 레드
- 소 재 : 가죽, 니트
- 기 법 : 아우트라인 스티치, 퀼팅

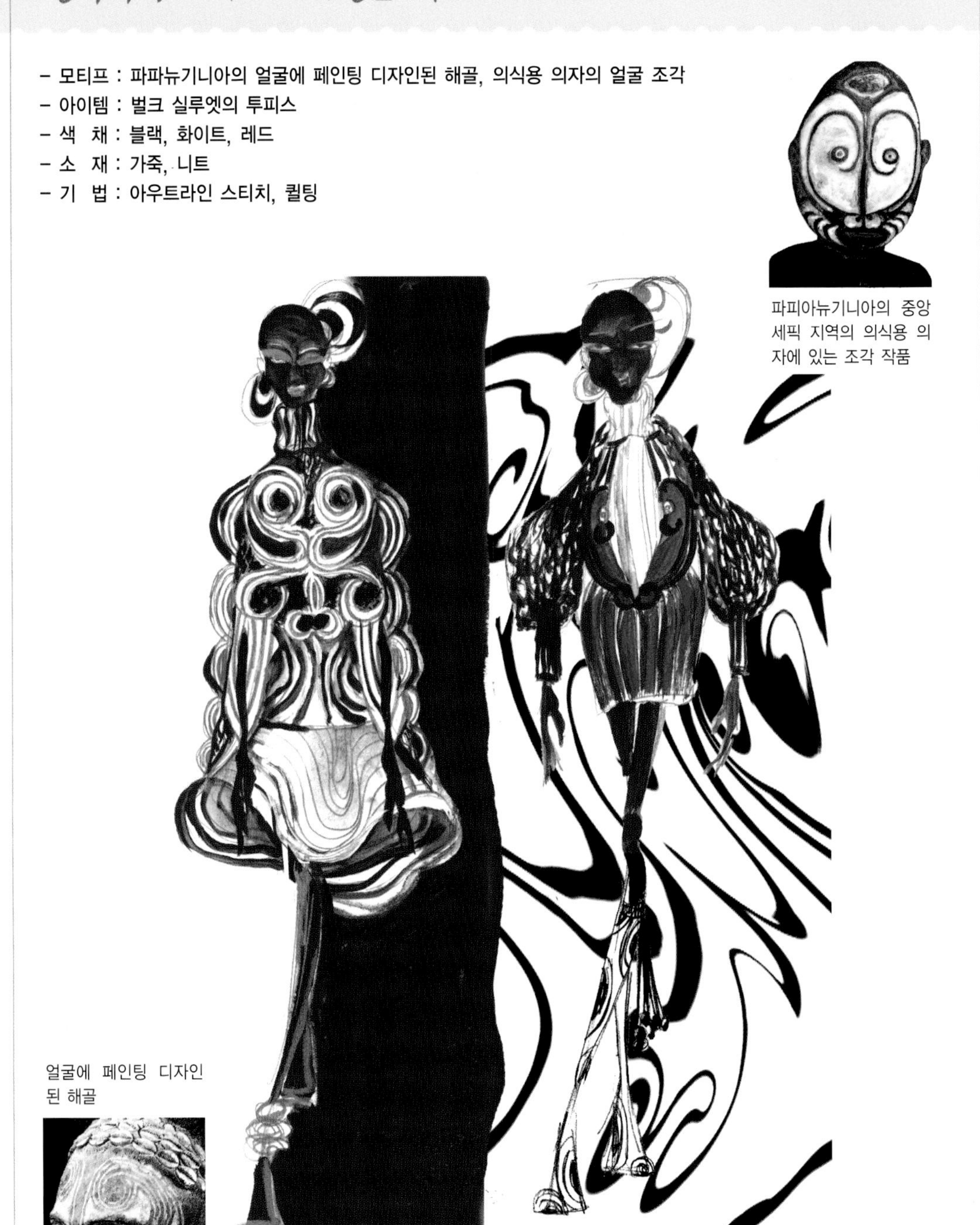

파피아뉴기니아의 중앙 세픽 지역의 의식용 의자에 있는 조각 작품

얼굴에 페인팅 디자인된 해골

3) 예술양식에 의한 디자인(큐비즘)

Fernand Leger
"Three Women(Le Grand Dejeuner)" 1921

- 모티프 : Fernand Leger의 Three Woman
- 아이템 : 아우어 글라스 실루엣의 투피스 드레스
- 색 채 : 비비드 톤의 레드 옐로, 그린, 블랙, 화이트
- 소 재 : 실크
- 기 법 : 실크 스크린, 플리츠

4) 자연물에 의한 디자인 I (대나무)

대나무(竹)

▷
- 모티프 : 죽림(竹林)
- 아이템 : 스트레이트 실루엣의 튜닉 원피스
- 색 채 : 브라이트와 그레이시, 덜 톤의 그린, 화이트
- 소 재 : 노방, 시폰
- 기 법 : 컷 아웃, 아우트라인 스티치, 실크 스크린

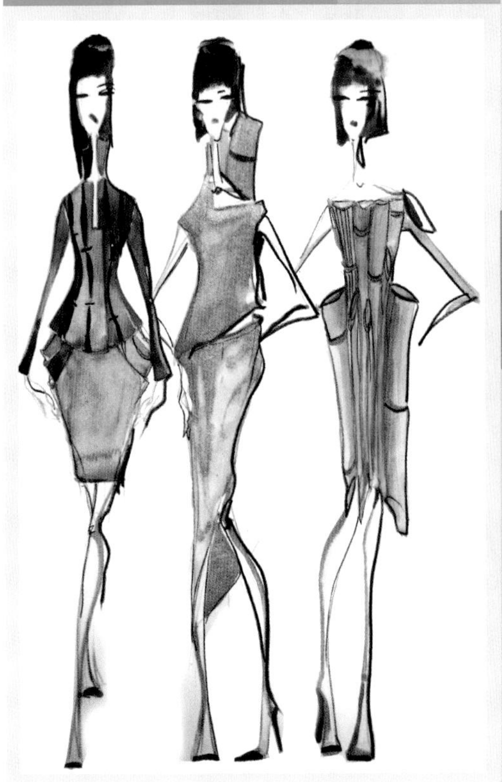

◁
- 모티프 : 죽순(竹筍), 죽간(竹竿), 죽림(竹林)
- 아이템 : 아우어 글라스 실루엣의 투피스, 스트레이트 실루엣의 원피스
- 색 채 : 브라이트와 그레이시, 덜 톤의 그린, 화이트
- 소 재 : 노방, 시폰
- 기 법 : 플리츠, 슬래시, 패치워크

자연물에 의한 디자인 Ⅱ (바다)

Sea Worlds

- 모티프 : 해백합
- 아이템 : 스트레이트 실루엣의 튜닉 원피스
- 색 채 : 비비드 톤의 옐로, 블랙
- 소 재 : 실크 노방
- 기 법 : 플리츠
- 모티프 : 말미잘

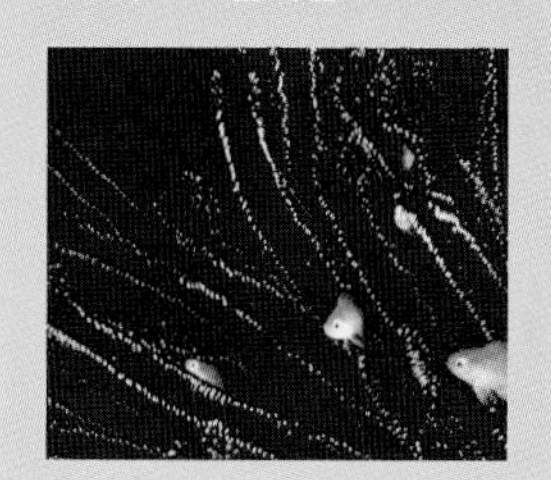

- 아이템 : 머메이드 라인의 원피스 드레스
- 색 채 : 라이트 톤과 비비드 톤의 핑크 그러데이션
- 소 재 : 시폰
- 기 법 : 나염

5) 인공물에 의한 디자인(건축물)

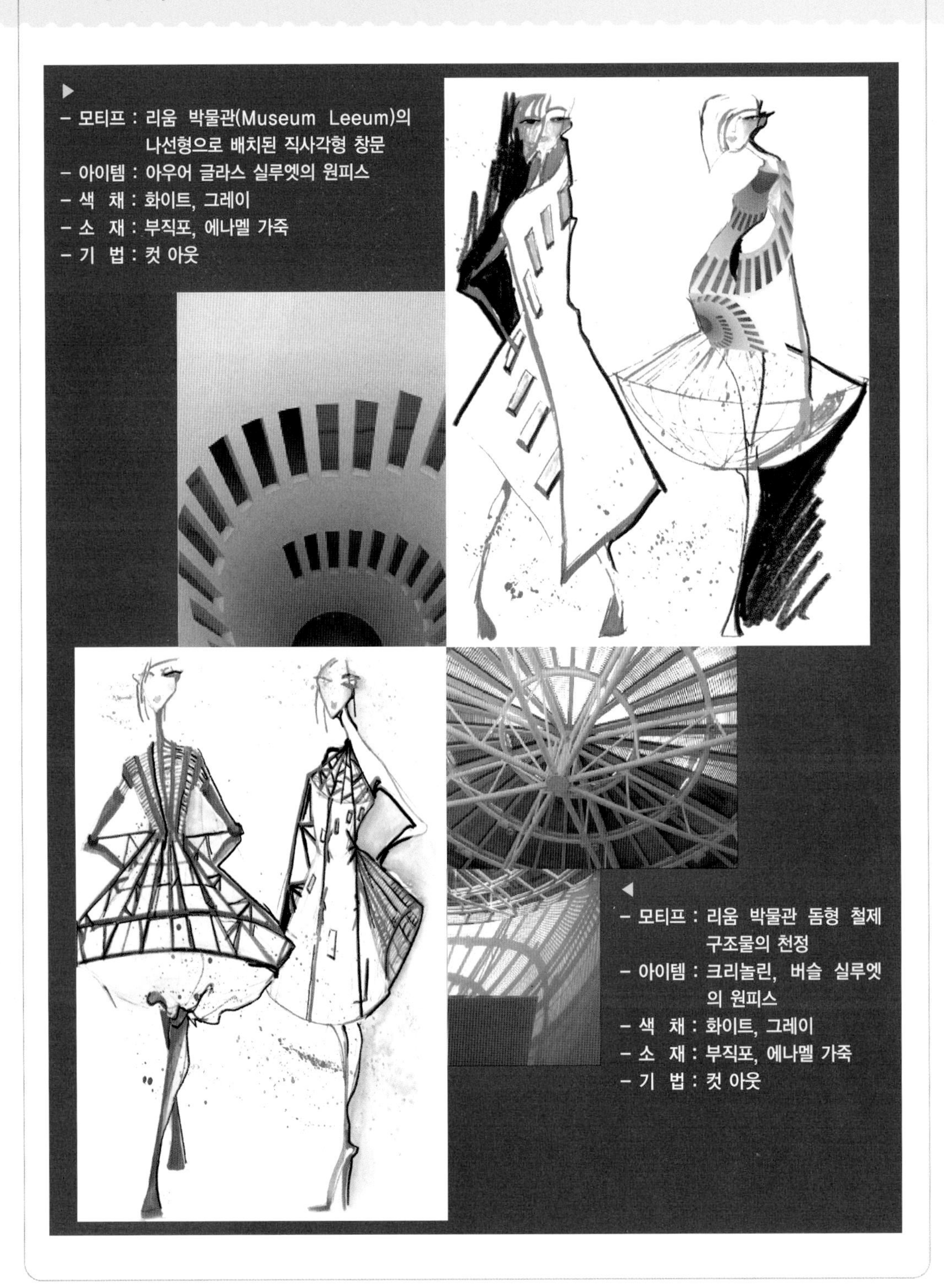

6) 소재에 의한 디자인 I (플로랄 패턴)

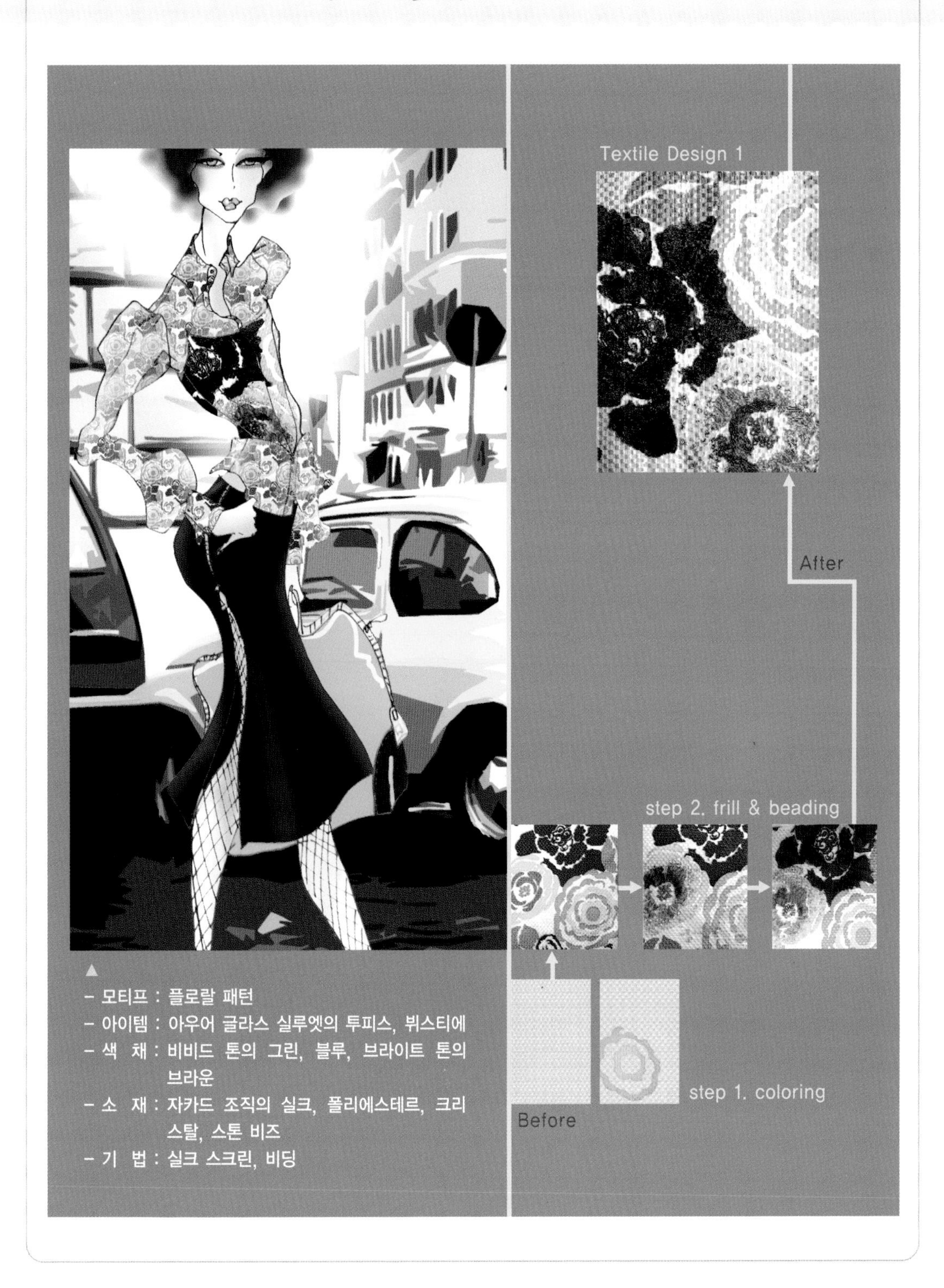

▲
- 모티프 : 플로랄 패턴
- 아이템 : 아우어 글라스 실루엣의 투피스, 뷔스티에
- 색 채 : 비비드 톤의 그린, 블루, 브라이트 톤의 브라운
- 소 재 : 자카드 조직의 실크, 폴리에스테르, 크리스탈, 스톤 비즈
- 기 법 : 실크 스크린, 비딩

소재에 의한 디자인 II (도트 패턴)

✲ 패션 디자인 표현

03 패션 디자인 표현

패션 디자인 작업의 실무를 잘 수행하기 위해서 디자이너는 자신의 아이디어를 2차 평면 위에 정확하게 표현할 수 있어야 한다. 이는 제작과정과 공정에서 디자인 발상자인 디자이너와 제조자인 패턴사 및 봉제사들 간의 커뮤니케이션의 수단이 되기 때문이다. 따라서 본 장에서는 패션 디자인 실무에 필요한 패션 디자인 표현법으로, 인체와 의복과의 관계 및 이미지를 나타내는 패션 일러스트레이션과 작업과정을 성실히 수행하기 위해 필수적인 도식화 및 작업지시서의 내용과 기술을 익히고 패션 아이템에 대한 정확한 지식을 학습하도록 한다.

1. 인체 · 의복 · 일러스트레이션

1) 패션 인체의 이해

패션 제품은 살아있는 인체에 입혀지기 위해 디자인된다. 따라서 인체를 이해하는 것은 패션 디자인을 위한 기초가 된다. 디자인을 2차 평면 위에 표현하는 방법은 실제의 인체를 그대로 표현하는 것과 다르다. 패션 인체(fashion figure)는 실제의 모습보다 디자인과 인체와의 관계와 효과를 강조하고 과장되게 표현해야 정확한 디자인 의도가 전달된다. 따라서 패션 디자인 표현을 위한 인체의 이해는 다른 분야, 예를 들면 순수미술이나 애니메이션, 캐릭터 산업에서의 인체표현과는 상이하다고 할 수 있다. 그러므로 패션 디자이너는 패션 인체를 정확히 이해해야 좋은 실루엣과 디자인의 효과를 만들어낼 수 있다.

(1) 프로포션

골격의 구조와 근육의 움직임 등에 대한 세부적 학습은 패션 일러스트레이션 과목을 통해서 더 자세히 배울 수 있다. 여기서는 패션 인체가 실제 인체나 순수미술 영역에서의 표현과는 다른 프로포션으로 진행됨을 이해하도록 한다.

프로포션(proportion)이란 머리의 크기에 대한 키의 비율(등신)을 말한다. 머리의 크기를 1로 보았을 때 이에 대한 키가 몇 배인지를 말하는 것으로 실제 인간은 7~7.5등신, 모델과 같은 경우는 드물게 8등신인 경우가 있지만 패션 인체의 경우에는 9등신 정도로 늘여서 그리며 디자인의 이미지에 따라 12등신 이상 과장해서 표현하기도 한다(그림 3-1).

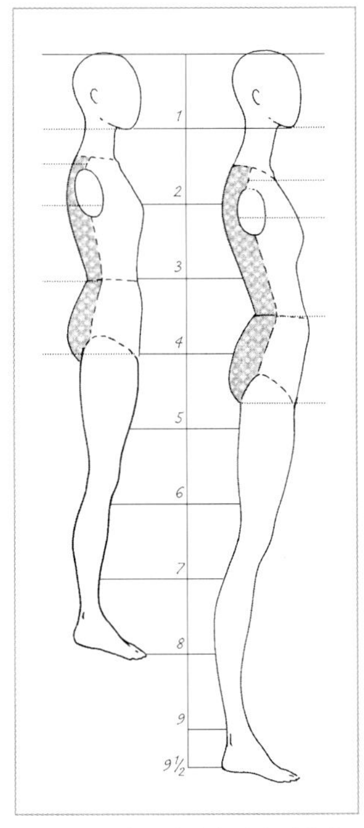

그림 3-1 실제 인체와 패션 인체의 프로포션

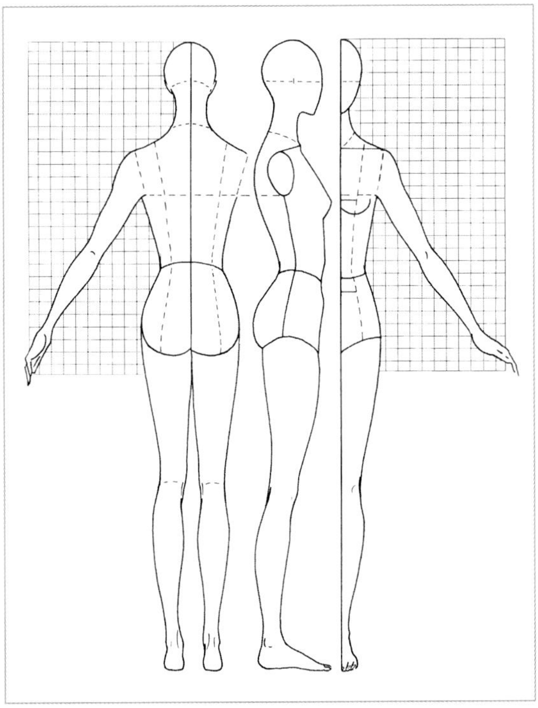

그림 3-2 패션 인체의 가이드라인

(2) 패션 인체의 가이드라인

패션 인체의 프로포션을 습득한 후에는 패션 인체의 가이드라인을 이해해야 한다. 가이드라인(guide-line)이란 인체의 표면에서 디자인을 위해 부분별로 나누는 기준이 되는 특정한 선(line)을 말한다(그림 3-2). 가이드라인은 패션 인체의 특정한 포즈를 그리거나 인체와 의복 간의 조화를 잘 표현하기 위해 중요하다. 또한 드레스 폼(dress form)이나 마네킹 등에서의 재봉선과도 관련이 있다. 가이드라인에는 앞 중심선, 뒤 중심선, 옆선 및 바스트라인, 웨이스트라인, 힙라인, 프린세스라인 등이 포함되며 인체의 포즈에 따라 기울기나 모양이 변할 수 있다(그림 3-3).

다양한 포즈의 변화시에 가이드라인의 변화까지 염두에 두고 연습해야 한다.

그림 3-3 **포즈에 따른 가이드라인의 변화**

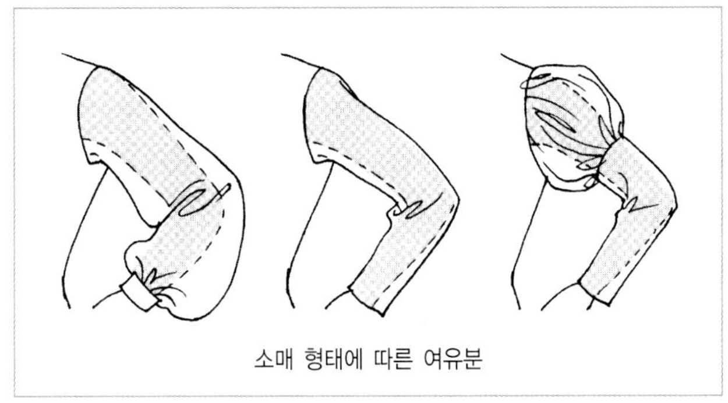

그림 3-5 **인체와 의복 간의 조화의 예**

(2) 패션 일러스트레이션 작품의 예

패션 일러스트레이션의 다양한 기법과 표현법에 따라 패션 디자인의 이미지와 컨셉은 매우 다르게 느껴진다. 따라서 각종 트렌드 정보지의 패션 일러스트레이션 작품을 보고 유행에 따른 일러스트레이션의 표현을 익힘으로써 개성적인 작품을 표현할 수 있다(그림 3-6).

그림 3-6 다양한 기법의 패션 일러스트레이션의 예

모노톤 표현으로 부분을 강조한 일러스트레이션

평면적 느낌을 강조한 애니메이션 기법의 일러스트레이션

수채화 및 색연필을 사용한 개성적인 표현

검은 라인을 강조하여 스트리트적 감성을 표현

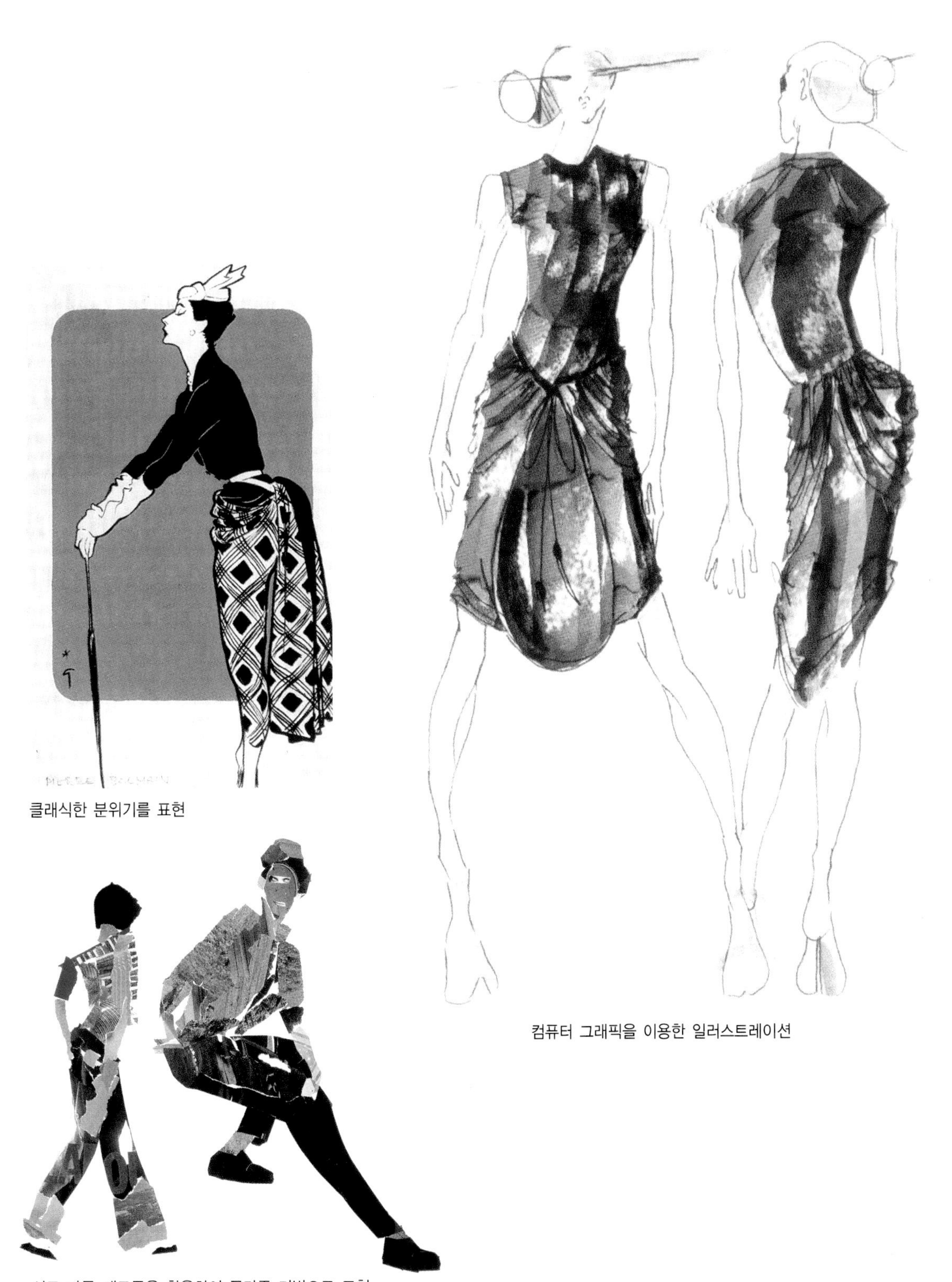

클래식한 분위기를 표현

서로 다른 재료들을 활용하여 콜라주 기법으로 표현

컴퓨터 그래픽을 이용한 일러스트레이션

CAD 소프트웨어를 사용하면 프린트 원단이나 체크, 니트 등의 소재를 디자인할 수 있으며 일러스트레이션 작업으로 여러 패턴이나 색상을 원하는 대로 수정할 수 있어 작업하기 편한 장점이 있다(그림 3-7).

그림 3-7 CadWalk Design 2005 version 5.97로 작업한 예

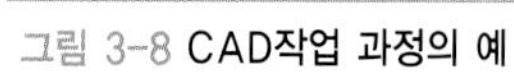

그림 3-8 CAD작업 과정의 예

2. 패션 디자인 실무

1) 도식화의 기본

도식화(圖式畵, flat work, flat illustration, spec work)란 디자이너가 의도한 아이디어 혹은 디자인을 객관적으로 설명하는 그림이다. 패션 일러스트레이션이 이미지와 스타일 전달에 효과적인 매체인 반면 도식화는 옷에 대한 일종의 설계도로 패션 산업 실무에서는 디자이너와 패턴사, 재봉사 및 패션 관련자들 간의 의사소통을 위한 세부적이고 정확한 그림을 말한다(그림 3-9).

그림 3-9 도식화의 예

즉 감각적으로 이미지와 분위기를 표현하는 패션 일러스트레이션과는 달리 인체를 배제하고 옷 자체를 평면적으로 펼쳐놓은 설명적인 그림이라 하겠다. 따라서 간결하고 깨끗하고 정확한 그림이어야만 옷을 만드는 실무자들 간의 오해를 줄일 수 있다. 도식화를 그릴 때 기준이 되는 선은 자로 표시를 하고 디자인은 가능한 손으로 그리는 훈련이 필요하다.

(1) 도식화의 내용

① 옷의 앞면과 뒷면을 실루엣에 따라 그린다.

② 구성상의 절개선, 다트, 칼라 및 소매, 장식을 자세히 표현한다.

③ 전체적으로 의복의 프로포션이 맞아야 한다.

④ 전체와 세부적 디자인 간의 조화, 디테일의 비례 및 위치(예 : 주머니, 단추, 앞단의 위치와 간격 등)에 유의해야 한다.

⑤ 제작될 의복의 필요 치수를 표시한다.
(예 : 가슴둘레, 허리둘레, 전체길이, 소매길이, 바지길이, 밑위길이 등)

⑥ 원자재 및 부자재에 대한 정보를 표시해야 한다.
(예 : 겉감, 안감, 배색용 장식소재 및 단추, 지퍼, 패드 등의 정보)

⑦ 재단 및 봉재 시의 유의점 및 요구사항을 자세히 표시한다.
(예 : 스티치 방법, 주름의 수 및 바느질법 등의 정보)

⑧ 그림으로 부족한 내용은 별도로 기입하거나 상세 그림을 추가한다.
(예 : 겉에서 보이지 않는 부분의 지시사항은 따로 설명 및 그림을 첨가하여 디자이너의 의도를 전달하는데 오해가 없도록 부가정보를 기입)

⑨ 선의 굵기를 잘 활용하여 그린다.
(옷의 실루엣-검정 실선으로 진하고 두껍게 그린다. 절개선, 다트-검정 실선으로 가늘게 그린다. 스티치 등 장식선-검정 실선이나 점선으로 가늘게 그린다.)

(2) 도식화 그리기

① 스커트

■ **반드시 표시되어야 하는 사항**

스커트 길이, 허리 단(오비)의 유무 및 넓이, 트임의 유무 및 길이, 지퍼 등의 여밈, 다트의 유무

■ **기타 표시 사항**

포켓의 종류와 사이즈, 벨트 심지의 종류, 훅이나 걸고리 종류, 단추의 종류 및 사이즈, 전반적인 디자인 설명, 재단 봉재시 유의사항 기입, 원단 및 안감 등 부자재 스와치

■ **그리는 순서**

기본선(허리선, 엉덩이, 무릎선 등 + 중심 수직선, 양옆선) → 실루엣 → 구성선(다트, 절개, 허리 여밈, 트임 등) → 장식요소(주머니, 스티치 등)

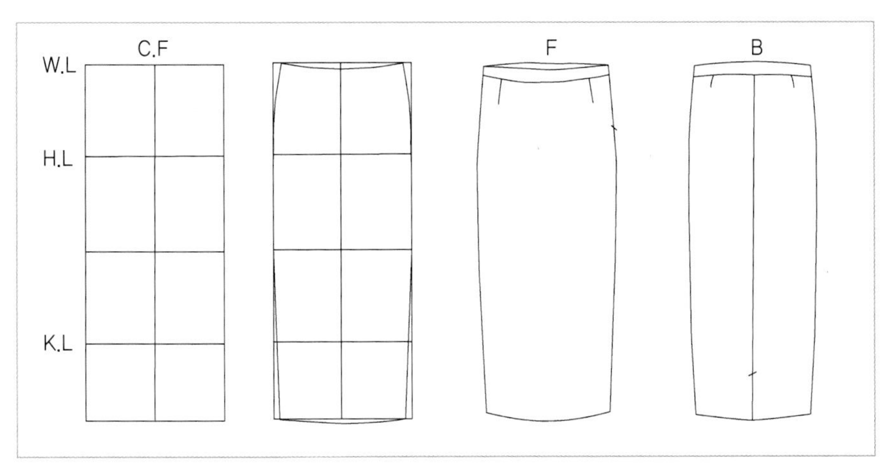

그림 3-10 **스커트 도식화 그리기**

그림 3-11 스커트 도식화의 예

② 블라우스 · 셔츠

■ **반드시 표시되어야 하는 사항**

총길이(총장), 어깨 넓이, 시접처리, 스티치의 종류, 여밈, 다트의 유무

■ **기타 표시 사항**

포켓 종류와 사이즈, 칼라의 종류와 모양, 심지의 유무 및 종류, 커프스의 종류, 단추의 종류 및 사이즈, 전반적인 디자인 설명, 재단 봉재시 유의사항 기입, 원단 및 안감 등 원부자재 스와치

■ **그리는 순서**

기본선(수직 중심선과 어깨 끝에서 수직으로 내린 선 + 어깨선, 가슴선, 허리선, 힙선) → 실루엣(목, 어깨부분 → 앞 중심 → 여밈 → 옆선 →밑단 → 소매) → 구성선 → 장식요소

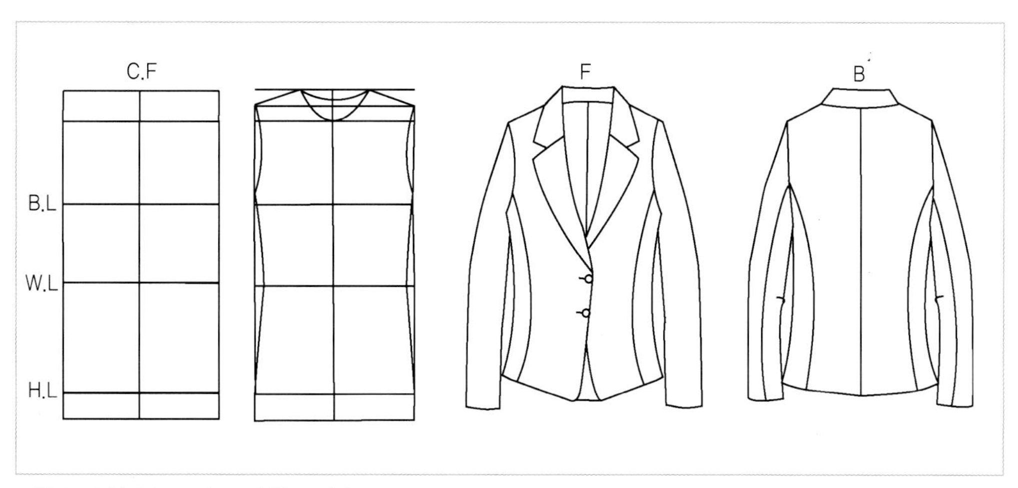

그림 3-12 블라우스 · 셔츠 도식화 그리기

그림 3-13 블라우스 · 셔츠 도식화의 예

③ 원피스

■ 반드시 표시되어야 하는 사항

총길이(총장), 어깨 넓이, 소매길이, 허리의 위치, 시접처리, 스티치의 종류, 여밈의 방법, 다트의 유무 등

■ 기타 표시 사항

포켓 종류와 사이즈, 칼라의 종류와 모양, 심지의 유무 및 종류, 커프스의 종류, 단추의 종류 및 사이즈, 전반적인 디자인 설명, 재단 봉재시 유의사항 기입, 원단 및 안감등 원부자재 스와치

■ 원피스 도식화 그리는 순서

기본선(수직중심선과 어깨 끝에서 수직으로 내린 선 + 어깨선, 가슴선, 허리선, 힙선, 무릎선) → 실루엣(목, 어깨부분 → 앞 중심 → 여밈 → 옆선 → 밑단 → 소매) → 구성선 → 장식요소

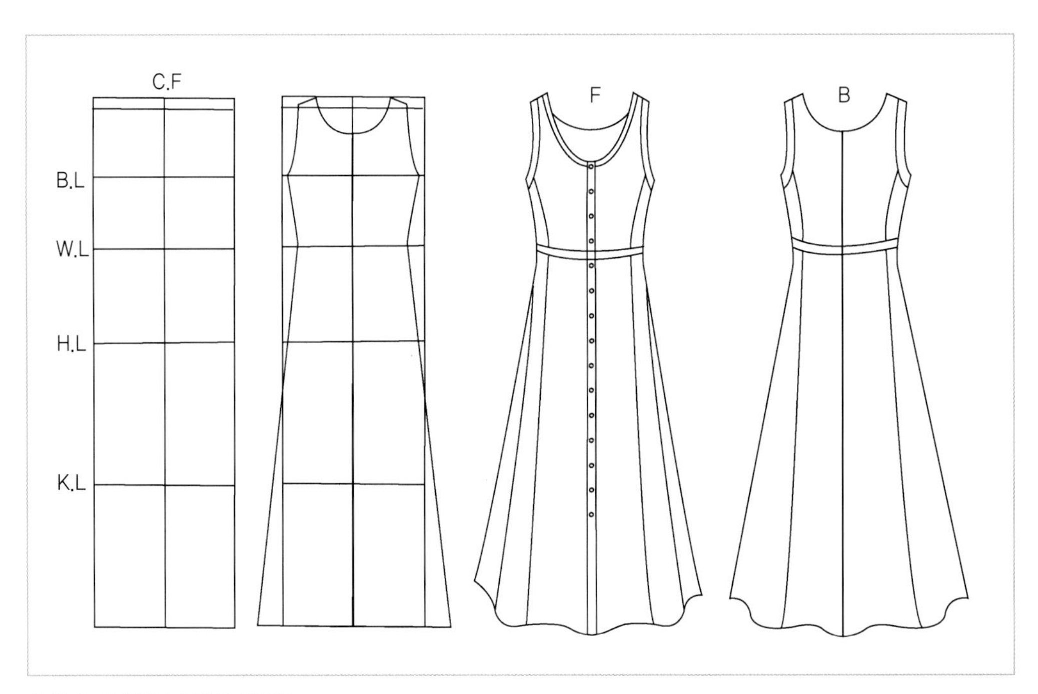

그림 3-14 원피스 도식화 그리기

그림 3-15 원피스 도식화의 예

④ 팬 츠

■ 반드시 표시되어야 하는 사항

팬츠 길이, 허리 벨트(오비) 넓이, 바지부리 넓이, 안감 유무, 벨트 고리, 지퍼, 단추의 종류, 다트의 유무

■ 기타 표시 사항

포켓 종류와 사이즈, 벨트심지의 유무 및 종류, 단추의 종류, 훅이나 걸고리(마에깡)의 종류, 전반적인 디자인 설명, 재단 봉재 시 유의사항 기입, 원단 및 안감 등 원부자재 스와치

■ 그리는 순서

기본선(수직중심선과 양쪽 옆선 + 허리선, 엉덩이선, 무릎선, 발목선) → 실루엣(허리부분 → 중심선 및 여밈 → 양쪽 팬츠 라인 → 옆선 → 밑단) → 구성선(다트, 요크 등 절개선) → 장식요소(셔링, 스티치 등)

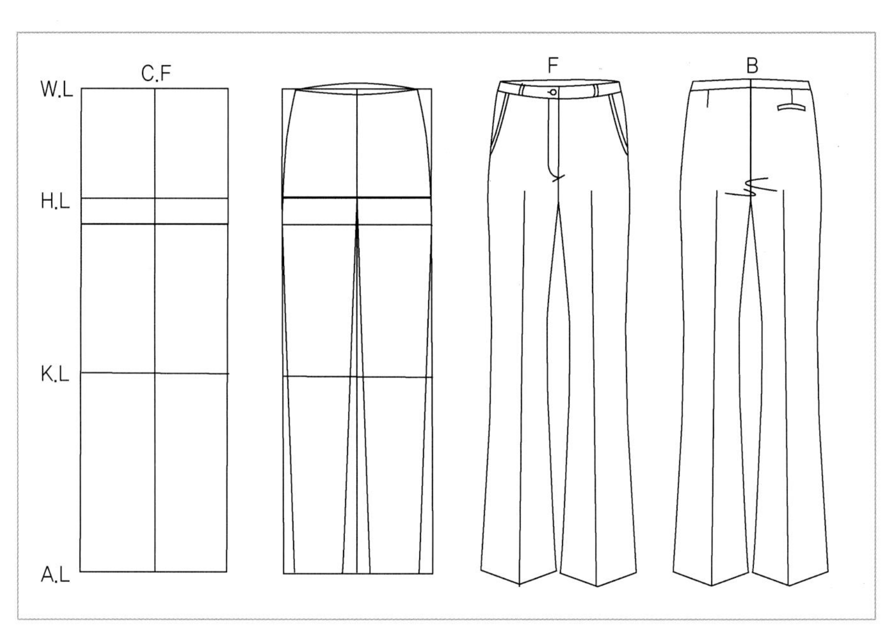

그림 3-16 **팬츠 도식화 그리기**

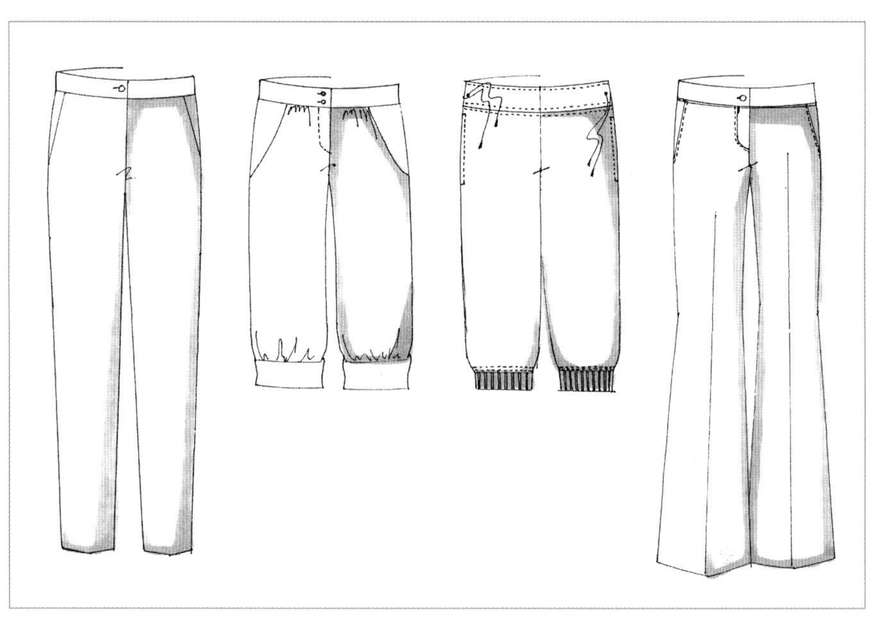
그림 3-17 **팬츠 도식화의 예**

⑤ 재 킷

■ **반드시 표시되어야 하는 사항**

재킷 길이, 어깨 넓이, 패드의 유무 및 종류와 사이즈, 포켓의 종류와 사이즈, 다트 및 절개선, 라펠과 칼라의 모양, 여밈 방법, 단추의 종류 및 사이즈, 심지의 종류

■ **기타 표시 사항**

전반적인 라인이나 디자인 설명(몸에 피트 되는 정도), 재단 봉재시 유의사항 기입, 스티치 종류와 크기, 원단 및 안감 등 원부자재 스와치

■ 그리는 순서

기본선(수직중심선과 양어깨 끝점에서 수직으로 내린 선 + 어깨선, 가슴선, 허리선, 힙선, 엉덩이선) → 실루엣(목 부분의 네크라인 및 칼라, 어깨선, 앞중심선 및 여밈선, 옆선, 밑단, 어깨에서 소매선과 소매단) → 구성선(다트, 요크, 절개선 등) → 장식요소(셔링, 스티치, 단추, 포켓, 파이핑 등)

그림 3-18 **재킷 도식화 그리기**

그림 3-19 재킷 도식화의 예

⑥ 코 트

■ **반드시 표시되어야 하는 사항**

코트 길이, 어깨 넓이, 패드의 유무 및 종류와 사이즈, 포켓의 종류와 사이즈, 다트 및 절개선, 여밈 방법, 단추의 종류 및 사이즈

■ **기타 표시 사항**

전반적인 라인이나 디자인 설명(몸에 피트 되는 정도나 실루엣), 재단 봉재 시 유의사항 기입, 스티치 종류와 크기, 원단 및 안감 등 원부자재 스와치

■ **그리는 순서**

기본선(수직중심선과 양어깨 끝점에서 수직으로 내린 선 + 어깨선, 가슴선, 허리선, 힙선, 엉덩이선, 무릎선, 발목선) → 실루엣(목 부분의 네크라인 및 칼라, 어깨선, 앞 중심선 및 여밈선, 옆선, 밑단, 어깨에서 소매선과 소매단) → 구성선(다트, 요크, 절개선 등) → 장식요소(셔링, 스티치, 단추, 포켓, 파이핑 등)

그림 3-20 코트 도식화 그리는 순서

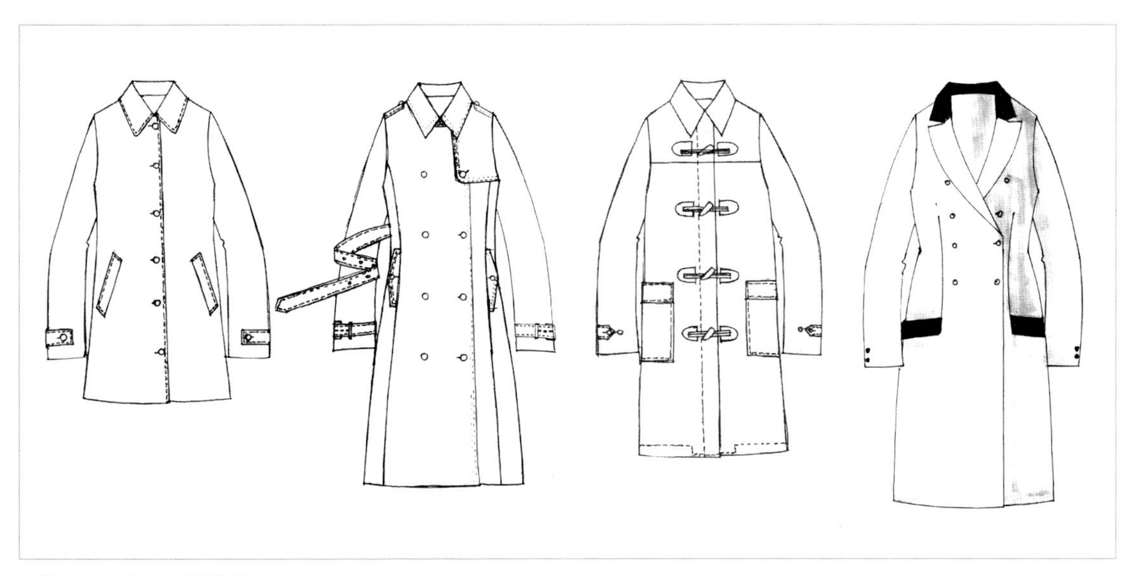

그림 3-21 코트 도식화의 예

2) CAD를 활용한 도식화

수작업에 의한 도식화뿐 아니라 최근에는 컴퓨터를 이용한 도식화도 많이 사용되고 있다(그림 3-22). CAD(computer-aided design) 시스템의 도식화 작업은 다양한 디자인 변화를 주는 수작업에 비해 빠르고 색상변환이 용이하다. 또한 디자인을 데이터화함으로써 저장이 간편하고 정보를 입력하고 다시 불러서 변형시킬 수 있는 장점이 있다.

그림 3-22 CAD를 활용한 도식화의 예(CADWALK 프로그램)

3) 작업지시서 내용 및 작성

작업지시서는 디자이너가 디자인한 제품을 생산하기 위해 샘플실과 생산라인(패턴 및 봉제)에 전해지는 디자인 제품 제작의 설명서라고 이해하면 된다. 각 프로세스마다 원래 기획한 의도에 적합한 제품을 생산하기 위해 통일된 형식과 원단, 부자재, 디자인, 패턴, 봉제 등의 정보가 모두 담겨있는 정보전달 매체이다. 따라서 작업지시서는 현장에서 매우 중요한 업무이므로 꼭 습득해야 한다. 작업지시서는 샘플지시서, 샘플 수정지시서와 대량생산을 위한 생산지시서 등이 있다. 작업지시서의 내용에는 스타일 번호, 아이템 명, 사이즈별 수량, 디자인 도식화 앞뒤, 원부자재 소요명세서, 사이즈 스펙, 디자인 및 봉제방법, 라벨설명 및 부착방법 등이 기입된다(그림 3-23).

그림 3-23 작업지시서 작성의 예

디자이너			개발팀		CAD팀	
담당	팀장	실장	패턴	팀장	담당	팀장

생 산 의 뢰 서 (WOVEN)

작성일 : 05 년 4 월 19 일 출고일 : 년 월 일

기획팀			생산일		
M.D	실장	사업부장	과장	부서장	사업부장

스타일번호	BA - PAC3612 - 7A	지시구분	생산 사입	출고일	시제품 월 일 / 본생산 월 일	납기	
견본번호		품 명		발주량	PCS	임가공료	₩6,000
생산처	JS						

구분 / 소재번호	소재명	색상	출고량	사이즈 / 수량(계)	44	55	66	77	88		배 색 감
					44	55	66	77	88		
3m-8081	Denim	NAP	5835	386		145	155	86			
Total	594pos			386		145	155	86			

상	세탁표시	
	품질표시	
중	세탁표시	
	품질표시	
하	세탁표시	
	품질표시	
sample color		
sample size		
판매월	10-1	
코디제품	JAC3611	

구 분	규 격	소 요 량
겉 감	58 "	
끝 감	"	
끌 감	"	
안 감	44 "	1.59y
안 감	"	
배 색 감	"	

완성 제품 치수

내역 / 사이즈	44	55	66	77	88
어 깨					
소매기장					
상 등					
기장		104	105	106	
허 리		74	78	84	
히 프		92.5	96.5	103.5	
부 리		24	25	26	

부 자 재 소 요 량

품 명	구 분	규 격	요척	품 명	구 분	규 격	요 척
심 지	6003	44"	0.17				개
							개
	DR818	44"	0.07	벨 트			개
				장 식			개
테이프	E0818	10m/m	1.88	봉 사	지누이		50m
					스티치	60m/m	300m
패 드							
마구라				수			
스 냅		대·중·소		라 벨	메인		
					행가		
고무줄					품질		
마이깡	마이깡	대·중·소	1		울마크		
지 퍼	양면	9	1개		호칭		
지 퍼			개				
단 추			개				
			개	옷걸이			
			개	Tag고리			
속단추		18	51개	품질보증서			
			개	검사필			
Tag핀				수입원단 Tag()			

생 산 의 뢰 서 (WOVEN)

디자이너	담당	팀장	실장	개발팀	패턴	팀장	CAD팀	담당	팀장

작성일 : 년 월 일 출고일 : 년 월 일

기획팀	M.D	실장	사업부장	생산일	과장	부서장	사업부장

스타일번호	B W - J A C 3 6 1 1 - 7 A	지시구분	생산 사입	출고일	시제품 월 일 / 본생산 월 일	납기	
견본번호	품 명		발주량	PCS	임가공료	₩9,500	생산처 JS

구분 / 소재번호	소재명	색상	출고량	사이즈 / 수량(계)	44	55	66	77	88	배 색 감
					44	55	66	77	88	
BW-8081	Trick	NAP	591	386		145	155	86		
Total	594pos			386		145	155	86		

	구분	내용
상	세탁표시	
	품질표시	
중	세탁표시	
	품질표시	
하	세탁표시	
	품질표시	
	sample color	
	sample size	
	판매월	1-3)1/16)
	코디제품	PAC3012 / SAC3613

구 분	규 격	소 요 량
겉 감	58 "	1.53yd
끝 감	"	
끝 감	44 "	1.34yd
안 감	44""	1.86yd
안 감	"	
배 색 감	"	

완성 제품 치수

사이즈 / 내역	44	55	66	77	88
	44	55	66	77	88
어 깨		37.5	38.7	40.5	
소매기장		61	61.5	62	
상 동		87	92	99	
기장		59.5	60.5	61.5	
허 리		74	79	86	
히 프					
부 리					

부 자 재 소 요 량

품 명	구 분	규 격	요 척	품 명	구 분	규 격	요 척
심 지	9818	44"	1.09				개
	MM307	44"	1.5cm폭				개
				벨 트			개
			2.50	장 식			개
테이프				봉 사	스티치		350
패 드							
마구라				수			
스 냅		대·중·소		라 벨	메인		
					헹가		
고무줄					품질		
마이깡		대·중·소			울마크		
지 퍼			개		호칭		
지 퍼			개				
단 추		23m	1+1개				
		0.5m	6+1개	옷걸이			
			개	Tag고리			
속단추			개	품질보증서			
			개	검사필			
Tag핀				수입원단 Tag			

23Φ

Φ23½"

15Φ

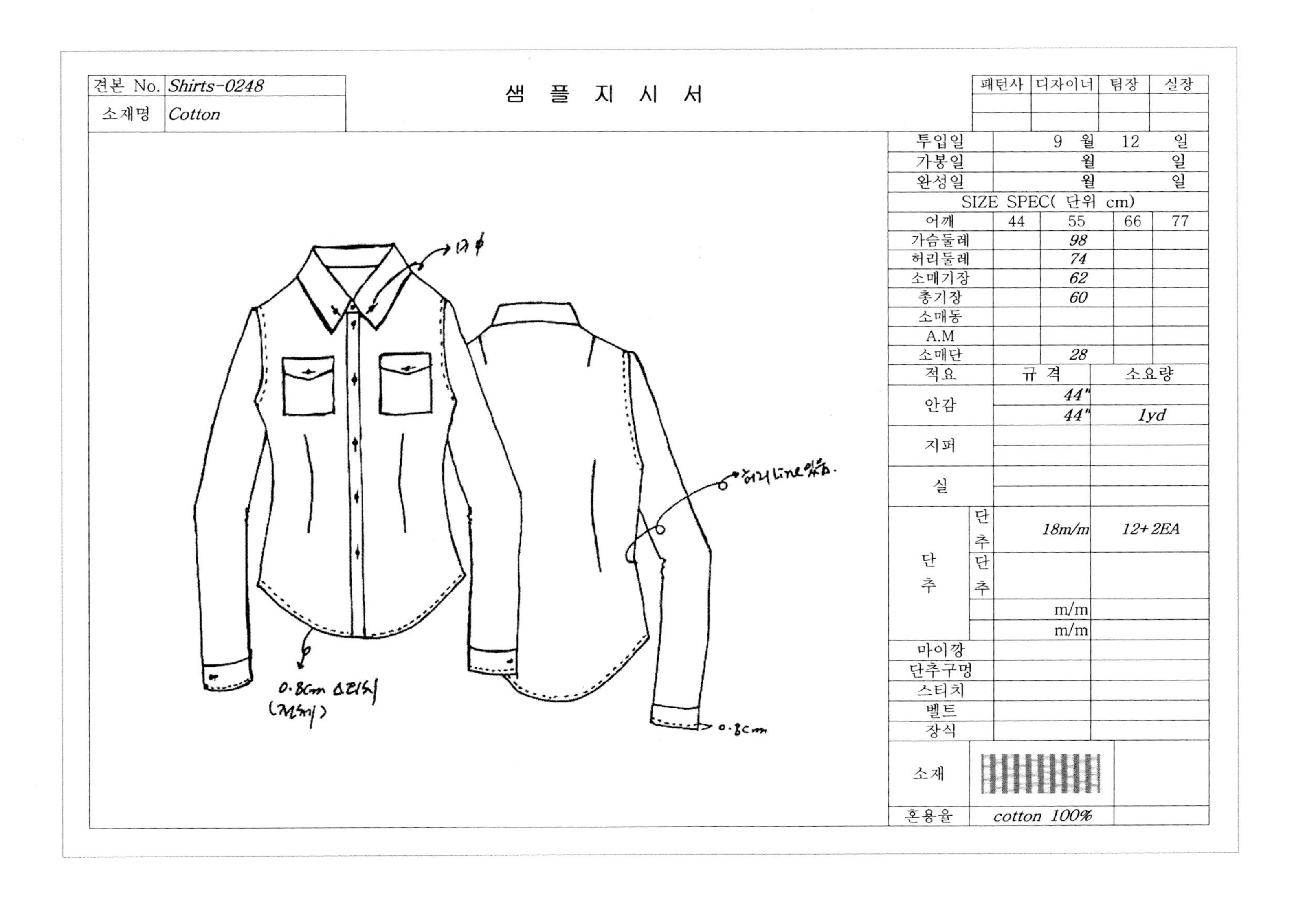

샘 플 지 시 서

견본 No.	Shirts-0248
소재명	Cotton

패턴사	디자이너	팀장	실장

투입일	9 월 12 일			
가봉일	월 일			
완성일	월 일			
SIZE SPEC(단위 cm)				
어깨	44	55	66	77
가슴둘레		98		
허리둘레		74		
소매기장		62		
총기장		60		
소매통				
A.M				
소매단		28		

적요		규 격	소요량
안감		44"	
		44"	1yd
지퍼			
실			
단추	단추	18m/m	12+2EA
	단추		
		m/m	
		m/m	
마이깡			
단추구멍			
스티치			
벨트			
장식			
소재			
혼용율		cotton 100%	

4) 시즌 기획을 위한 디자인 차트

각 시즌의 컨셉에 따라 기획 생산할 디자인을 아이템 별로 정리하여 차트를 만든다. 이를 통해 이번 시즌의 디자인 전개와 생산될 제품을 비교하여 인식할 수 있으며 코디네이션이나 스타일링을 제안하고 마케팅에 활용할 수 있다(그림 3-24).

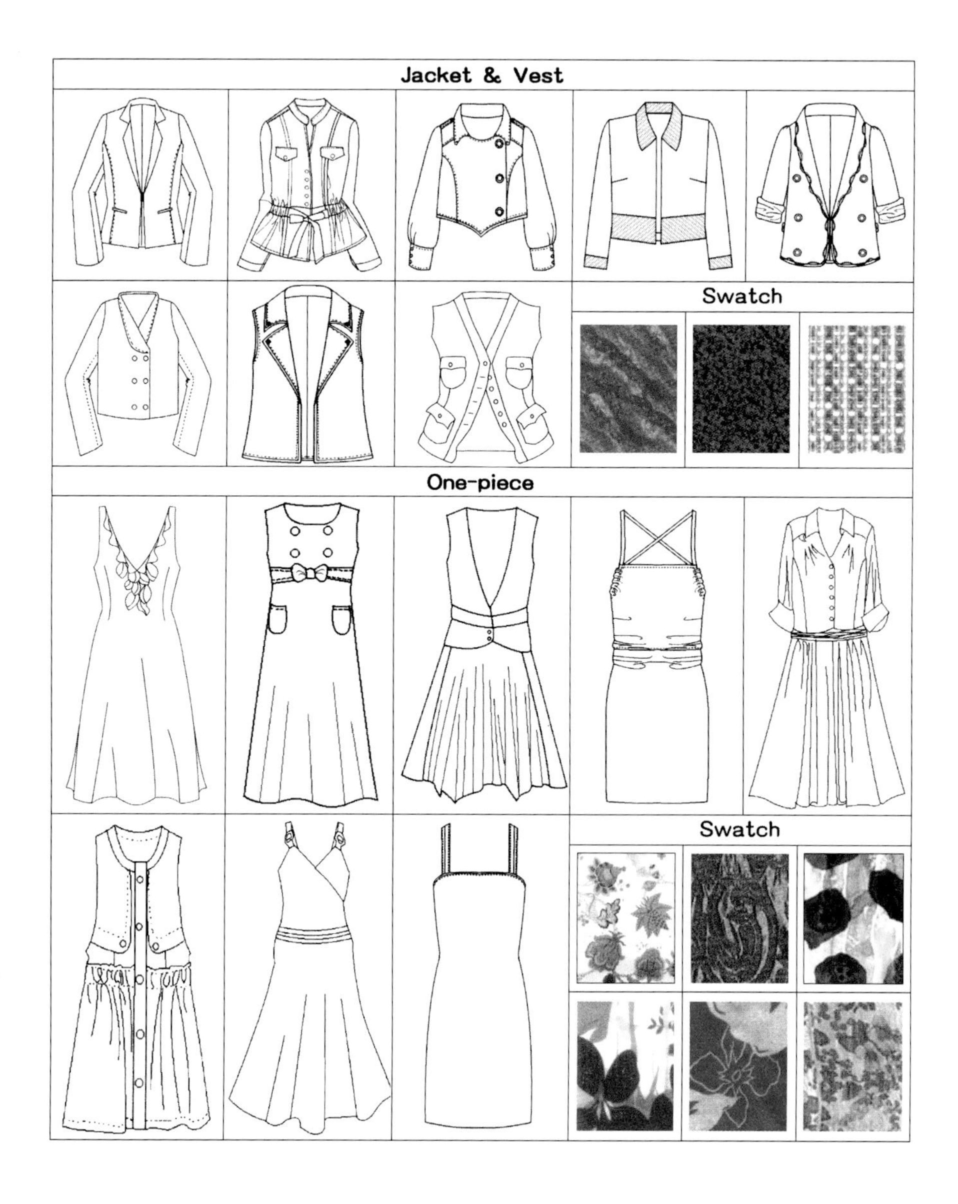

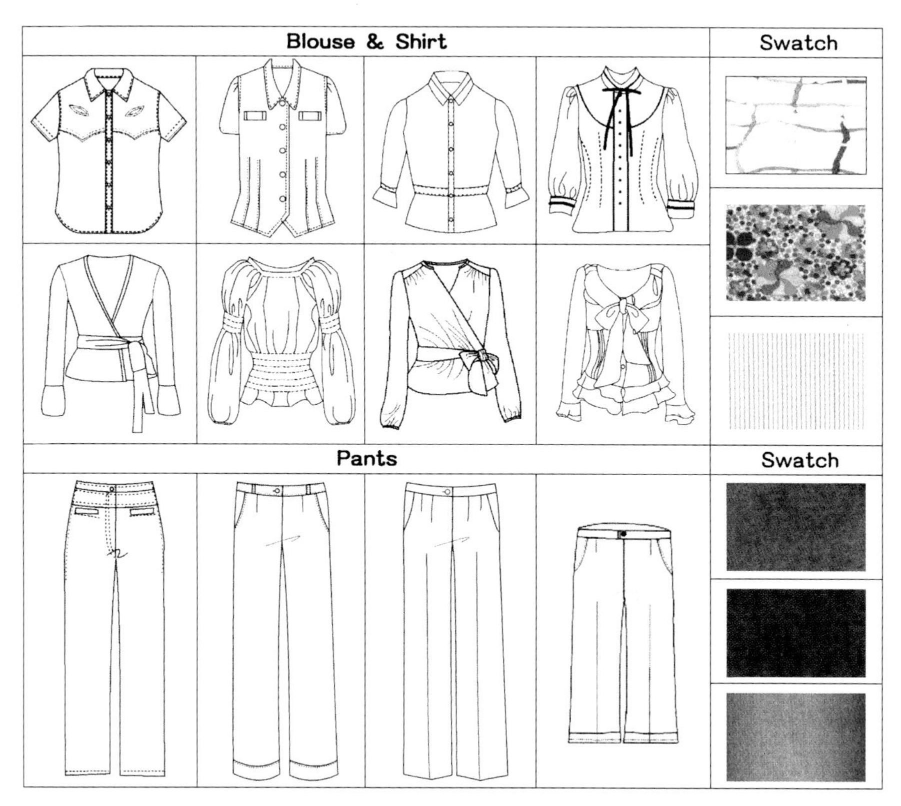

그림 3-24 시즌 디자인 차트의 예

5) 패션 제품 사이즈 체계와 상품 분류

우리나라에서는 1979년부터 5~7년 주기로 국민체위조사를 실시하여 그 결과에 따라 치수 규격을 제정하거나 개정해 왔다. 1990년에 패션제품규격에 대한 호칭 및 치수규격의 단순화 방안이 제시된 이후 ISO[1] 규격 방식을 채택하여 호칭이 아닌 신체치수를 직접 기재하도록 하였다. ISO에서 규정한 의복은 크게 ① 외의 ② 내의, 잠옷, 수영복 ③ 기타로 분류하여 각각의 신체치수의 표시항목을 제시하고 있다(표 3-1). 또한 한국 표준 치수 규격의 의류제품의 종류는 ① 코트 ② 드레스, 원피스, 홈드레스, 상의(재킷, 블라우스, 셔츠, 니트 등) ③ 바지 및 스커트의 하의로 분류하고 각각 피트성이 필요한 경우와 그렇지 않는 경우로 나누어 신체치수를 표시한다(표 3-2, 표 3-3).

1) International Organization for Standardization : 지적 활동이나 과학, 기술, 경제 활동분야에서 세계 상호간의 협력을 위해 1946년 설립한 국제기구. 우리나라는 1963년에 가입하였다.

표 3-1 .. ISO에서 규정한 의복분류와 표시항목

의복 분류	신체치수 표시항목
• A. 외의	
A.1. 상의, 전신의류	
A.1.1. 니트나 수영복을 제외한 의복	가슴둘레, 엉덩이둘레, 키
A.1.2. 니트	가슴둘레
A.2. 하의	엉덩이둘레, 허리둘레, 안다리길이
• B. 내의, 잠옷, 수영복	
B.1. 상의, 전신의류	
B.1.1. 전신용 내의	가슴둘레, 키
B.1.2. 상반신용 내의	가슴둘레
B.1.3. 상반신용 투피스	가슴둘레, 엉덩이둘레, 키
B.1.4. 수영복	가슴둘레, 엉덩이둘레
B.2. 하의	엉덩이둘레
B.2.1. 내의	
• C. 기타	
C.1. 파운데이션 의복	
C.1.1. 상의, 전신의류	밑가슴 둘레, 가슴둘레
C.1.2. 하의	허리둘레
C.2. 상반신/전신용 셔츠	가슴둘레

표 3-2 .. 한국 표준 치수규격의 의복 종류 및 기본 신체치수 : 남성복

의복 종류	기본 신체치수
• 코 트	
– 피트성이 필요한 경우	가슴둘레 – 허리둘레 – 키
– 피트성이 필요하지 않은 경우	가슴둘레 – 키
• 신사복	가슴둘레 – 허리둘레 – 키
• 캐주얼 재킷, 카디건, 점퍼	가슴둘레 – 키
• 셔츠, 편물제 상의	가슴둘레
• 정장용 드레스 셔츠	목둘레 – 화장
• 바지	
– 정장 바지	허리둘레 – 엉덩이둘레
– 캐주얼 바지	

표 3-3 .. **한국 표준 치수규격의 의류 종류 및 기본 신체치수 : 여성복**

의복 종류	기본 신체치수
• 코 트	
– 피트성이 필요한 경우	가슴둘레 – 엉덩이둘레 – 키
– 피트성이 필요하지 않은 경우	가슴둘레 – 키
• 드레스, 원피스, 홈드레스, 상의	
– 피트성이 필요한 경우(재킷, 블라우스, 셔츠, 니트 등)	가슴둘레 – 엉덩이둘레– 키
– 피트성이 필요하지 않은 경우	가슴둘레
• 바지 및 스커트	
– 피트성이 필요한 경우	허리둘레 – 엉덩이둘레
– 피트성이 필요하지 않은 경우	허리둘레

현재 시중에서 유통되는 패션 제품의 치수표시 현황은 표 3–4와 같다.

표 3-4 .. **품목별 표시방법 현황**

상품분류	품목별 치수표시 부위 및 표시 순서	치수표시의 예(단위 : cm)
여성복	상의 : 가슴둘레 – 엉덩이둘레 – 키	85–90–165
	하의 : 허리둘레 – 키	64–155
	원피스 : 가슴둘레 – 키	85–160
	블라우스 : 가슴둘레	90
신사복	상의 : 가슴둘레 –허리둘레 – 키	95–76–170
	하의 : 허리둘레 – 엉덩이둘레	72–88
아동복	상의 : 가슴둘레 – 키	62–140
	원피스 : 가슴둘레 – 키	62–140
내의류	상하의 : 가슴둘레	90
점퍼	가슴둘레	100
브래지어	밑가슴둘레–가슴둘레와 밑가슴둘레의 차이 (A : 7.5cm B : 10cm C : 12.5cm D : 15cm)	75A, 80A, 80B, 85C 등
셔츠	목둘레 – 화장	38–86
양말	발길이	245(mm)

44, 55, 66과 같은 호칭체계에서는 길이치수가 우선되었던 것과 달리 제품의 치수 표시는 둘레 항목이 먼저 표시되었다. 예를 들어 여성복 상의의 경우 '가슴둘레-엉덩이 둘레-키'로 바뀌어 '85-90-155'로 표기했는데 이는 55 사이즈에 해당된다.

한편 산업자원부기술표준원은 사이즈 코리아 측정 결과를 반영하여 변화된 한국인의 체형에 맞게 의류치수규격을 확대 · 개편하고 이에 따라 의류치수 품질표시에 있어서도 새로운 치수 표기방법을 적용하도록 할 예정이다.

이에 따라 기술표준원은 2005년 지난 2년간 성별, 연령별, 거주 지역별로 실시한 한국인 인체치수조사(Size Korea) 결과를 반영하여 키가 커지고 몸무게가 늘어난 한국인의 체형에 맞게 의류치수규격을 전면 개편하기로 했다. 따라서 기존에 남성복, 여성복 등 두 종류로만 구분했던 치수규격을 노인복, 성인복, 청소년복, 아동복으로 세분화하고 남녀별로 구분함으로써 총 13 종류의 치수 체계를 현실화하여 모든 의류소비자의 만족도를 높이기로 했다.

의류제품별 치수체계에 있어서는 한국인의 체형별 특징을 최대한 고려했으며, 치수체계에 적용한 체형은 남성의 경우 배가 나온 체형(BB체형), 허리가

표 3-5 .. 사이즈 코리아 결과에 따른 새로운 치수 체계

	개편 전	개편 후
남 성	남성복의 치수	성인 남성복의 치수 남자 청소년복의 치수 남자 아동복의 치수
여 성	여성복의 치수	성인 여성복의 치수 여자 청소년복의 치수 여자 아동복의 치수 노년여성의 치수
유 아	유아복의 치수	유아복의 치수
속 옷	브래지어의 치수	파운데이션의 치수(브래지어, 거들, 바디 수트)
기 타	팬티스타킹의 치수 양말의 치수 모자의 치수	팬티스타킹의 치수 양말의 치수 모자의 치수

굵은 체형(B체형), 보통 체형(A체형) 및 역삼각 체형(Y체형)으로 구분하고, 여성은 보통 체형(N체형), 엉덩이가 큰 체형(A체형), 엉덩이가 작은 체형(H체형)으로 구분했다.

2005년 사이즈 코리아 조사 결과에 따라 2005년도부터 출시되는 제품의 새로운 치수규격은 표 3-5와 같다.

3. 패션 상품 아이템

1) 패션 상품 분류

패션 상품은 인체에 입혀지거나 걸쳐짐으로써 완성되며 유행에 따라 변화하는 특징이 있다. 일반적으로 의류와 액세서리 등이 포함된다. 패션 상품은 유행 상품인 트렌드(trend) 상품과 기본 상품인 베이직(basic) 상품이 있다. 트렌드 상품은 베이직 상품에 비해 유행에 민감한 상품을 말한다.

패션 상품은 어패럴(apparel)[2]과 액세서리(accessory)로 분류되며 그 내용은 다음과 같다.

(1) 라이프 스테이지별 분류

사람이 태어나서 성장하고 늙고 죽는 일생의 과정에 기본을 둔 분류로 영유아, 아동, 주니어(junior), 영(young), 어덜트(adult), 미시(missy), 미세스(misses), 실버미세스(silver-misses) 등의 구분을 말한다.

(2) 라이프 스타일별 분류

같은 연령의 라이프 스테이지(life stage)라도 어떤 생활을 즐기고 어떤 생활을 지향하는지에 대한 생활의식은 최근에 와서 더욱 중요한 분류의 요소로

2) 영어의 고어에서는 '의복'을 뜻하며, 이 경우 의복은 아웃 웨어(겉옷) 및 언더 웨어(속옷)를 총칭한다. 현재 미국의 산업계에서 이 용어를 사용하여 국내에서는 패션 산업의 의류를 총칭한다.

작용한다. 가치관이나 인생관 등의 차이에 따라 상품의 선택이 달라지기 때문이다. 사람들의 생활의 개성화, 다양화가 추진되어 이러한 라이프스타일(life style)별 분류는 상품을 디자인하고 기획하는 데 매우 중요하다. 이는 보수적인(conservative), 혁신적인(contemporary), 향락적인, 개방적인, 자연적인, 친환경적인 등으로 분류된다.

(3) 어케이전별 분류

TPO(Time, Place, Occasion)에 따른 분류로 공식적인(official), 사적인(private), 사교적인(social) 상품의 구분이다. 포멀 웨어(formal wear), 캐주얼 웨어(casual wear), 홈 웨어(home wear), 타운 웨어(town wear) 등이 있다.

(4) 가격에 따른 분류

가장 비싼 고급 패션 상품으로부터 프레스티 존(prestige zone, couture design zone), 베터 존(better zone, bridge zone), 모더레이트 존(moderate zone), 버짓 존(budget zone, popular zone) 등이 있다.

(5) 이미지별 분류

패션에 대한 기호나 미의식에 따른 분류 방법으로 페미닌(feminine) 이미지, 매니쉬(manish) 이미지, 엘레강스(elegance) 이미지, 스포티(sporty) 이미지, 아방가르드(avant-garde) 이미지, 내추럴(natural) 이미지 등이 있다.

(6) 여성복의 상품 분류

여성복은 크게 아웃 웨어(out wear)와 이너 웨어(inner wear)로 나뉘며 아웃 웨어에는 드레스(원피스 포함), 수트(투피스, 스리피스, 앙상블), 스포츠 수트(운동복, 스키복 등 한 벌), 코트, 재킷, 점퍼, 조끼, 바지, 스커트, 니트 웨어(스웨터, 카디건, 니트 조끼), 티셔츠, 블라우스, 셔츠 등이 있다. 이너 웨어에는 속치마, 캐미솔 등의 란제리류와 파운데이션으로 보정용 코르셋, 브래지어, 거들 등이 있으며 속옷으로 팬티, 잠옷 등이 있다.

(7) 남성복의 상품 분류

테일러드 수트(정장 투피스, 스리피스), 스포츠 수트(운동복, 스키복 등), 코트 재킷(블레이저, 콤비 등), 점퍼(블루종, 파카 등), 조끼, 바지, 니트 웨어, 티셔츠, 드레스 셔츠, 기타 셔츠(남방 셔츠) 등이 있다.

(8) 아동복의 상품 분류

3~13세 아동을 위한 상품에서 남아용은 수트(정장용, 유니폼, 교복 등), 코트, 재킷, 바지, 니트 웨어, 티셔츠, 셔츠 등이 있으며 여아용은 원피스, 스커트가 추가된다. 겉옷(외의), 티셔츠, 니트 셔츠, 팬츠, 블루종(점퍼), 원피스, 재킷 등이 있다.

2) 아이템별 이해

(1)스커트(skirt)

스커트는 하반신에 착용하는 하나의 독립된 옷으로 수트나 투피스 등 한 벌로 입는 옷의 하의 혹은 블라우스나 스웨터 등과 조화시켜 입기도 한다. 상하가 붙어 있는 원피스 드레스나 코트 등의 허리에서 밑단까지의 부분도 스커트라 부르는 경우가 있다.

스커트는 다른 옷들에 비해 다양하게 변화를 줄 수 있어서 스커트의 길이나 실루엣은 유행변화의 상징이 되며, 그 시기의 패션에 따라 민감하게 달라진다. 스커트를 착용할 때는 먼저 기본이 되는 이미지를 결정하고 나서 코디네이트 할 상의를 결정해야 하며, 이때 착용자의 체형을 고려하여 선택하도록 한다.

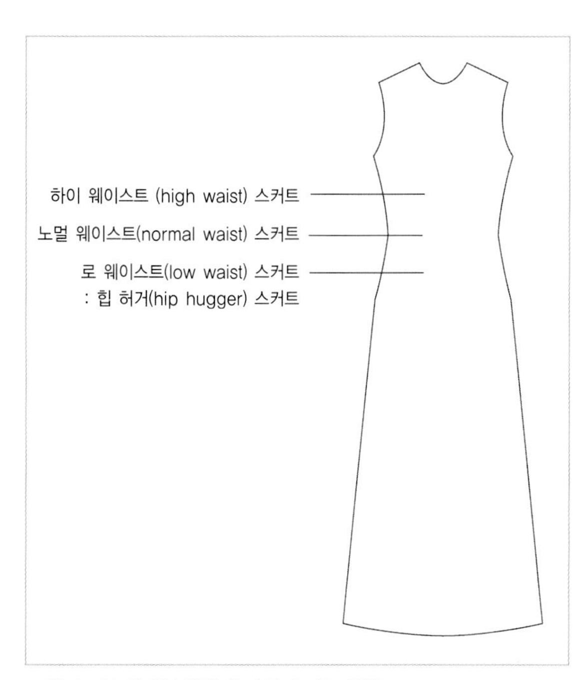

그림 3-25 허리선 변화에 따른 스커트 명칭

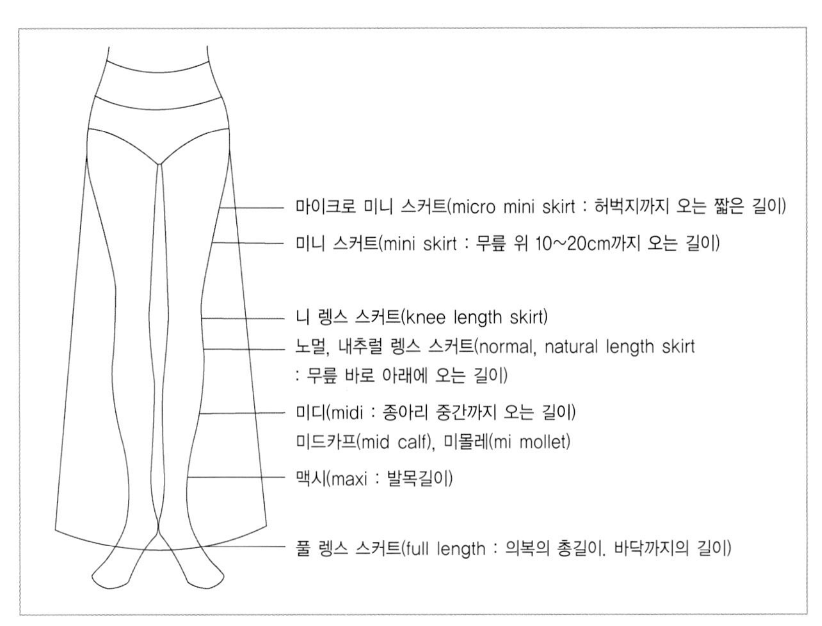

그림 3-26 길이에 따른 스커트의 명칭

① 길이에 따른 분류

허리선과 길이에 따라 스커트의 명칭은 다음과 같이 달라진다(그림 3-25, 3-26). 특히 스커트는 유행의 변화에 가장 민감한 아이템이다.

② 디자인에 따른 분류

타이트 스커트

타이트(tight) 스커트 : 타이트 스커트는 모든 스커트 중에서 가장 보편적인 스타일이다. 옆선이 엉덩이둘레에서 스커트 단까지 직선으로 내려오고 허리둘레에는 앞뒤로 2~4개의 다트(dart)로 처리한다. 뒤쪽에는 걷기에 불편하지 않도록 뒤트임 또는 겹친 주름이 있다. 앞쪽에도 장식용 주름을 넣을 수 있다. 엉덩이 부분이 약간은 여유가 있는 것이 보기 좋으며 앉았을 때 불편하지 않을 정도의 길이가 바람직하다. 스트레이트(straight) 스커트라고도 부른다.

A 라인 스커트

A 라인(A-line) 스커트 : 스커트의 기본형으로 여러 체형에 무난하게 어울리는 클래식 스타일이다. 타이트 스커트보다 약간 여유분이 있고, 힙(hip)에서 헴라인(hem line)까지 약간 퍼진 형태이다.

플레어(flare) 스커트 : 허리선에서 힙선까지는 잘 맞고 헴라인으로 갈수록 넓어지면서 나팔꽃 모양으로 퍼져서 우아한 드레이프가 생기는 스커트이다.

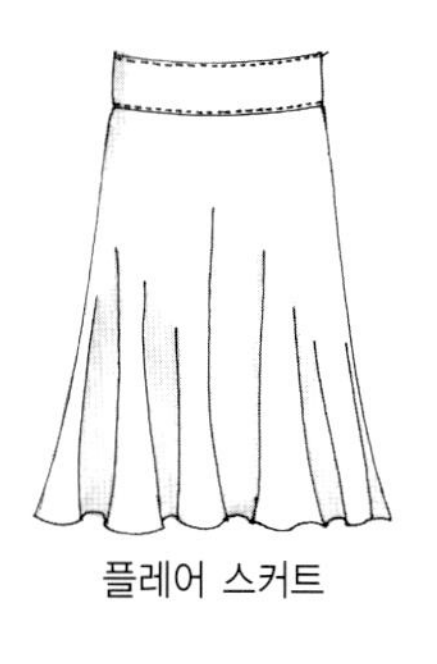
플레어 스커트

서큘러(circular) **스커트** : 플레어 스커트의 한 종류로 헴라인을 펼쳐 놓으면 완전히 원이 되는 스커트이다. 360° 플레어는 풀 서큘러(full circular), 180°, 270°는 세미 서큘러(semi circular) 스커트라고 한다. 여성스런 스타일에 사용되거나 파티복, 무대의상으로 입는다.

서큘러 스커트

퀼로트(culotte) **스커트** : 여성들의 승마용 스커트로 고안된 것으로 앞뒤 중심에 플리츠가 있는 것처럼 보이지만 실제로는 가랑이가 있는 바지 형태로 구성되어 있으며 디바이디드(divided) 스커트라고 하며 우리나라에서는 치마바지라고 부르기도 한다.

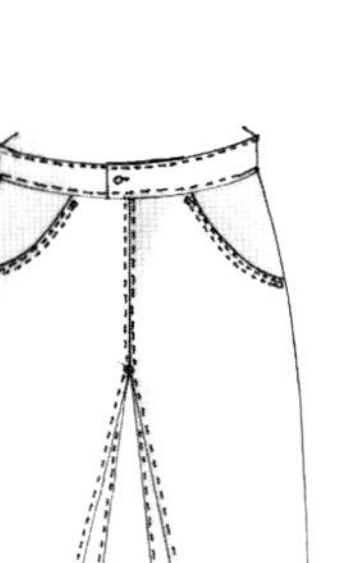
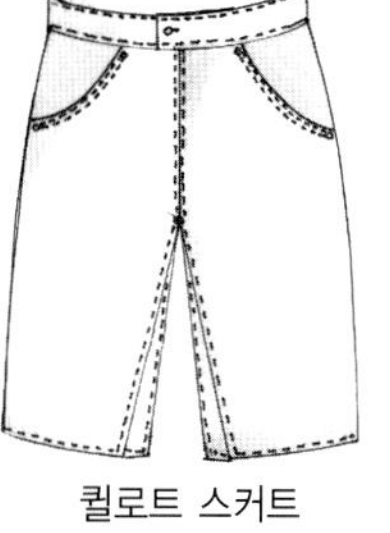
퀼로트 스커트

드레이프트(draped) **스커트** : 스커트의 좌우에 주름을 잡아 늘어뜨린 우아하고, 드레시한 스커트이다. 평상복보다는 이브닝 웨어의 디자인으로 애용된다.

드레이프트 스커트

개더(gather) **스커트** : 허리선에 잔주름을 잡아 전체적으로 볼륨이 있어 보이는 스커트이다. 마른 체형에 어울리고 드레시한 느낌을 준다.

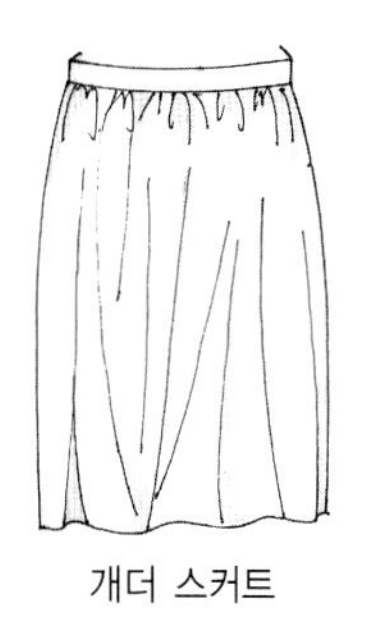
개더 스커트

고어드(gored) **스커트** : 옷감을 사다리꼴로 재단하여 여러 폭을 이어 붙여서 만든 스커트이다. 허리부분은 잘 맞고 단으로 갈수록 넓어지며 6폭, 8폭, 12폭 고어드 등이 있다.

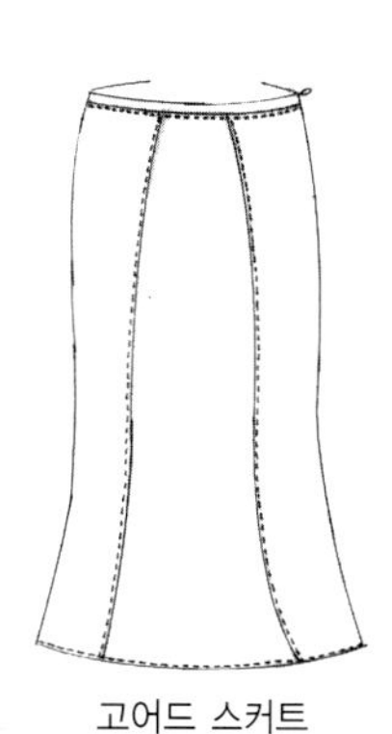
고어드 스커트

힙 허거(hip hugger) **스커트** : 실제 허리선보다 아래에 걸쳐 입는 스커트이다. 미니 스커트의 유행과 함께 생겨난 스타일로 넓은 벨트와 조화시켜 입는다. 힙 본(hip born) 스커트라고 하기도 한다.

힙 허거 스커트

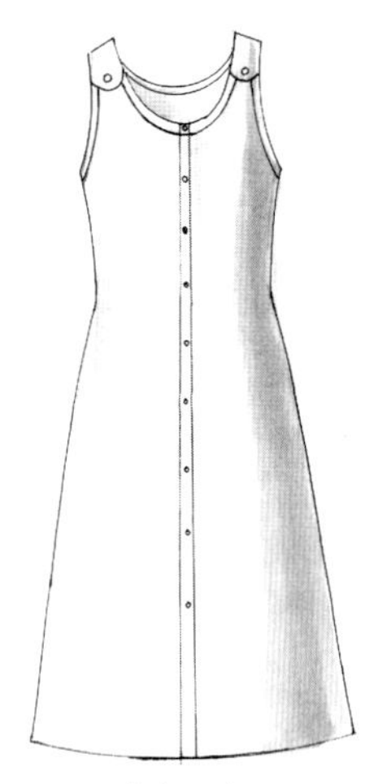

점퍼 스커트

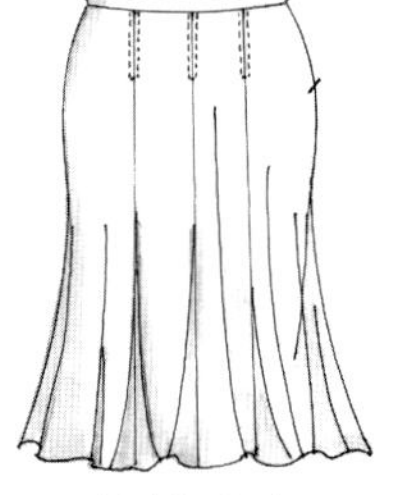

플리츠 스커트

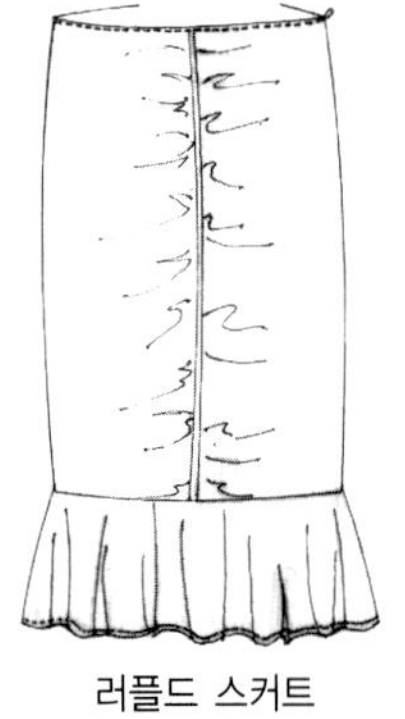

러플드 스커트

티어드 스커트

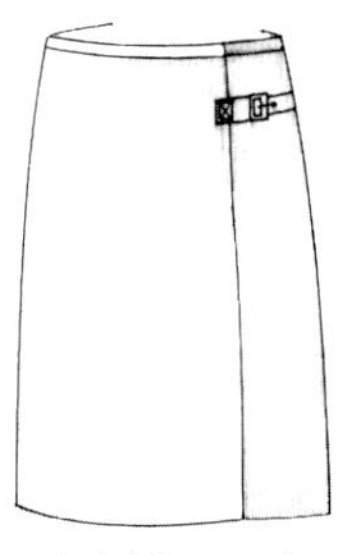

랩어라운드 스커트

점퍼(jumper) **스커트** : 목둘레와 진동둘레가 깊게 파이고 소매가 없는 원피스 형태로 블라우스, 셔츠, 스웨터 위에 입는다. 아동복, 주니어복에 이용되는 스커트이다.

플리츠(pleated) **스커트** : 천을 접어 주름을 잡은 스커트를 의미하며, 허리둘레 전체에 주름을 잡거나 혹은 허리둘레에 부분적으로 몇 개의 주름을 잡는 스커트를 의미한다. 허리선에서 아래로 10~15cm 길이로 주름을 고정시켜 봉제한 것이 벌어질 염려가 없고 안정감이 있어서 좋다. 플리츠 스커트는 움직이거나 보행할 때 율동감을 주며 주름의 처리에 따라 여러 가지 명칭을 붙인다. 아코디언 플리츠(accordion pleats), 박스 플리츠(box pleats), 인버티드 플리츠(inverted pleats), 나이프 플리츠(knife pleats) 등이 있다.

러플드(ruffled) **스커트** : 스커트 단이나 절개선에 물결 같은 주름이 생기도록 장식한 스커트를 의미한다. 러플을 2단, 3단 또는 그 이상으로 만들어 덧단을 댄 스커트이다. 러플의 폭과 길이는 디자인에 따라 달리 하며, 단을 바이어스로 재단하여 만든 스커트를 플라운스(flounce) 스커트라고 부른다.

티어드(tiered) **스커트** : 티어드는 '층을 이루었다'는 뜻으로 몇 개의 층으로 된 스커트를 말한다. 보통 가로의 절개선에 개더나 플라운스 등을 이용해 여러 층으로 만든 것으로 2, 3단에서부터 여러 층으로 하여 아래로 갈수록 넓어지게 한다. 이 스커트는 집시풍의 인상을 주기 때문에 로맨틱한 감각의 패션에 잘 어울린다.

랩어라운드(wrap around) **스커트** : 앞쪽의 좌측이나 우측의 한 부분이 세로로 겹쳐지도록 여며 입는 스커트이다. 여밈 방식은 단추나 벨트, 끈 등을 주로 이용하지만, 여민 상태 그대로 입는 오버 스커트도 있다. 랩 오버(wrap over) 스커트 혹은 랩트(wrapped) 스커트라고 한다.

킬트(kilt) 스커트 : 한쪽 방향으로 주름이 잡힌 짧은 치마로 한 방향으로 세로로 겹쳐지도록 두르며, 가죽 띠, 버클 혹은 장식핀 등으로 여민다. 스코틀랜드 남성들이 민속의상으로 입는 스코틀랜드풍의 격자무늬 모직물 타탄 울(tartan wool) 치마를 모방한 것이다.

요크(yoke) 스커트 : 허리선과 엉덩이둘레선 사이에 수평으로 절개선이 있는 스커트로, 절개선은 단순히 장식적인 효과를 내기 위해 절개된 경우와 체형적인 결점을 커버하기 위해 절개된 경우가 있다. 요크선을 이용한 디자인에는 요크선 밑에 플레어, 개더, 주름 등을 잡은 것이 있다.

머메이드(mermaid) 스커트 : 인어와 같은 실루엣의 스커트로 허리와 힙은 타이트하고 스커트 단에는 1~2단의 프릴이나 플라운스를 달아 물고기의 꼬리 같은 형태의 스커트를 말한다.

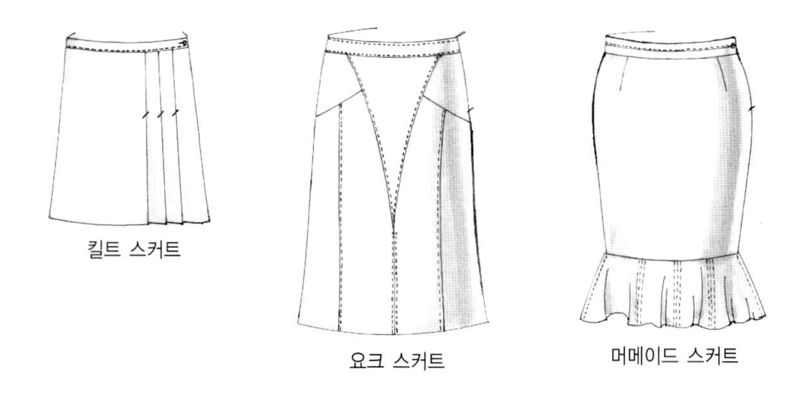

킬트 스커트

요크 스커트

머메이드 스커트

(2) 팬츠(pants)

우리 말로는 바지라고 하며 트라우저(trousers), 슬랙스(slacks) 또는 판타롱(pantalon)이라고도 한다. 과거에는 남성 전용의 의복 품목이었으나, 1970년대 초에 이브 생로랑(Yves Saint-Laurent)에 의해 팬츠(pants) 수트가 발표된 이래 여성복 스타일로 정착하였으며 그 종류가 다양하다. 현재는 재킷과 한 벌로 하여 정장으로 입거나 스웨터, 셔츠, 블라우스 등과 조화시켜 착용한다.

① 길이와 실루엣에 따른 분류

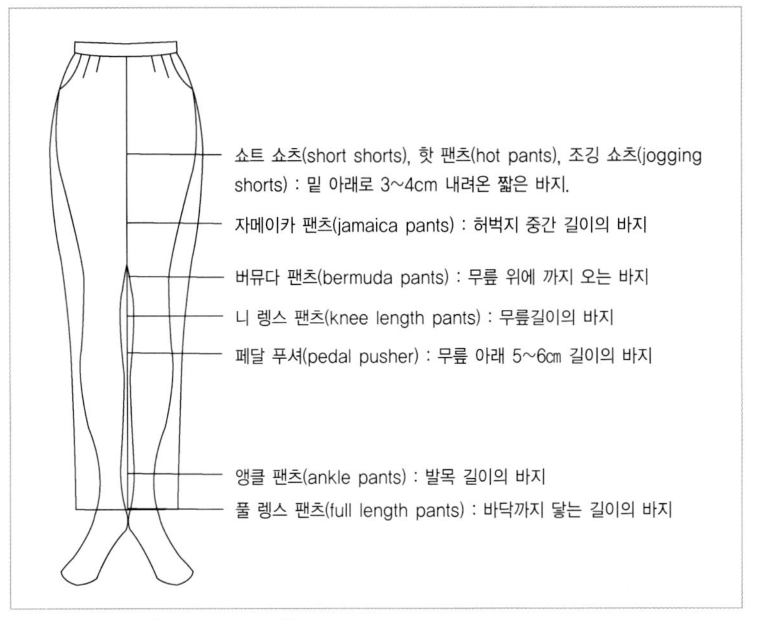

그림 3-27 길이에 따른 팬츠의 명칭

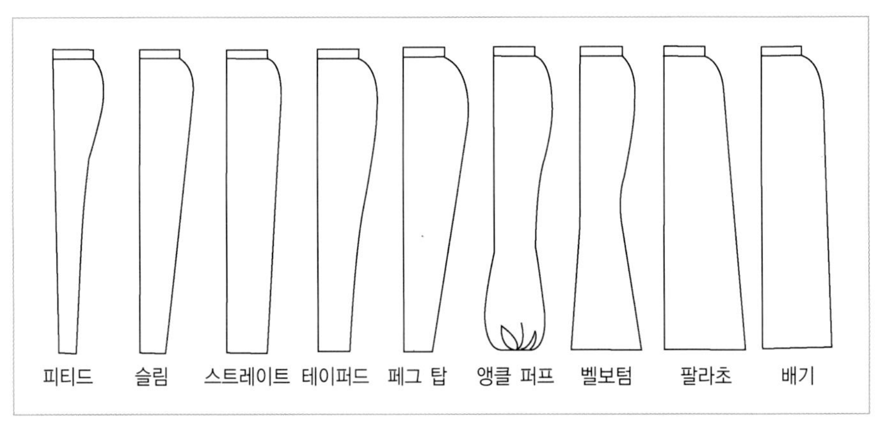

그림 3-28 실루엣에 따른 팬츠의 명칭

② 디자인에 따른 분류

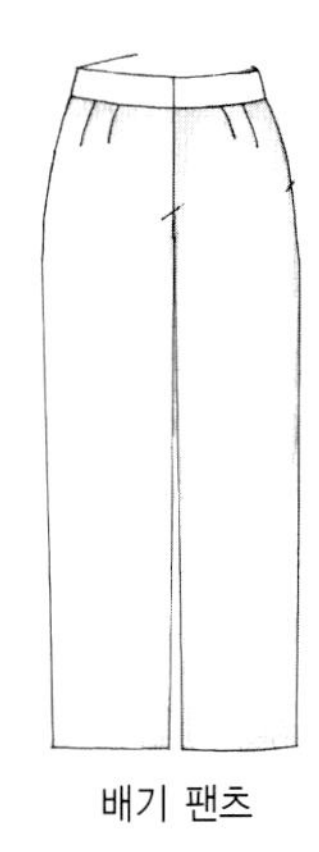

배기 팬츠

- **배기(baggy) 팬츠** : 허리와 엉덩이둘레는 물론 바지통까지 여유분이 있는 바지를 의미한다. 허리 부분에 주름을 잡아 허리 주위와 엉덩이둘레는 품이 넉넉하고 발목이 갈수록 좁아지는 형태이다.

• **벨 보텀**(bell bottom) **팬츠** : 바지통이 무릎까지는 좁고 무릎 아래에서 헴라인까지 종 모양으로 넓어진 형태의 바지로, 플레어 레그(flare leg) 혹은 나팔바지라고도 부른다.

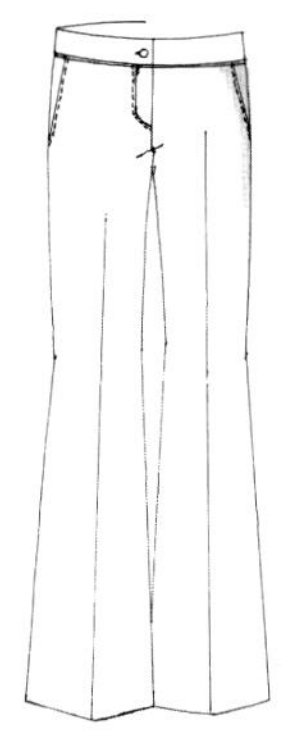
벨 보텀 팬츠

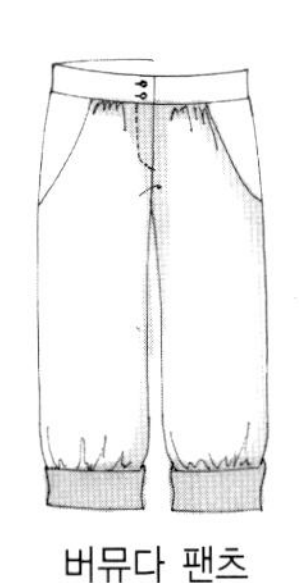
버뮤다 팬츠

• **버뮤다**(bermuda) **팬츠** : 무릎 위 길이의 바지통이 좁은 반바지로, 바지밑단에 커프스가 달린 경우에는 워킹(walking) 팬츠 또는 사파리 쇼트(safari short) 팬츠라고 부른다. 휴양지 버뮤다 섬에서 남자들이 입은 데서 유래한 반바지이다.

• **진즈**(jeans) : 원래 데님으로 만들어진 미국의 작업복 바지에 기원을 두며, 바느질이 튼튼하게 되어 있다. 오늘날에는 솔기나 주머니에 장식적인 스티치가 있다. 블루진(blue jeans)이라고도 부른다.

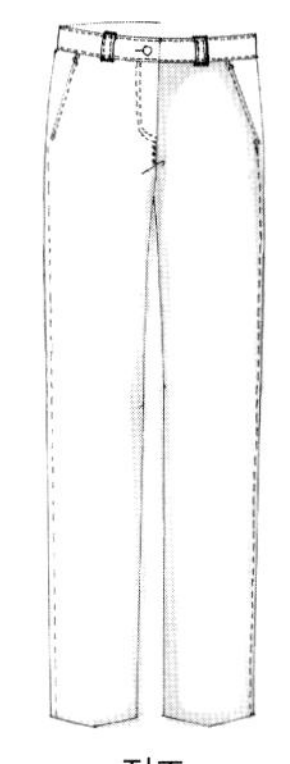
진즈

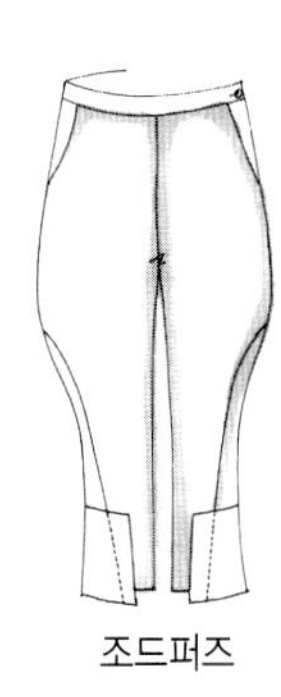
조드퍼즈

• **조드퍼즈**(jodhpurs) : 승마 바지의 일종으로 허리에서 무릎까지는 양옆으로 풍성한 여유가 있으나 무릎 아래부터 발목까지는 꼭 맞아 부츠를 신기 편리하게 되어 있다.

• **니커즈**(knickers) : 넓은 바지통이 무릎 선에서 조여지도록 개더로 처리하여 밴드를 댄 바지이다. 니커보커즈(knickerbockers)라고도 부른다.

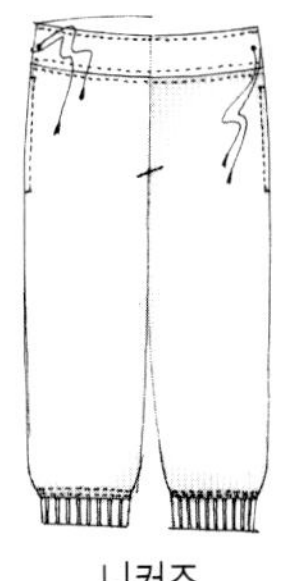
니커즈

쇼츠

• **쇼츠**(shorts) : 바지 길이가 밑 아래로 3~4㎝ 내려오는 것을 쇼트 쇼츠(short shorts)라고도 하며, 1970년대 초기에는 핫 팬츠(hot pants)라고도 불렀다.

• **스트레이트**(straight) **팬츠** : 허리선에서 부리까지 일직선으로 내려온 실루엣으로 바짓부리가 좁다. 일자바지 형태를 말한다.

• **부츠 컷**(boots cut) **팬츠** : 웨스턴 부츠를 신기 편하게 하기 위해 그리고 부츠를 신었을 때 모양이 예쁘도록

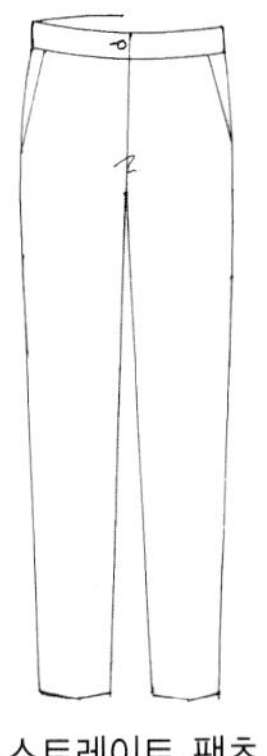
스트레이트 팬츠

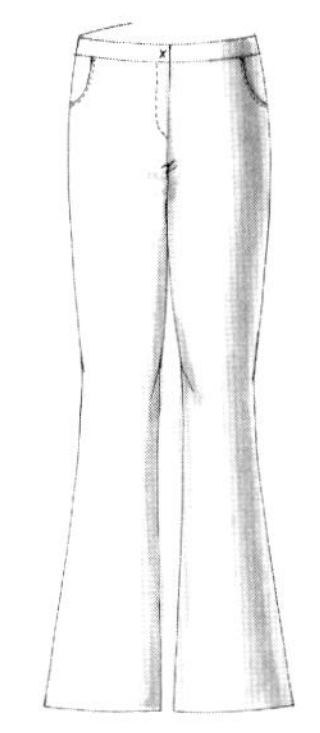
부츠 컷 팬츠

팬츠의 헴라인을 약간 넓게 한 팬츠로, 세미 나팔바지 형태이다.

- **앵클**(ankle) **팬츠** : 바지통이 좁으며 길이는 발목까지 오며 1980년대에 유행했다.
- **힙 허거즈**(hip huggers) : 일반적으로 골반에 걸쳐 입는 바지로 허리벨트를 허리선보다 아래 위치에 오도록 입는 바지이다.
- **서스펜더**(suspender) **팬츠** : 가슴받이에 끈이 달린, 바지통이 넓은 바지로 흔히 데님으로 만든 작업복을 말한다.
- **오버롤즈**(overalls) : 허리선 위쪽으로 정사각형 또는 직사각형의 앞바대를 덧붙인 바지로 어깨끈이 있다. 아이들의 전통적인 놀이옷으로 애용되며, 페인터즈 팬츠(painter' s pants) 혹은 비브 점프 수트(bib jump suit)라고도 한다.

(3) 셔츠(shirts) · 블라우스(blouse) · 탑(top)

셔츠는 칼라와 커프스가 있고 일반적으로 앞이 트인 상의로 남성의 드레스 셔츠(dress shirts : 일명 와이셔츠), 여성의 셔츠형 블라우스로 대표된다. 블라우스는 여성이나 어린이용 상의로 가벼운 느낌의 소재를 사용하여 단독으로 착용되거나 혹은 재킷의 안에 코디하여 입는 아이템이다. 옷자락을 바지나 스커트 속에 넣어 입으면 언더(under) 블라우스라 하고 겉으로 내어 입으면 오버(over) 블라우스라고 한다. 탑은 재킷이나 셔츠 안쪽에 받쳐 입거나 여름에 젊은층들이 청바지 위에 간편하게 입는 셔츠류로 주로 소매가 없는 경우가 많다.

• **드레스**(dress) **셔츠** : 원래 남성의 턱시도나 연미복 속에 입던 드레시한 예장용 셔츠로 가슴 부분에 플리츠, 턱, 러플장식 등이 있었다. 현재는 비즈니스 웨어로 신사복에 입는 셔츠를 말한다. 흔히 와이셔츠라고 말하는 것은 와전된 용어이다.

드레스 셔츠

• **버튼 다운**(button down) **셔츠** : 칼라의 끝에 단추를 달아 몸판과 연결시킨 셔츠로 스포티한 느낌을 준다.

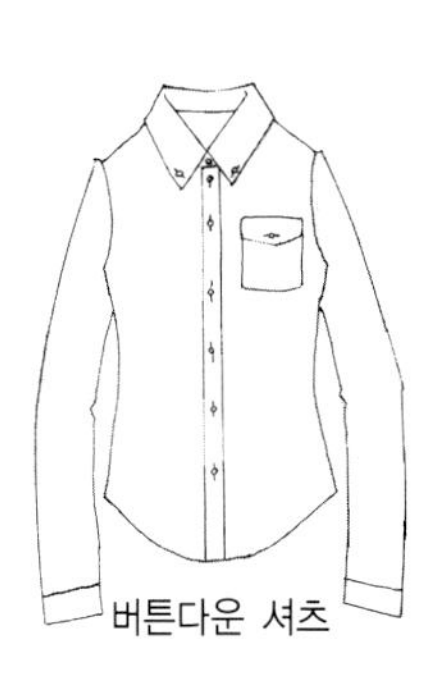
버튼다운 셔츠

• **폴로**(polo) **셔츠** : 폴로 칼라가 달린 스포츠 셔츠의 일종이다. 접어 젖혀지는 니트 칼라로 앞여밈이 2~3개의 단추가 달려있고 앞여밈은 플래킷(placket, 앞단) 모양으로 하는 것이 기본 형태이다.

폴로 셔츠

• **웨스턴**(western) **셔츠** : 미국 서부의 카우보이들이 즐겨 입던 실용적인 셔츠를 말한다. 데님으로 주로 만들며 어깨에 요크장식이나 에폴레트(epaulette)가 있고 양쪽 가슴에 포켓이 있으며 스티치 장식이 있기도 하다.

웨스턴 셔츠

• **남방**(南方) **셔츠** : 남방은 일어의 와전으로 서양의 문화나 기술 등을 의미하기도 하고 남쪽의 의미로 알로하 셔츠 같은 화려한 프린트의 반소매 셔츠를 말하기도 한다. 주로 남자들이 여름에 양복의 상의와 드레스 셔츠 대신 착용하는, 앞이 터진 반소매 셔츠를 말한다.

남방 셔츠

• **클레릭**(cleric) **셔츠** : 클레릭(cleric)은 '성직자의', '목사의' 뜻으로 성직자 분위기의 셔츠를 말한다. 드레스 셔츠의 칼라와 커프스만 흰색이고 다른 부분은 색이 있는 천이나 무늬가 들어간 천을 이용해 만든 셔츠이다.

클레릭 셔츠

• **오픈**(open) **셔츠** : 오픈 칼라가 달린 앞여밈의 셔츠를 말한다.

오픈 셔츠

알로하 셔츠

티 셔츠

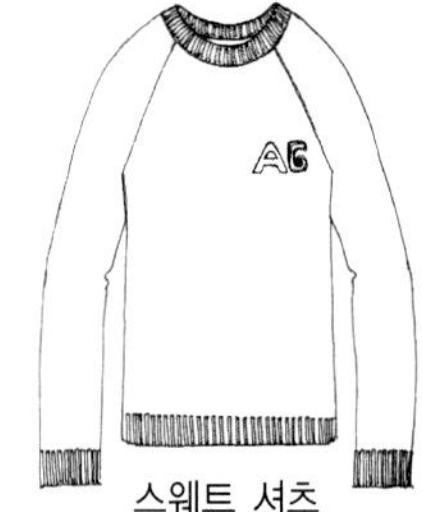

스웨트 셔츠

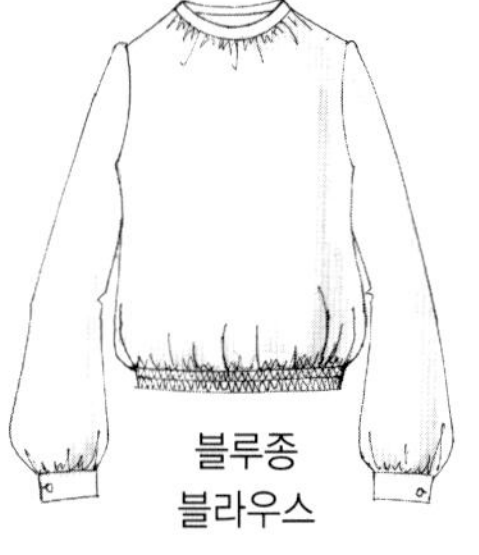

블루종 블라우스

차이나 칼라 블라우스

러시안 블라우스

멕시칸 블라우스

- **알로하**(aloha) **셔츠** : 다양하고 화려한 색을 사용하여 대담한 꽃무늬 등의 천으로 만든 셔츠로 하와이와 같은 리조트 지역에서 입는 셔츠를 말한다.

- **티**(T) **셔츠** : 소매가 몸판에 직각으로 붙어 있어서 소매를 펼치면 T형이 되는 셔츠이다. 대개 라운드 네크라인의 풀오버(pull-over) 셔츠이며 반소매 혹은 긴소매가 있다. 원래 속옷이었으나 1950년대 말부터 겉옷으로 착용하여 가슴에 각종 무늬나 로고를 장식하면서 젊은이들 사이에 유행하였고 지금은 누구나 애용하는 기본 아이템이 되었다. 트렌디한 티셔츠와 명품 라인에서 만들어지는 고가의 티셔츠도 많다.

- **스웨트**(sweat) **셔츠** : 일명 트레이닝 셔츠를 말한다. 운동선수가 트레이닝 할 때 입는 셔츠로 땀을 잘 흡수할 수 있는 소재를 사용한다. 최근에는 캐주얼, 스포츠웨어에 많이 애용된다.

- **블루종**(blouson) **블라우스** : 허리선 바로 아래 부분에 고무줄이나 끈을 넣어 조임으로써 풍성한 느낌을 주는 형태의 블라우스를 말한다.

- **차이나 칼라**(Chinese collar) **블라우스** : 중국의 청삼(靑衫 : 치파오)에서 볼 수 있는 중국풍의 칼라가 달린 오리엔탈 이미지의 블라우스를 말한다. 스탠드칼라 블라우스, 만다린 칼라 블라우스라고도 말한다.

- **러시안**(Russian) **블라우스** : 러시아풍의 블라우스로 허리에 벨트로 여며지는 형태이다. 포클로어(folklore) 패션의 일종이다.

- **멕시칸**(Mexican) **블라우스** : 멕시코 민속의상에서 보이는 에스닉(ethnic) 패션 풍의 블라우스로 넉넉하고 풀오버 형의 블라우스이다.

• **페플럼**(peplum) **블라우스** : 허리에 러플이나 플라운스로 만든 페플럼이 달린 블라우스를 말한다. 허리를 강조하고 여성스런 분위기를 표현하는 오버 블라우스이다.

페플럼 블라우스

• **셔츠 웨이스트**(shirts waist) **블라우스** : 남성의 드레스 셔츠와 같이 셔츠 칼라에 앞단과 커프스가 있는 심플한 블라우스이다.

셔츠 웨이스트 블라우스

• **스모크**(smock) **블라우스** : 가슴 부분에 절개선을 넣어 절개선 윗부분을 스모킹 장식하거나 개더를 잡아 헐렁하게 만든 블라우스를 말한다.

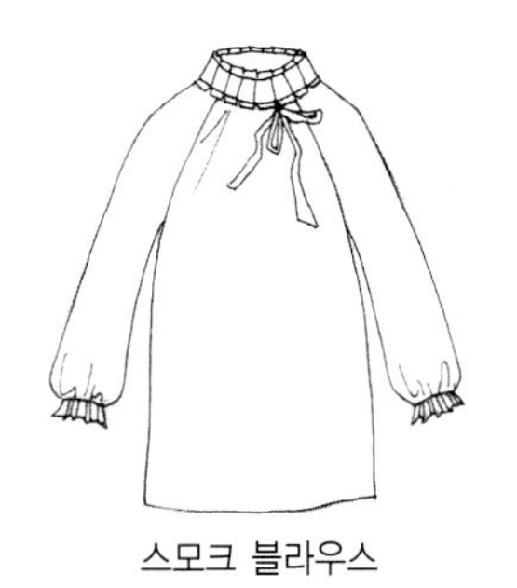

스모크 블라우스

• **홀터**(halter) **블라우스** : 목 뒤에 걸치거나 묶는 홀터 네크라인이 있는 블라우스를 말한다. 등과 팔은 노출이 되어 여름이나 이브닝 웨어로 사용된다.

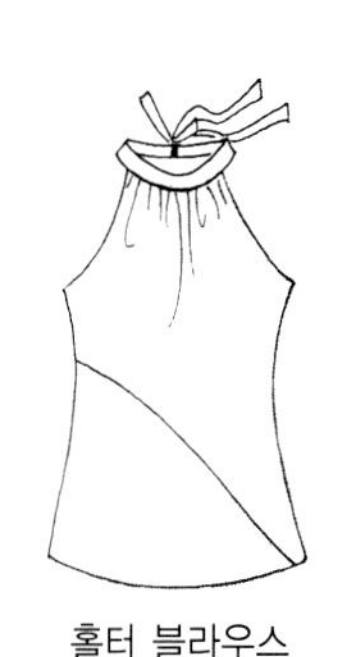

홀터 블라우스

• **보우**(bow) **블라우스** : 리본 장식이 네크라인에 붙어있는 블라우스를 말한다.

보우 블라우스

• **캐미솔**(camisole) **블라우스** : 어깨 끈을 부착해서 어깨를 많이 노출한 직선 네크라인의 블라우스를 말한다.

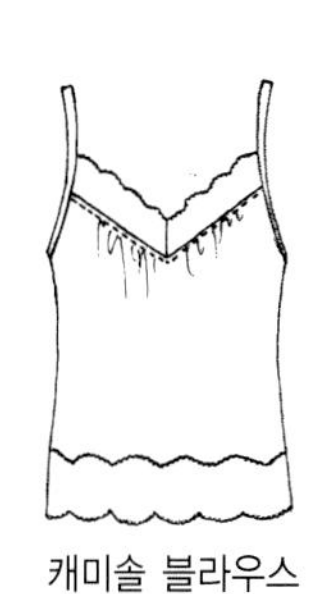

캐미솔 블라우스

• **랩**(wrap) **블라우스**: 단추 없이 블라우스의 앞자락을 사선으로 겹쳐서 입도록 디자인된 블라우스의 총칭이다.

랩 블라우스

• **페전트**(peasant) **블라우스** : 유럽의 농부나 집시 의상에서 유래한 것이다. 목둘레나 손목둘레 끝단에 고무줄이나 끈을 넣어 잡아당겨 잔주름이 많고 품이 넓은 스타일이다. 목둘레에 스모킹이나 자수 장식을 한 것이 있다.

페전트 블라우스

• **비셔츠**(B-shirts) **탑** : 바스트(bust)의 약자로 가슴

비셔츠 탑

비키니 탑

탱크 탑

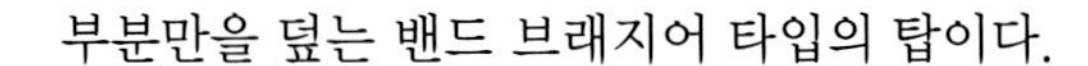

부분만을 덮는 밴드 브래지어 타입의 탑이다.

- **비키니**(bikini) **탑** : 홀터 네크라인 형태로 뒷목에서 끈을 묶어 가슴을 가리는 형태의 짧은 탑을 말한다.
- **탱크**(tank) **탑** : 깊게 파인 목둘레와 진동의 러닝셔츠 형태의 탑으로 어깨 끈의 캐미솔 형태와 러닝셔츠 형태가 많이 애용된다.

(4) 스웨터(sweater) · 베스트(vest)

크루 넥 스웨터

브이 넥 스웨터

스웨터는 니트로 된 상의를 말하는데 풀오버와 카디건, 베스트도 포함된다. 신축성이 있고 가볍고 보온성이 뛰어나다.

- **크루 넥**(crew neck) **스웨터** : 목 주위가 꼭 맞도록 고무뜨기로 만든 스웨터의 총칭이다.
- **브이 넥**(V neck) **스웨터** : 네크라인이 V자로 깊이 파인 스웨터를 부르는 용어이다.

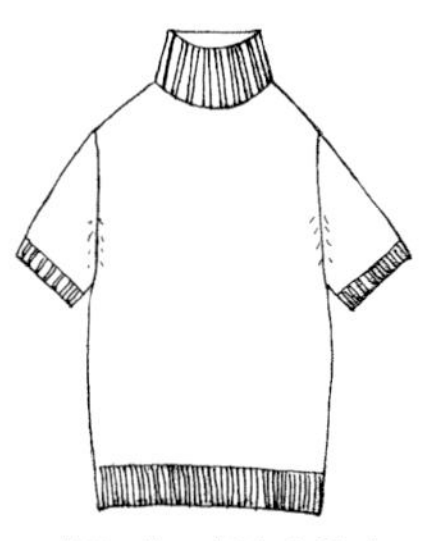

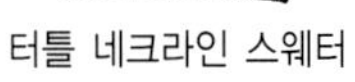

터틀 네크라인 스웨터

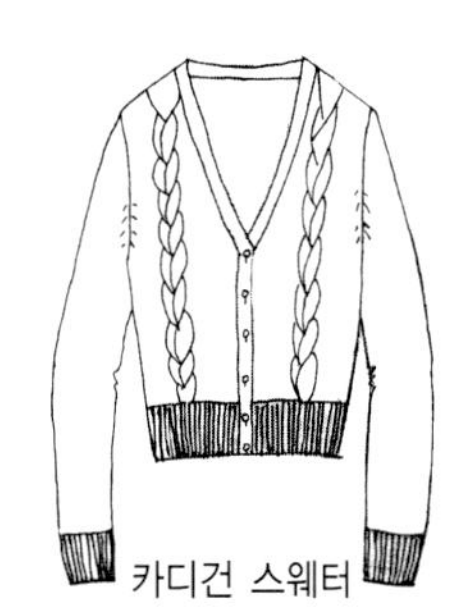

카디건 스웨터

- **터틀 네크라인**(turtle neckline) **스웨터** : 하이 밴드 칼라(high band collar)가 붙은 스웨터로 목에 꼭 맞고 한 번 혹은 두 번 접어서 입는 겨울용 스웨터를 말한다.
- **카디건**(cardigan) **스웨터** : 칼라가 없고 앞 중앙을 아래까지 터서 단추로 여며 입는 헐렁한 스웨터이다. 입기가 쉽고 편해서 평상복으로 널리 애용된다.
- **풀오버**(pull-over) **스웨터** : 트임이 없고 머리로 덮어써서 입고 벗도록 되어있는 스웨터를 말한다. 크루 넥 스웨터, 브이 넥 스웨터, 터틀 넥 스웨터 모두 풀오버 스웨터의 일종이다.
- **아란**(Aran) **스웨터** : 본래는 아일랜드 서쪽 지방의 아란제도의 주민들이 짜서 입던 어부용 스웨터이다. 지

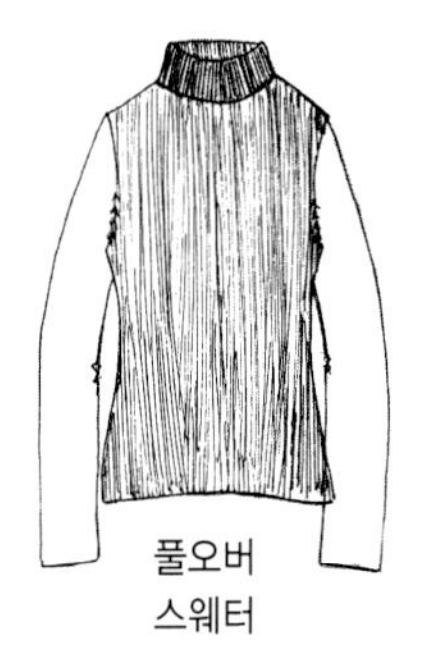

풀오버
스웨터

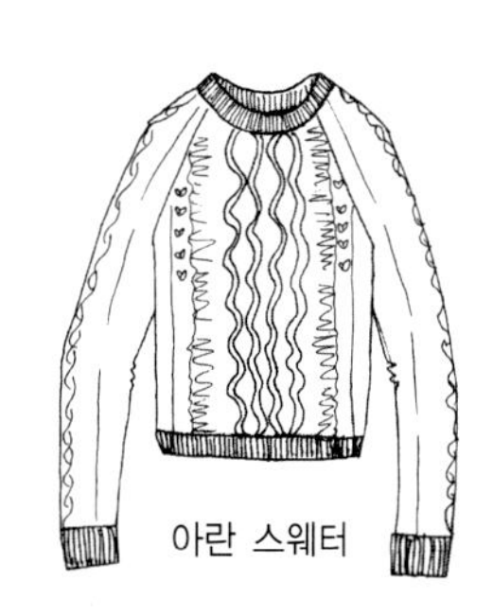

아란 스웨터

방기를 제거하지 않아 방수성이 있는 소박하고 굵은 실을 사용하여 특수한 요철 모양을 손으로 짠 것이 특징이며 편성하는 사람에 의해 개성을 표현할 수 있는 모양을 가진다.

- **폴로**(polo) **스웨터** : 영국의 폴로 경기 선수들이 입던 줄무늬 혹은 단색의 폴로 칼라가 달린 스웨터를 말한다. 폴로 칼라와 스웨터가 함께 하는 형식이다.

폴로 스웨터

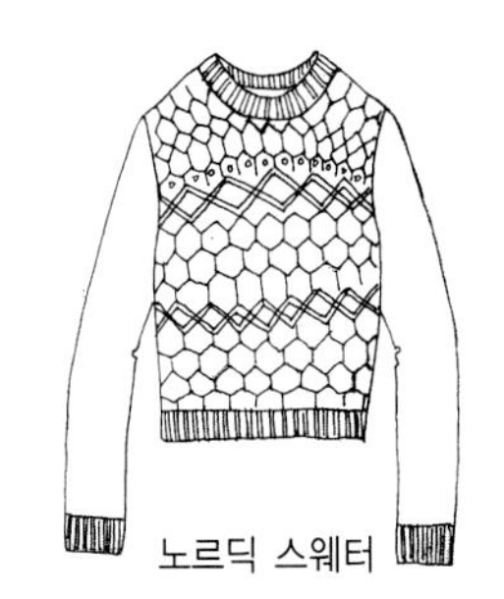
노르딕 스웨터

- **노르딕**(Nordic) **스웨터** : 스칸디나비안 스웨터를 말하는데 눈의 결정, 침엽수, 사슴 등의 북유럽 풍의 무늬를 대담하게 넣어서 짠 스웨터이다.

- **아가일**(Argyle) **스웨터** : 스코틀랜드 서부해안 아가일주(州)의 지명을 따온 스웨터로 전통적인 다이아몬드 모양이 특징이다. 색상이 다양하나 원래는 3색 배색이 기본이다.

아가일 스웨터

볼레로 베스트

- **볼레로**(bolero) **베스트** : 스페인의 민족의상에서 유래한 것으로, 길이가 허리 위에 닿는 짧은 베스트이다.

- **니트**(knit) **베스트** : 소재 없는 편직물의 베스트로 허리선에 맞게 또는 허리보다 약간 길게 입는다. 남성용으로는 겨울에 보온을 위해 수트 재킷 안에 받쳐 입기도 하고 학생들의 교복으로 활용되기도 한다.

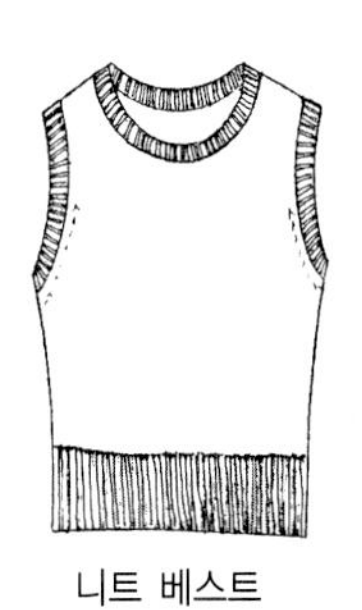
니트 베스트

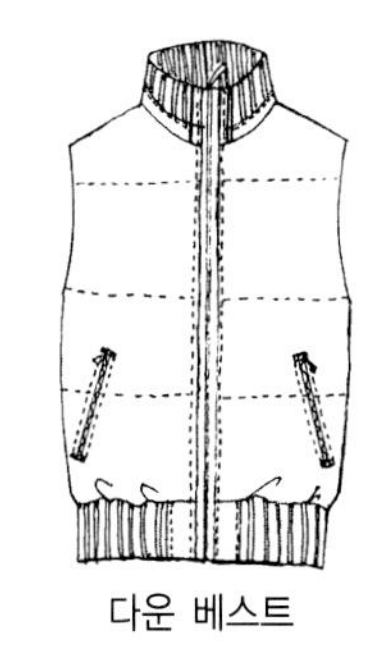
다운 베스트

- **다운**(down) **베스트** : 다운이란 '오리털'을 의미하는 것으로, 오리털을 넣고 누빈 방한용의 베스트이다. 가볍고 따뜻하며 스냅 단추나 지퍼로 여미게 만든 것이 특징이다.

- **피싱**(fishing) **베스트** : 낚시 조끼를 말한다. 방수가공을 한 면 100%를 소재로 하고 있고, 다양한 도구를 수납할 수 있도록 포켓이 많이 달려 있다.

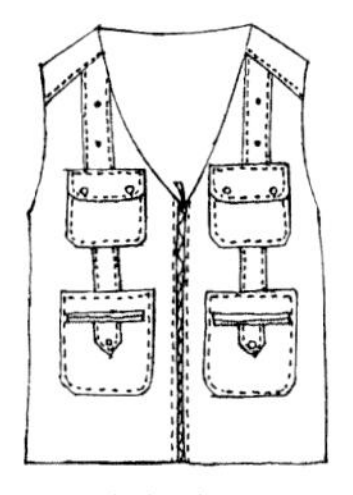
피싱 베스트

(5) 재킷(jacket)

재킷은 정장 차림의 상의(上衣)를 말한다. 소매가 일반적으로 붙어있으며 앞여밈에 따라서 싱글 여밈 재킷(single breasted jacket), 더블 여밈 재킷(double breasted jacket)으로 구분하며 스커트, 바지 등과 한 벌을 이루는 경우 수트(suit)라 한다.

브리티시

① 남성복 수트 재킷의 스타일

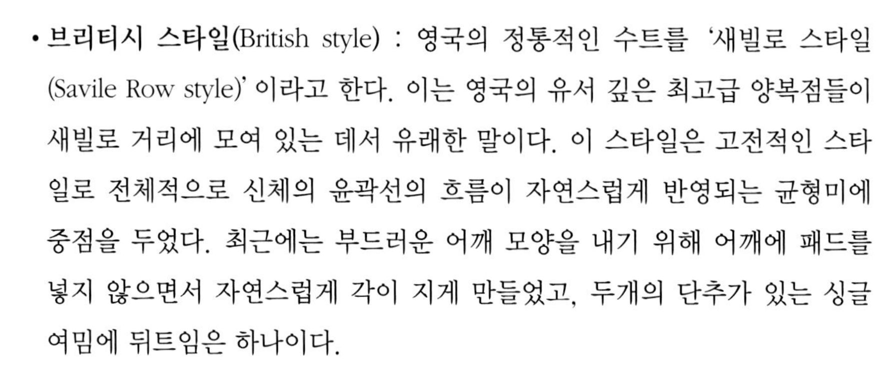
• **브리티시 스타일**(British style) : 영국의 정통적인 수트를 '새빌로 스타일(Savile Row style)' 이라고 한다. 이는 영국의 유서 깊은 최고급 양복점들이 새빌로 거리에 모여 있는 데서 유래한 말이다. 이 스타일은 고전적인 스타일로 전체적으로 신체의 윤곽선의 흐름이 자연스럽게 반영되는 균형미에 중점을 두었다. 최근에는 부드러운 어깨 모양을 내기 위해 어깨에 패드를 넣지 않으면서 자연스럽게 각이 지게 만들었고, 두개의 단추가 있는 싱글 여밈에 뒤트임은 하나이다.

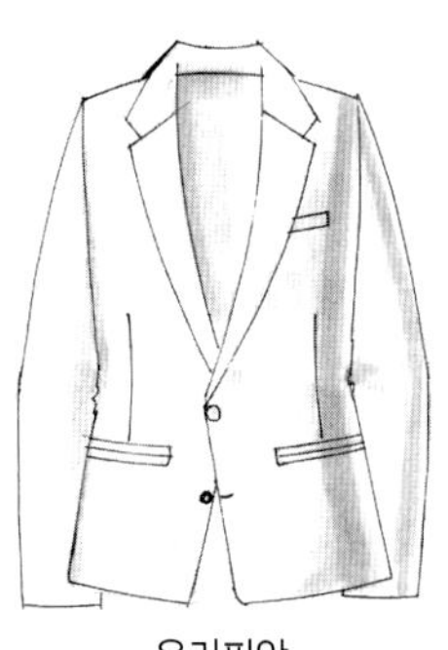
유러피안

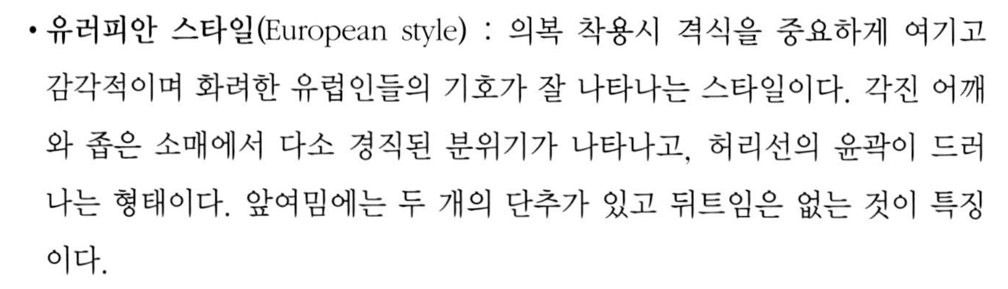
• **유러피안 스타일**(European style) : 의복 착용시 격식을 중요하게 여기고 감각적이며 화려한 유럽인들의 기호가 잘 나타나는 스타일이다. 각진 어깨와 좁은 소매에서 다소 경직된 분위기가 나타나고, 허리선의 윤곽이 드러나는 형태이다. 앞여밈에는 두 개의 단추가 있고 뒤트임은 없는 것이 특징이다.

아메리칸

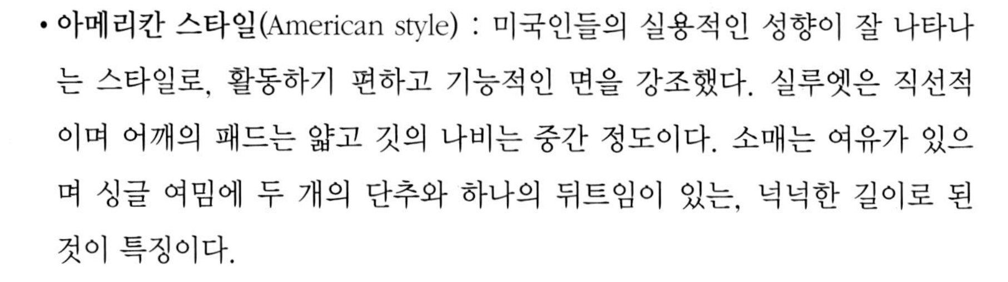
• **아메리칸 스타일**(American style) : 미국인들의 실용적인 성향이 잘 나타나는 스타일로, 활동하기 편하고 기능적인 면을 강조했다. 실루엣은 직선적이며 어깨의 패드는 얇고 깃의 나비는 중간 정도이다. 소매는 여유가 있으며 싱글 여밈에 두 개의 단추와 하나의 뒤트임이 있는, 넉넉한 길이로 된 것이 특징이다.

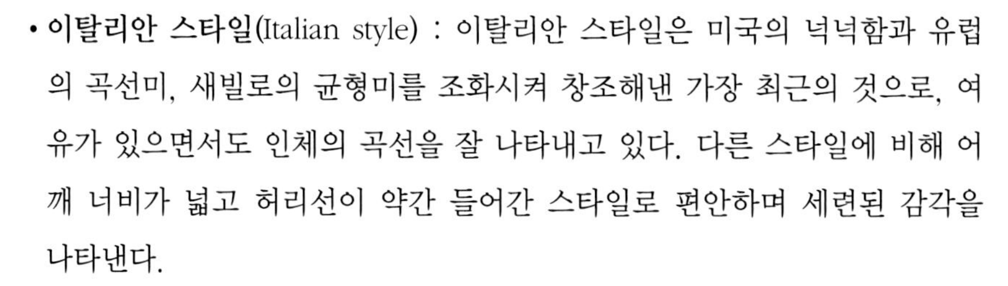
• **이탈리안 스타일**(Italian style) : 이탈리안 스타일은 미국의 넉넉함과 유럽의 곡선미, 새빌로의 균형미를 조화시켜 창조해낸 가장 최근의 것으로, 여유가 있으면서도 인체의 곡선을 잘 나타내고 있다. 다른 스타일에 비해 어깨 너비가 넓고 허리선이 약간 들어간 스타일로 편안하며 세련된 감각을 나타낸다.

이탈리안

② 수트 재킷의 디테일

- **더블 벤티드 스타일**(double vented style) : 상의 뒤에 양옆으로 두개의 트임이 있는 스타일이다. 영국식 스타일로 앉거나 포켓에 손을 넣을 때 옷이 구겨지지 않게 하며, 엉덩이 부분을 가려줄 수 있다. 그러나 엉덩이가 크거나 배가 나온 사람에게는 적당치 않다.
- **싱글 벤티드 스타일**(single vented style) : 뒤 중앙에 한 개의 트임이 있는 스타일이다.
- **노 벤티드 스타일**(no vented style) : 뒤에 트임이 없는 스타일이다. 유럽인들이 선호하는 것으로 포켓에 손을 넣거나 앉을 때 약간 주름이 생기기도 하지만 모양 자체로는 가장 깔끔하게 보이는 스타일이다.

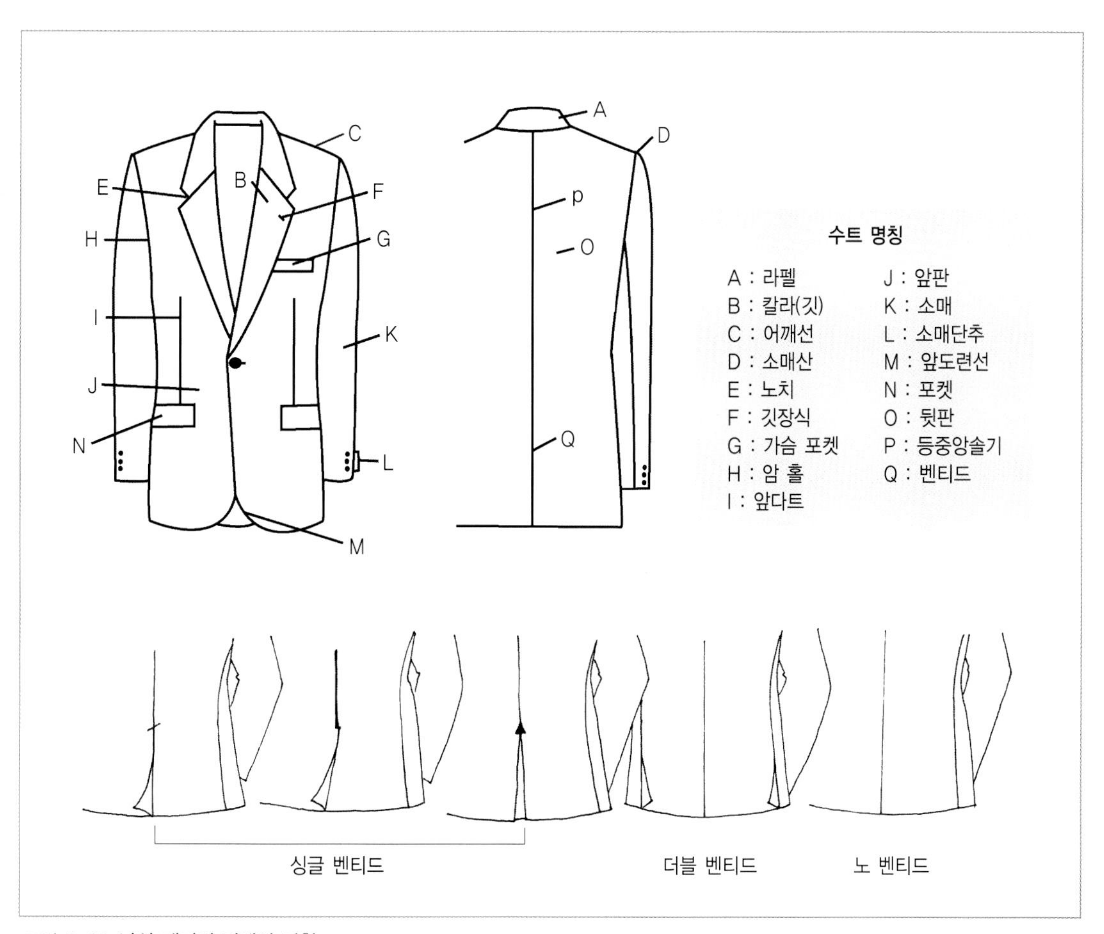

그림 3-29 남성 재킷의 디테일 명칭

③ 디자인에 따른 재킷의 종류

• **블레이저**(blazer) **재킷** : 테일러드 칼라에 싱글 여밈 또는 더블 여밈으로 된 스포츠 재킷을 말한다. 영국 캠브리지 대학의 보트 경기 선수가 착용한 빨간색의 유니폼에서 유래했다. 패치 포켓과 바펜(Wappen) 장식에 금속단추가 특색이다. 올림픽 경기 등의 심판 유니폼이나 남학생들의 교복 상의에 이용되기도 한다.

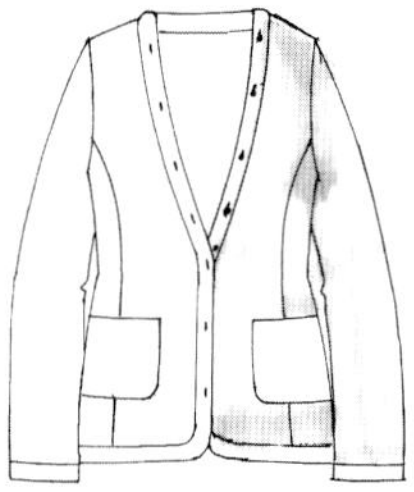

• **카디건**(cardigan) **재킷** : 칼라가 없이 둥글거나 V자로 파인 목둘레선에 긴 소매가 달린 재킷을 말한다. 앞 중심을 여미지 않거나 단추가 달려 여미는 형태가 있다. 유행에 관계없이 꾸준히 애호되는 클래식 타입이다.

• **샤넬**(Chanel) **재킷** : 디자이너 샤넬이 디자인하여 유행한 스타일로 칼라가 없이 둥근 목둘레선, 앞단, 소매단 등에 브레이드나 천으로 장식을 하고 상하좌우 4개의 포켓이 달린 형태의 재킷을 말한다.

• **피**(pea) **재킷** : 선원이나 해군들이 방한용으로 입었던 여유가 있는 두 줄 단추의 재킷이다. 재킷의 길이가 힙선을 덮을 정도로 길어서 피 코트(pea coat)로 부르기도 한다. 단추가 더블 여밈으로 나란히 두 줄 달리고 수직 입술 포켓이 달린 형태가 많다.

• **페플럼**(peplum) **재킷** : 허리에 절개선이 있고 허리 아래 부분을 따로 재단하여 플레어지게 하거나 주름을 잡아 폭을 넓게 한 재킷을 말한다. 허리가 꼭 맞고 아래가 퍼져보이므로 허리가 날씬해 보이고 여성스런 이미지를 준다.

• **테일러드**(tailored) **재킷** : 정장의 상의로 테일러드 칼라, 소매, 포켓 등 남성적이고 단정한 느낌을 준다.

• **볼레로**(bolero) **재킷** : 스페인 민속풍의 상의에서 유래

블레이저 재킷

카디건 재킷

샤넬 재킷

피 재킷

페플럼 재킷

테일러드 재킷

볼레로 재킷

하여 길이가 허리 위에 위치하는 매우 짧은 재킷의 형태를 말한다.

- **노포크**(Norfolk) **재킷** : 영국의 노포크 공작이 애용하던 재킷에서 유래했다. 어깨에서 허리선으로 앞 뒤쪽에 넓은 주름을 잡아서 기능성을 높인 재킷이다. 허리에는 여밈 벨트를 붙인 디자인이 특징이다.

노포크 재킷

- **슈팅**(shooting) **재킷** : 사냥할 때 착용하는 재킷으로 수납할 수 있는 포켓이 많고 어깨나 팔꿈치 부분에 스웨이드나 가죽을 덧대어 기능성을 높인 재킷이다. 헌팅 재킷(hunting jacket)이라고도 한다.

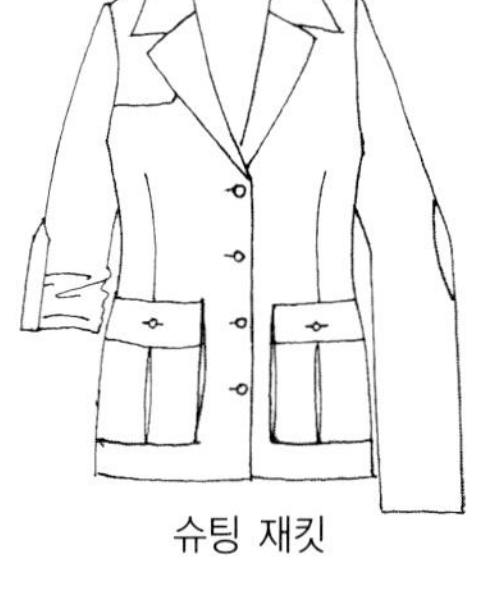
슈팅 재킷

- **사파리**(safari) **재킷** : 1920년대 영국, 프랑스인 등이 아프리카나 동양을 대상으로 탐험할 때 더운 기후나 정글여행에 입을 수 있도록 가볍고 내구성이 강하며, 세탁성이 용이하도록 고안된 재킷을 말한다. 커다란 주머니가 여러 개 있으며 엉덩이 길이에 허리띠를 착용하도록 되어 있다. 최근에는 젊은층에서 카키색 등의 사파리룩을 통해 캐주얼하고 스포티한 이미지를 연출할 때 애용된다.

사파리 재킷

- **럼버**(lumber) **재킷** : 미국이나 캐나다 등지의 목재를 자르는 인부들의 옷에서 힌트를 얻어 만든 박스라인의 재킷이다. 허리에 밴드를 대어 양쪽 옆을 버클로 여미도록 만들고 플랩(flap)이 있는 큰 패치 포켓이 특징이다.

럼버 재킷

- **턱시도**(tuxedo) **재킷** : 연미복 대신 밤에 입는 약식정장 턱시도의 상의와 같은 디자인을 말한다. 싱글 여밈에 숄칼라가 기본이며 단추는 일반적으로 1개이며 디너 재킷(dinner jacket)이라고도 부른다.

턱시도 재킷

- **네루**(Nehru) **재킷** : 인도의 네루 수상이 착용하던 스

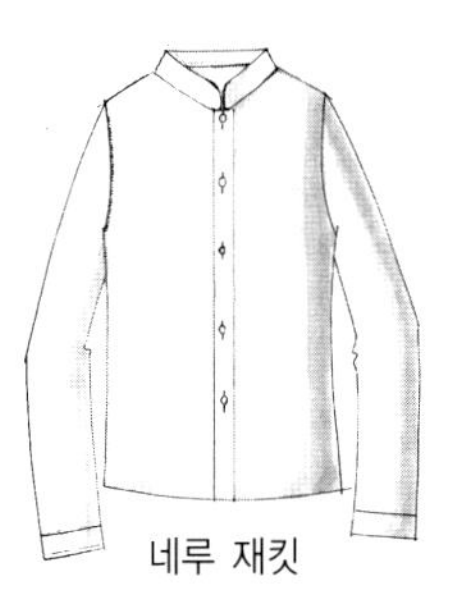
네루 재킷

보머 재킷

진 재킷

에비에이터 재킷

페이지보이 재킷

다운 재킷

탠딩 칼라가 붙은 재킷을 말한다.

• **보머**(bomder) **재킷** : 제2차 세계대전 중에 미 공군의 폭격수가 입던 블루종의 일종을 말한다. 칼라와 안감에 털을 댄, 허리길이의 가죽 재킷이다.

• **진**(jean) **재킷** : 데님 재킷을 말한다. 데님 소재로 칼라와 커프스가 붙어있고 큰 포켓을 달거나 스티치 장식을 하는 경우가 많다.

• **에비에이터**(aviator) **재킷** : 비행사가 입는 짧은 길이의 블루종 스타일의 재킷으로 파일럿 재킷이라고도 한다. 허리 길이의 경쾌하고 기능적인 스타일이다.

• **페이지보이**(pageboy) **재킷** : 호텔 등의 안내직원인 벨보이(bell boy)들이 입는 타이트한 스탠드 칼라이며 견장이나 버튼으로 장식한 짧은 길이의 재킷이다.

• **다운**(down) **재킷** : 다운은 오리의 앞가슴 털로 가벼우면서도 적은 양으로도 공기를 많이 머금는 성질을 갖고 있고 따뜻하다. 다운 재킷의 앞트임은 보온효과를 위해 지퍼와 단추의 이중구조로 만들어진다.

(6) 점퍼(jumper)

점퍼는 작업복, 스포츠 웨어 등으로 널리 착용되는 상의이다. 디자인이 매우 다양하며 앞여밈에 단추나 지퍼를 사용하거나 풀오버도 있다. 소매 단이나 밑단은 기능이나 디자인에 따라 니트를 사용하기도 한다.

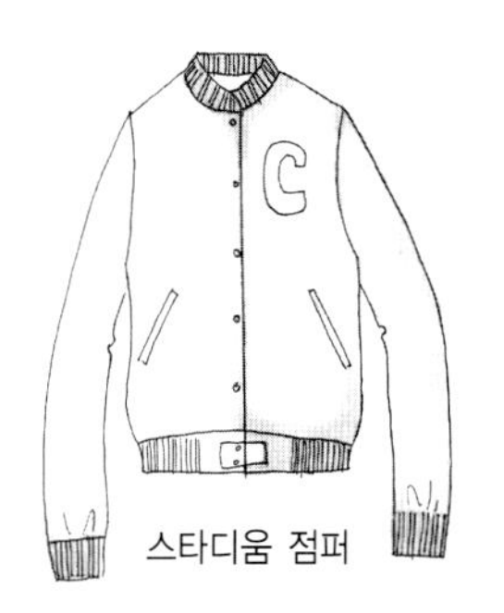

스타디움 점퍼

• **스타디움**(stadium) **점퍼** : 야구선수들이 착용하는, 몸판과 팔의 소재와 색상이 다른 점퍼이다. 원래는 코사크(cossak) 군인들의 군복에서 그 형태가 유래된다. 초기에는 운동복으로만 활용되던 것이 점점 경기관람용

이라든가 캐주얼용으로 용도가 변해가고 있다.

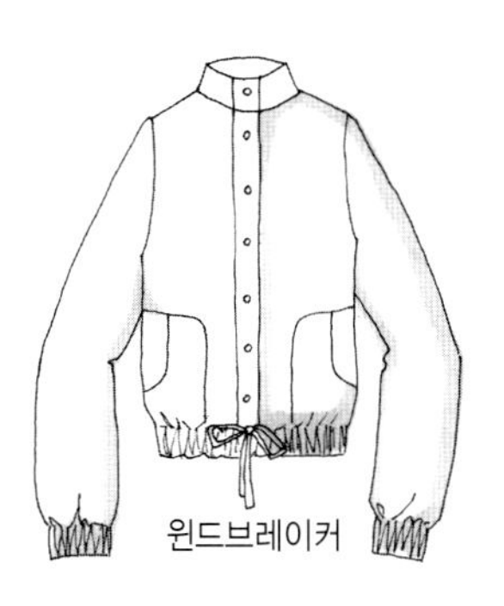
윈드브레이커

- **윈드**(wind)**브레이커** : 윈드브레이커는 영국에서 시작된 것으로 자동차, 특히 스포츠카를 탈 때 입는 옷으로 고안되었다. 현재는 스포츠를 즐길 때 또는 약간 춥다고 느껴질 때 자유롭게 입을 수 있는 바람막이용 점퍼로, 소재는 보통 나일론으로 되어 있고 추위를 막기 위해 안감에 울 라이너(liner: 떼었다 붙였다 하는 안감)가 달려 있는 것도 있다.

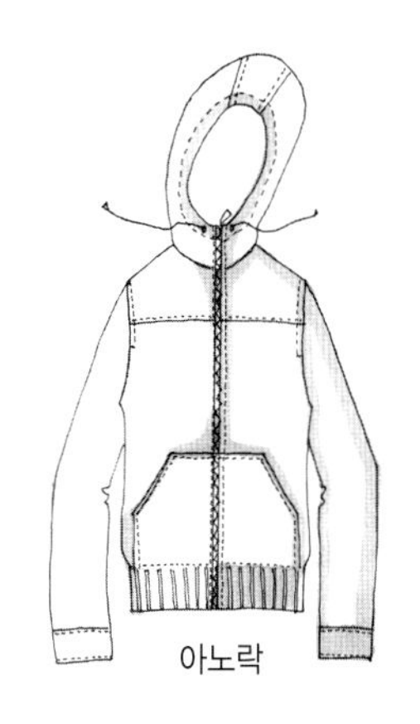
아노락

- **아노락**(anorak) : 아노락은 원래 에스키모인들이 입는 모자 달린 방한용 상의에서 비롯되어 오늘날에는 스키나 등산 시에 입는 방한용 의복이다. 아노락은 눈에 띄는 색상 그리고 다양한 포켓과 지퍼 장식으로 화려해지고 있다.

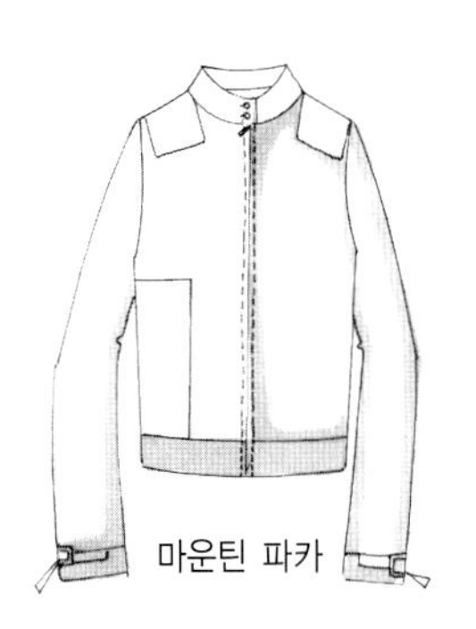
마운틴 파카

- **마운틴**(mountain) **파카** : 마운틴 파카는 미군의 야전 재킷을 기본으로 하고 있는데 원래 면 60%, 나일론 40%의 혼방 직물로 만들어졌다. 통기성과 방수성을 어느 정도 갖도록 만들어진 것으로 본래의 기능이 야외에서 다목적으로 입을 수 있도록 한 것이다. 주로 등산복으로 이용되고 있다.

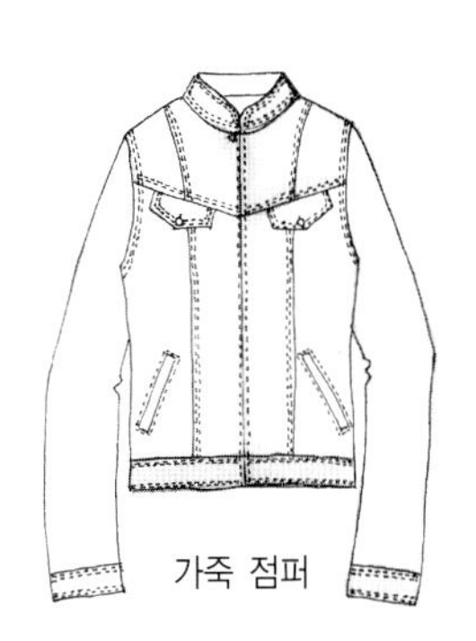
가죽 점퍼

- **가죽 점퍼** : 오토바이를 탈 때 입는 라이더(rider) 재킷과 비행사들이 착용하는 플라이트(flight) 재킷이 여기에 속한다. 천연가죽이나 인공가죽으로 만든 점퍼로 최근에는 겨울에 캐주얼하게 착용되는 유행 아이템이다.

(7) 코트(coat)

코트는 의복 중에서 가장 겉에 입는 옷을 가리킨다. 오버 코트와 레인 코트는 주로 방한 · 방수의 기능을 갖는

발마칸 코트 박스 코트

케이프 코트

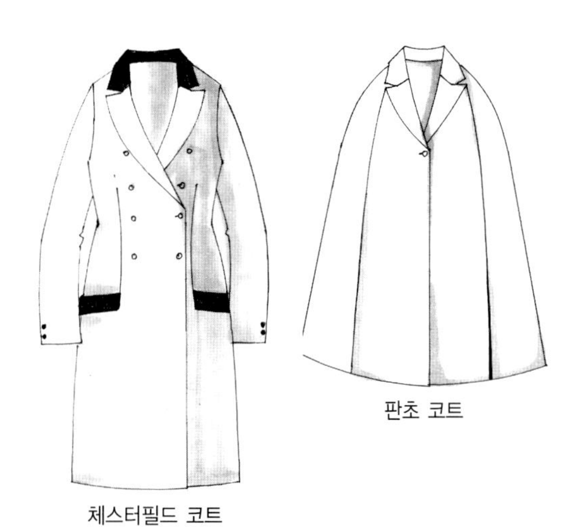
판초 코트

체스터필드 코트

실용성이 강조된 아이템이다. 방한용 코트의 옷감은 모직물, 합성섬유 직물, 가죽, 모피를 이용하며, 레인 코트는 방수가공 된 옷감으로 만든다. 코트는 다른 의복 품목에 비해 여러 벌 갖고 있지 않으므로 유행에 민감하지 않는 색상과 디자인으로 선택하는 것이 좋다. 코트는 길이에 따라 롱코트, 반코트, 토퍼(topper) 등으로 불리며, 실루엣에 따라 박스(box) 코트, 프린세스(princess) 코트, 텐트(tent) 코트라고 한다.

- **발마칸**(balmacaan) **코트** : 래글런 소매와 작은 컨버터블 칼라(convertible collar)가 달린 고전적이며 여유가 있는 코트이다.

- **박스**(box) **코트** : 어깨에서 아래로 직선으로 재단되어 긴 상자 모양의 실루엣을 이룬다. 몸 판이 수직 상태로 유지되도록 하기 위해 허리에 벨트를 매지 않는다.

- **케이프**(cape) **코트** : 코트의 어깨 부위에 짧은 케이프가 덧붙여져서 떼었다가 붙였다 하는 형태이거나 또는 소매가 없는 헐렁한 옷으로 진동둘레가 터져 있는 형태로 길이는 엉덩이길이에서 발목길이 등 다양하다.

- **판초**(poncho) **코트** : 남미의 민속복에서 유래한 코트이다. 모포와 같은 한 장의 천에 구멍을 뚫고 머리를 넣어 입는 코트로서 직사각형, 정사각형, 원형 등 여러 형태가 있다.

- **체스터필드**(Chesterfield) **코트** : 18세기 영국의 체스터필드 백작이 입었던 코트이다. 앞여밈은 싱글 혹은 더블이고 검은색 벨벳 칼라에 허리가

약간 들어간 형태로 품이 여유가 있다.

- **프린세스**(princess) **코트** : 어깨선부터 스커트 헴라인까지가 긴 판넬 모양으로 프린세스 라인이 들어가 있어 허리선이 꼭 맞는다. 헴라인은 넓게 플레어진다.
- **래글런**(raglan) **코트** : 래글런 소매가 디자인 포인트로 되어 있는 코트이다. 래글런 소매는 목둘레에서 겨드랑이 밑으로 절개선이 들어가 있다.
- **텐트**(tent) **코트** : 피라미드 모양으로 어깨 부분은 잘 맞고 아래로 갈수록 넓게 퍼진 형태의 코트이다.
- **랩**(wrap) **코트** : 앞 중심에 단추가 없고 앞여밈은 코트와 같은 직물로 된 벨트로 묶는 직선형의 코트이다. 랩어라운드(wrap-around) 코트라고도 부른다.
- **폴로**(polo) **코트** : 본래는 스포츠 관전용 또는 선수들이 벤치에서 입는 코트에서 비롯되었다. 오늘날에는 정장용 코트로 일반화되어 수트, 재킷, 블레이저 등의 비즈니스 웨어와 함께 입으며 캐주얼 웨어에는 어울리지 않는다.
- **트렌치**(trench) **코트** : 방수천인 개버딘으로 된 이 코트는 제1차 세계대전 때 영국 군인들이 참호(trench) 속에서 입기 시작하면서 트렌치 코트가 되었다. 세련되게 착용하려면 상당한 감각이 필요하며 수트, 재킷, 블레이저 등 다소 포멀한 옷 위에 입는 것이 좋다.
- **더플**(duffle) **코트** : 모자가 달려 있으며 단추 대

프린세스 코트

래글런 코트

텐트 코트

랩 코트

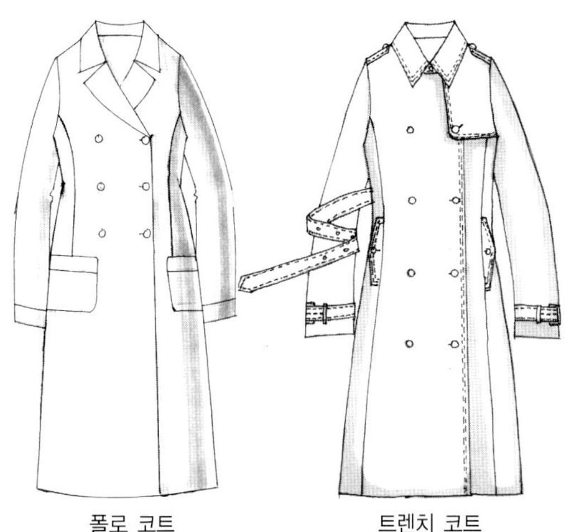
폴로 코트

트렌치 코트

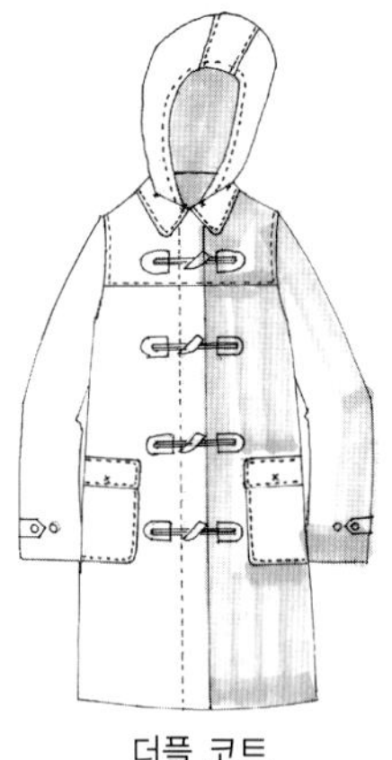

더플 코트

피 코트

신 나무로 된 토글(toggle)과 삼(杉)으로 만든 끈이 달려 있는 것이 특징이다. 주로 스포티한 옷과 함께 착용하지만 정장에 입어도 독특한 멋이 나므로 폭넓게 입을 수 있는 코트이다. 학생에서부터 비즈니스맨에 이르기까지 자유롭게 입을 수 있다.

- **피**(pea) **코트** : 어부의 상의에서 비롯된 피 코트는 두꺼운 천으로 꼼꼼하게 바느질된 머린(marine) 감각의 코트이다. 스웨터나 셔츠 등 캐주얼한 옷과 함께 스포티한 감각으로 착용한다. 요즘에는 비즈니스 웨어에도 많이 착용한다.

(8) 원피스(one-piece dress) · 드레스(dress)

상반신 부분과 스커트가 하나로 이어진 원피스 형식의 여성복이나 아동복으로, 형태는 허리에 이음선이 있는 것과 없는 것으로 구분된다. 허리에 이음선이 있는 것은 다시 허리선의 위치에 따라 로(low) 웨이스트 형, 하이(high) 웨이스트 형, 내추럴(natural) 웨이스트 형 등으로 구분한다.

- **프린세스**(princess) **원피스** : 어깨나 암홀에서 가슴, 허리를 지나 스커트 밑단까지 절개된 프린세스 라인이 있는 원피스를 말한다. 몸의 윤곽을 잘 나타내며 여성스러운 원피스이다.

프린세스 원피스

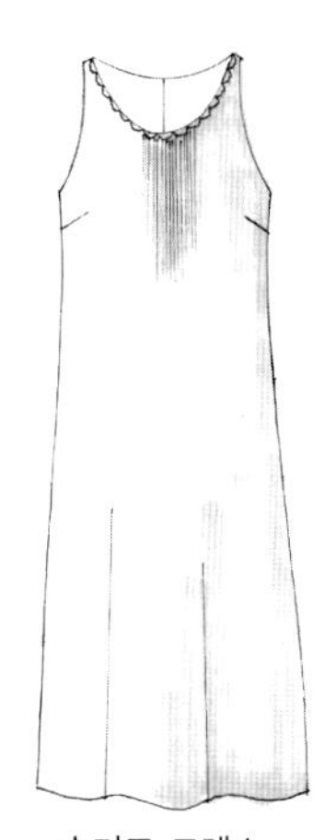

슈미즈 드레스

드롭 웨이스트 드레스

- **슈미즈**(chemise) **드레스** : 슈미즈와 같이 허리를 조이지 않고 몸에서 약간 떨어지는 직선형의 원피스를 가리킨다. 칼라가 없고 단순한 것이 특징이다.
- **드롭 웨이스트**(drop waist) **드레스** : 보디스를 허리선 아래로 길게 연장시킨 로 웨이스트 형으로 스커트 부분은 대체적으로 넓게 퍼지는 스타일의 드레스이다.

- **엠파이어**(empire) **드레스** : 허리선이 가슴 밑까지 높게 올라오는 하이 웨이스트 형으로 소매가 없거나 혹은 짧은 퍼프(puff) 소매에 날씬한 형태의 스커트가 달린 경우가 많다.

- **원 숄더**(one shoulder) **드레스** : 한쪽 어깨를 노출시킨, 주로 길이가 긴 드레스이다.

- **시스**(sheath) **드레스** : 날씬하게 꼭 맞는 스트레이트 드레스로 몸판과 스커트가 한 장으로 연결되어 신체의 곡선이 잘 표현되는 드레스이다.

- **셔츠 웨이스트**(shirt waist) **드레스** : 상의 부분은 드레스 셔츠 형태이고, 스커트는 타이트하거나 허리선에 주름이 있는 것이 있다.

- **스트랩리스**(strapless) **드레스** : 어깨 부위를 노출시킨 드레스이다. 어깨 끈이 없이 상의에 철사를 넣어 형태를 고정시킨 것이 특징이고, 주로 파티복으로 착용되며 긴 장갑을 조화시킨다.

- **티어드**(tiered) **드레스** : 윗부분에서 밑단까지 몇 층으로 겹쳐서 층을 이룬 드레스이다. 개더, 턱, 플레어, 플라운스 등으로 만들며, 실루엣은 전체가 스커트 밑단으로 내려갈수록 넓게 퍼진 형태와 반대로 밑단으로 갈수록 좁아지는 형태이다.

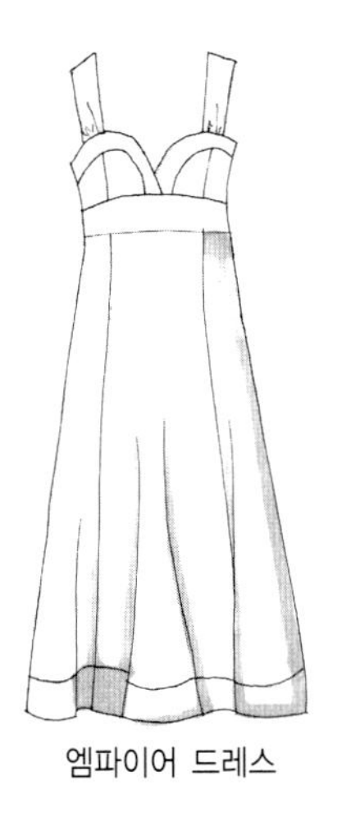
엠파이어 드레스

원 숄더 드레스

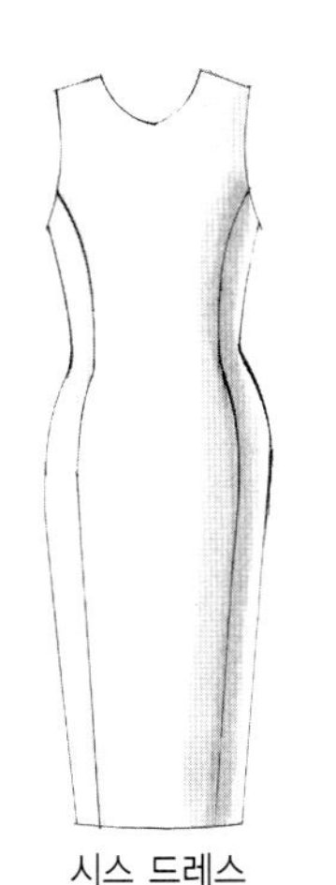
시스 드레스

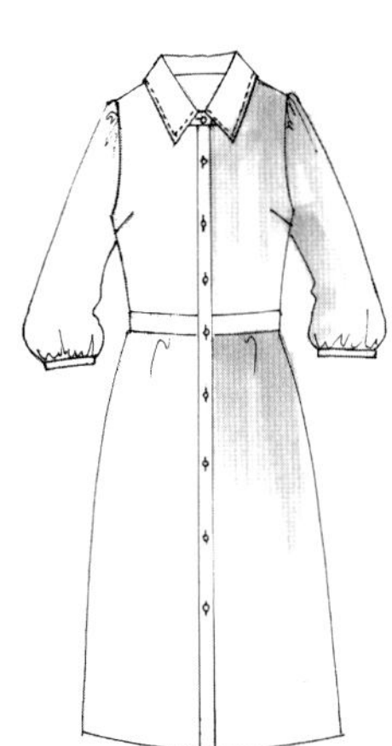
셔츠 웨이스트 드레스

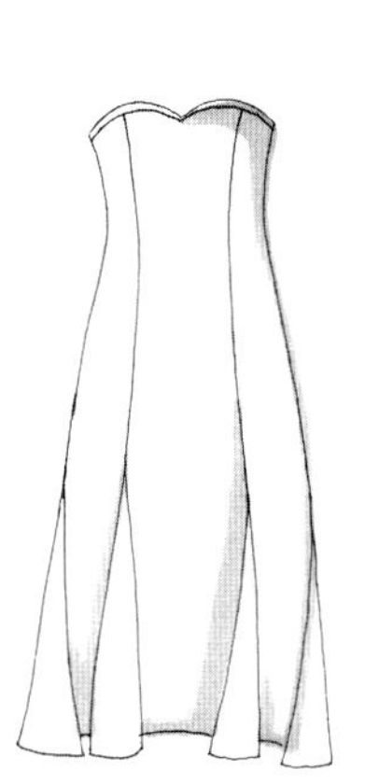
스트랩리스 드레스

티어드 드레스

(9) 이너 웨어(inner wear)

이너 웨어는 신체선을 아름답게 보정해 주는 파운데이션(foundation), 겉옷을 보다 쉽게 입고 벗을 수 있게 하고 실루엣을 아름답게 표현해주는 란제리(lingerie), 땀을 흡수하고 보온기능을 지니는 언더 웨어(under wear) 등으로 나눌 수 있다. 브래지어(brassiere), 거들(girdle), 보디 수트(body suit), 가터 벨트(garter belt), 브리프(brief), 웨이스트 니퍼(waist nipper), 슈미즈(chemise) 등이 있다. 최근에는 이너 웨어에 대한 수요가 많고 경우에 따른 착용이 늘고 있어 트렌드 경향도 잘 나타나고 있다. 브래지어도 용도와 효과에 따라 스트랩리스(strapless) 브라, 스포츠 브라, 와이어 브라(wired bra), 원더 브라(wonder bra, uplift bra), 뷔스티에(bustier), 웨이스트 니퍼, 보디 수트(body suit, body shaper), 거들, 박서 쇼츠(boxer shorts), T-자형(G-string)팬티, 브리프(brief), 슈미즈 슬립(chemise slip) 등이 있다.

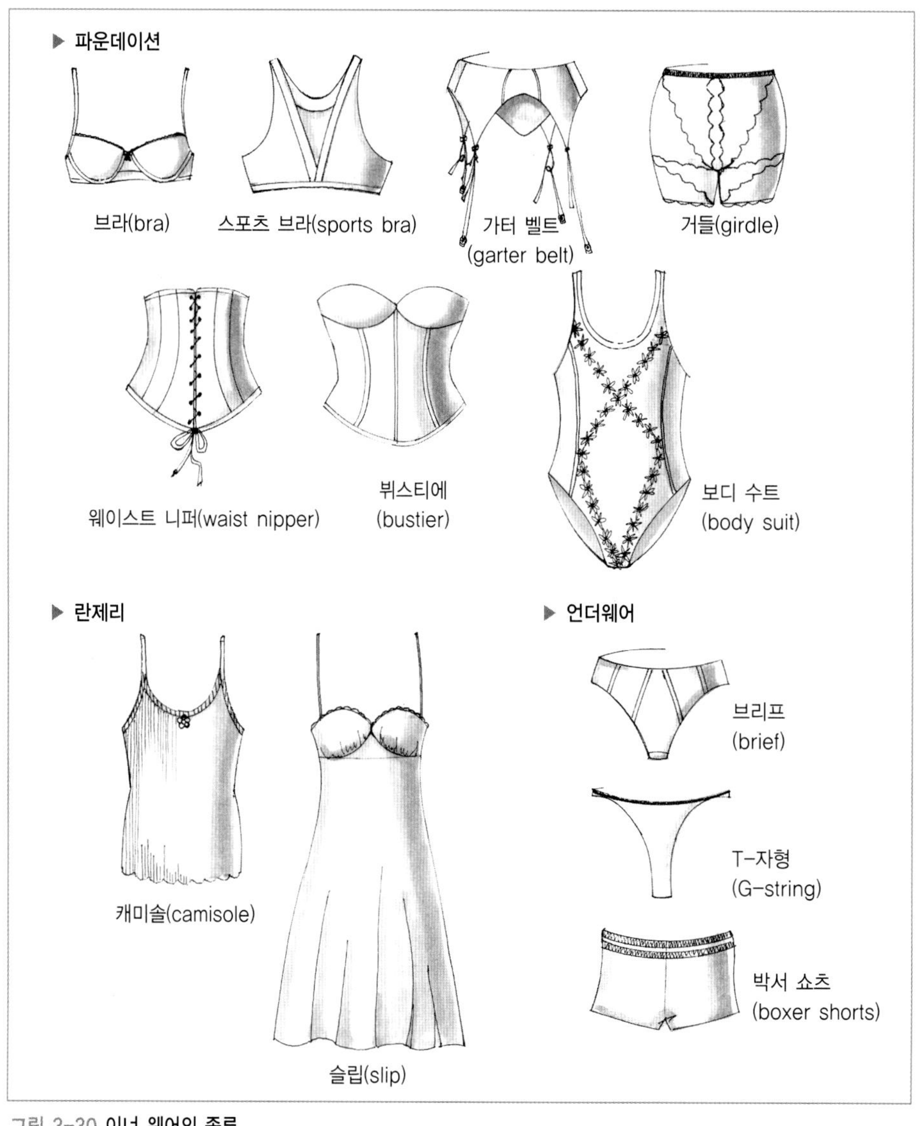

그림 3-30 이너 웨어의 종류

(10) 모자

기능이나 장식의 목적으로 머리에 쓰는 것의 총칭이다. 구조상 크라운(crown)과 테(brim) 또는 차양이 있는 것을 해트(hat), 없는 것을 캡(cap)이라 부른다. 실크 해트(silk hat), 클로슈(cloche), 카우보이 해트, 야구모자, 헌팅캡, 선바이저, 베레모, 페도라, 사파리 해트, 승마모자 등이 있다.

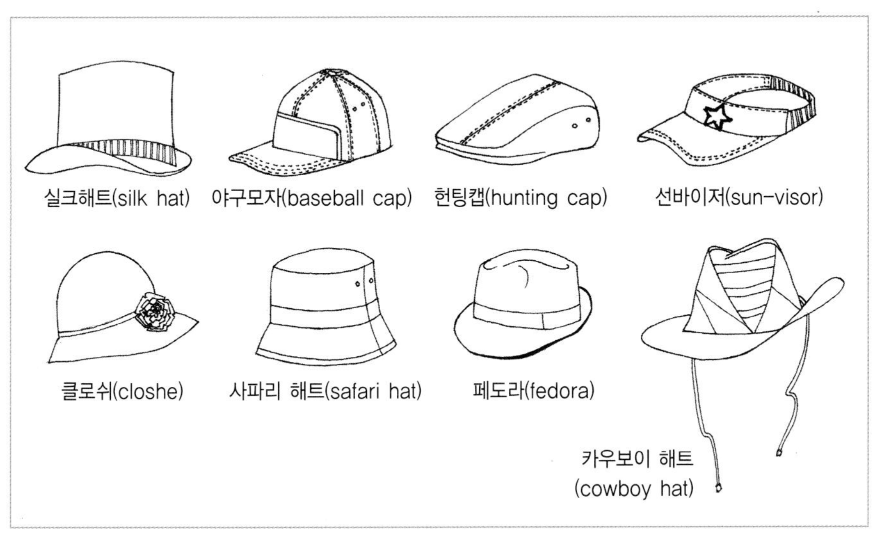

그림 3-31 **모자의 종류**

(11) 가방

소품이나 귀중품들을 넣어 손에 들거나 어깨에 걸치고 다니는 것의 총칭이다. 용도에 따른 다양한 형태의 가방은 패션 스타일링에 있어 중요한 아이템이다.

(12) 신발

발등 부분을 끈으로 묶는 단화 스타일을 옥스퍼드 슈즈(Oxford shoes), 발등을 노출시켜 편하게 신는 일반적 구두를 펌프스(pumps), 운동화처럼 밑창이 고무로 만들어진 것을 스니커(sneakers)라 한다. 부츠(boots)란 발목의 복

그림 3-32 **가방의 종류**

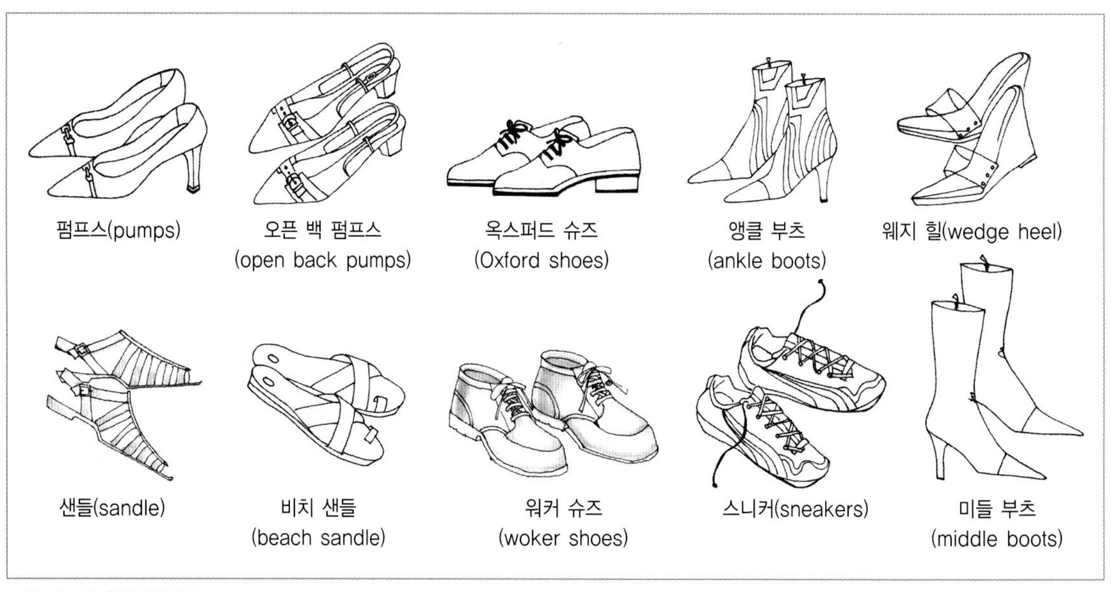

그림 3-33 **신발의 종류**

사뼈보다 위로 올라온 구두를 가리킨다. 이 밖에도 쐐기 형태의 밑창이 달린 웨지 힐(wedge heal)과 샌들(sandle)류가 있다. 구두의 굽은 3cm 이하이면 낮은 굽(low heel), 7cm 이상의 것은 높은 굽(high heel)이라고 구분한다.

(13) 남성 액세서리

남성 액세서리의 대표는 넥타이이다. 최근에는 의복의 캐주얼화가 보편화 되어 있지만 격식을 갖추는 경우도 많아 다양한 액세서리를 활용하고 있다.

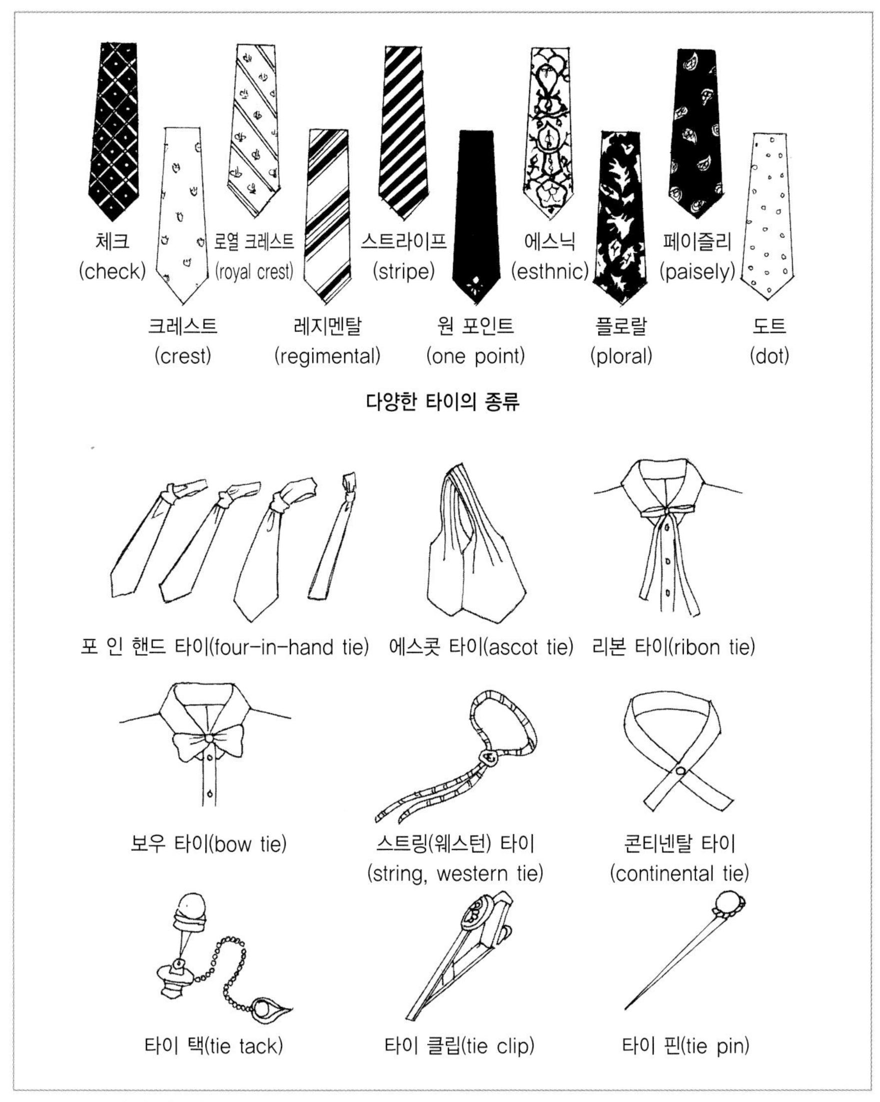

그림 3-34 남성 액세서리 종류

✲ 패션 스타일링

04 패션 스타일링

21세기를 가리켜 이미지 메이킹 시대라 한다. 패션 상품을 보다 효과적으로 판매하기 위해 또는 자신의 개성을 멋있게 연출하기 위해 패션을 통한 이미지 메이킹은 중요한 개념이 되었다. 그뿐만 이 아니다. TV 드라마나 영화, 광고, 잡지 등에서 처음 기획한 이미지를 더욱 잘 전달하고 효과적으로 연출하기 위해 패션 스타일링은 반드시 필요한 요소가 되었다. 본 장에서는 패션 스타일링의 개념과 그 구성요소에 대해 살펴보고, 그 기법을 이미지 맵을 통해 알기 쉽게 설명하고자 한다. 또한 실습을 위해 패션 스타일링의 작업순서와 스타일링 맵의 작성 방법에 관해 알아보고, 그 사례를 제시하고자 한다.

1. 패션 스타일링 이해

1) 패션 스타일링의 개념

1990년대 말에 이르러 IMF 위기와 장기적인 불황을 겪으면서 사회 전반에 걸쳐 풍요로운 생활이란 무엇인지 진지하게 되돌아보는 경향이 두드러졌다. 지금까지 목표로 삼아왔던 이상적인 생활과 가치관이 아니라, 무엇이 자신에게 가장 어울리는지를 모색하고 그것에 충실하고 싶다는 욕구가 커진 것이다. 그 결과 사람들의 패션을 결정짓는 요인도 성별, 직업, 지위보다도 자신의 개성이나 감성, 라이프스타일에 맞는 것을 중시하게 되었다. 그리고 그것은 패션뿐만 아니라 음식과 주거, 레저 등에 이르기까지 보다 넓은 분야로 확대되고 있다.

요즘 소비자들은 상품의 품질과 디자인을 고르는데 높은 안목을 지니고 있기 때문에 유행에 좌우되지 않고, 감성과 품질과 가격의 모든 면에서 만족스러운 것을 선택하고 있다. 또한 개성화와 다양화 현상이 두드러지면서 패션 트렌드 역시 특정 이미지가 아니라 여러 이미지들이 서로 혼합하면서 다양한 방향으로 흐르고 있다. 이와 같은 흐름 속에서 이제 새로운 상품을 새롭게 만들어내는 것만이 패션 디자인의 주요 목적은 아니다. 거리마다, 매장마다, 집안의 옷장마다 넘쳐흐르는 패션 아이템들을 어떻게 변화시키고 제안할 것인지도 패션 디자인의 중요한 분야 중 하나가 된 것이다.

패션 스타일링이란 의복과 액세서리를 단순히 코디네이션 하는 것이 아니라 그 사람의 감성과 라이프스타일에 알맞은 토털 스타일을 완성하는 것을 말한다. 즉 의복과 액세서리를 서로 조화시킨다는 기존의 코디네이션 개념에서 한발 더 나아가, 착용자가 누구이며 어떤 감성과 라이프스타일을 갖고 있는지를 우선하여 생각하는 것을 의미한다. 그리고 그것을 기본으로 하여 패션디자인 감각과 트렌드 경향에 맞추어 머리부터 발끝까지 전체적인 아름다움을 완성해 간다. 따라서 패션 스타일링을 성공적으로 제안하기 위해서는 그것을 구성하는 요소가 무엇인지를 정확하게 이해해야 하며 착용자, 즉 스타일링 타깃에 대한 구체적인 파악이 이루어져야 한다.

2) 패션 스타일링의 구성 요소

패션 스타일링은 의복을 코디네이션 하는 것만으로 완성되지 않는다. 의복을 코디네이션 함으로써 그 사람의 감성과 라이프스타일에 알맞은 토털 스타일을 세우는 것이 중요하다. 토털 스타일이란 모든 요소들을 전체적으로 잘 조화시켜서 원하는 이미지를 표현하는 것을 말한다. 패션 스타일링의 네 가지 구성요소는 그림 4-1과 같다.

(1) 워드로브(wardrobe)

패션 스타일링의 첫 번째 요소는 워드로브이다. 원래 워드로브란 '옷장', '드레스 룸' 등의 뜻이다. 어느 누구의 패션을 스타일링 한다는 것은 우선 그 사람이 어떤 종류의 의복들을 갖고 있는지 파악하는 것부터 시작한다. 따라서 패션에서 말하는 워드로브란 한 사람이 갖고 있는 의복들을 정확히 파악한 후 적절히 코디네이션하고, 앞으로 무엇을 갖추어야 하는지 계획하는 것까지를 의미한다.

의복은 패션 스타일링에 있어서 가장 기본적인 요소로서 입는 사람의 취향,

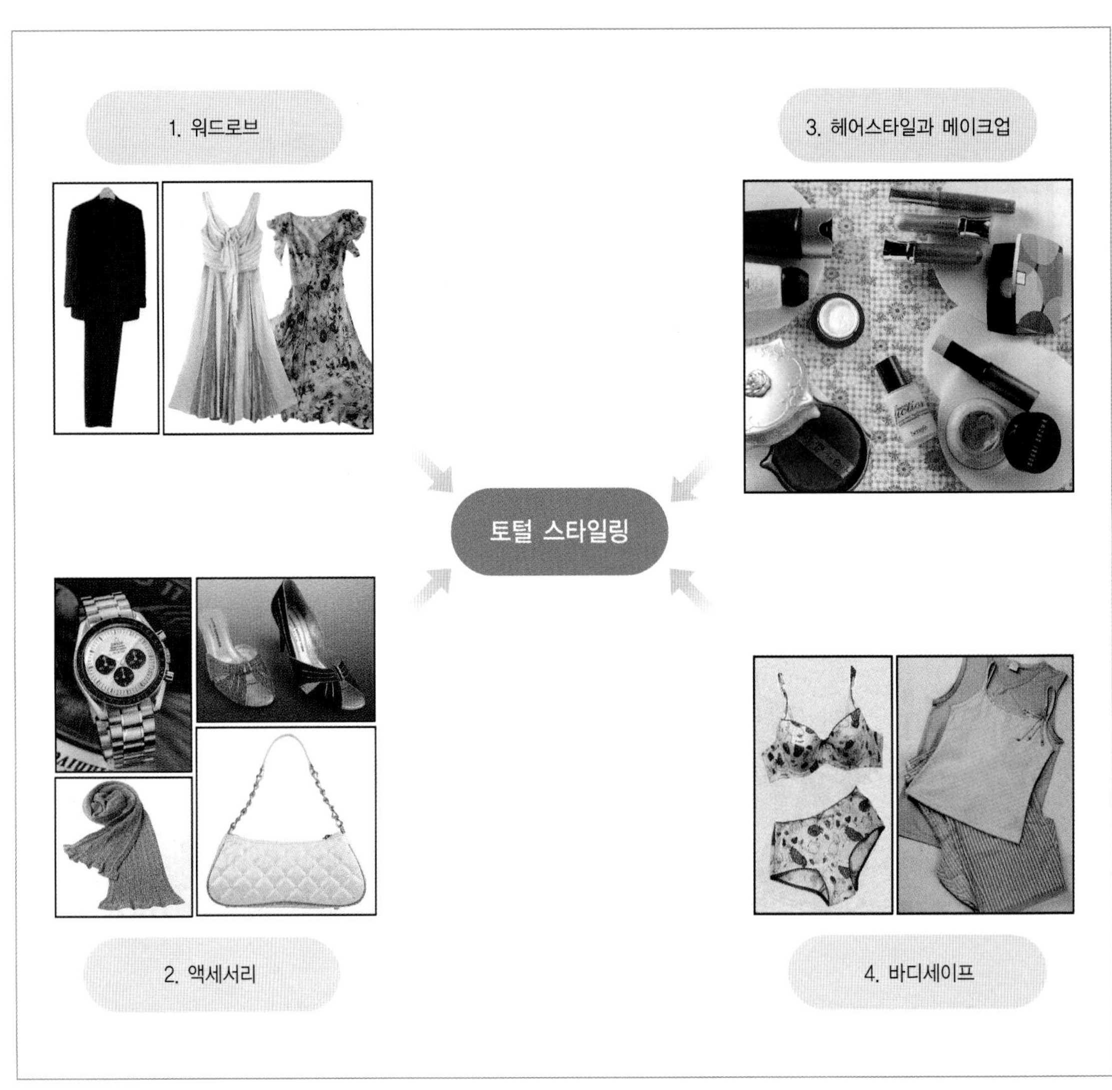

그림 4-1 패션 스타일링의 구성요소

입는 장소와 목적에 따라 그 종류는 다르다. 패션 스타일링과 관련해 볼 때, 의복은 크게 두 가지가 있다. 하나는 원피스와 수트와 같이 한 벌 개념의 의복으로, 흔히 우리가 '정장(正裝)' 이라 부르는 것이다. 또 하나는 흔히 '단품(單品)' 이라 부르는 것으로 다른 아이템과 코디네이션 해서 입어야 하는 것을 말한다. 예를 들면 스커트, 팬츠, 셔츠, 블라우스, 베스트, 재킷 등이 이에 속하며, 영어로는 세퍼레이츠(separates)라 한다.

최근 소비자들은 원피스나 수트와 같은 한 벌 개념의 옷보다도 여러 아이템들을 서로 코디네이션해서 입는 것을 선호한다. 그러면 수없이 많은 의복들을 어떻게 코디네이션 해서 개성을 연출할 것인가. 보다 매력적으로 코디네이션 하기 위해서는 우선 수없이 많은 의복들 중에서 가장 기본이 되는 베이식 아이템(basic item)을 파악해야 한다. 베이식 아이템이란 항상 변화하는 패션의 흐름 속에서도 유행에 관계없이 입어 온 의복들로, 예를 들면 니트 앙상블, 테일러드 수트, 폴로셔츠, 진즈 등 다양하다. 우리가 요리를 할 때에도 쌀, 물, 조미료 같은 가장 기본적인 재료들을 가장 우선적으로 갖추고 있어야 하듯이, 패션 스타일링에 있어서도 가장 기본이 되는 베이식 아이템을 파악하고 준비하는 것이 좋다. 그 후 입는 장소와 목적, 트렌드 등에 맞추어 변화시킨다면 다양한 패션 이미지를 표현해 나갈 수 있다.

(2) 액세서리(accessory)

지금까지 액세서리는 튼튼하고 오래 쓸 수 있는 실용성을 최우선으로 생각해 왔다. 그러나 최근 패션 스타일링을 완성하는 데 있어 액세서리는 빼놓을 수 없는 요소가 되었다. 그 배경에는 사람들의 옷차림이 한 벌 중심으로부터 단품 의복을 코디네이션 하는 것으로 변화함에 따라 액세서리에 대한 관심이 높아진 것을 들 수 있다. 그 외에도 TV나 패션 잡지 등에서 액세서리를 약간 변화시키는 것만으로도 옷차림의 분위기를 바꿀 수 있다는 점을 계속하여 소개한 것도 큰 역할을 했다.

액세서리는 사용목적에 따라 크게 두 가지로 나눈다. 하나는 기능성과 장식성이 함께 필요한 것으로 가방, 모자, 벨트, 스카프, 머플러 등이 속한다. 또 하나는 장식성을 중시한 것으로 목걸이, 펜던트, 반지, 귀걸이 등이 해당된다. 최근에는 안경도 유행에 따라 다양한 스타일로 변화하고 있으며 선글라스 역시 패션 액세서리의 중요한 아이템이 되고 있다.

(3) 헤어스타일과 메이크업(hair style · make up)

얼굴은 신체에서 가장 눈길을 모으는 곳으로서 예로부터 관심의 초점이 되어왔다. 그러나 여성들이 공공장소에서 화장을 한다는 풍습이 확립된 것은 그리 오래된 일이 아니다. 그 배경에는 TV가 보급되면서 화장품 회사들이 적극적으로 광고하기 시작한 것이 하나의 계기가 되었다. 또한 사회생활을 하는 여성들이 늘어나면서, 옷차림을 마무리하기 위해 매일 출근 전에 화장을 한다는 관습이 일반화하였다. 그리고 요즘은 단순히 옷차림을 마무리하는 차원이 아니라 특정 패션 이미지를 표현하기 위해 헤어스타일과 메이크업은 빼놓을 수 없는 것이 되었다.

메이크업이란 살아있는 사람의 얼굴에 화장을 하는 기술이다. 화장의 목적에 따라 그 기술과 방법은 다르나, 무엇보다 그 사람만의 개성을 보다 매력적으로 표현하는 것이 중요하다. 이를 위해서는 우선 얼굴의 특징을 잘 파악하고 그에 따른 메이크업의 지식과 기술을 익혀 두어야 한다. 그리고 피부의 조직과 타입, 손질법 등에 대한 지식을 기초로 하여 전체 메이크업의 이미지를 생각하면서 눈썹, 아이라인, 아이섀도, 볼 터치, 립스틱의 선과 색채 등의 세부적 사항을 결정해 나간다.

헤어스타일을 보다 효과적으로 완성하기 위해서는 그 형태뿐만 아니라 헤어 액세서리와 염색도 고려하여 목적과 장소에 따른 스타일을 구상해야 한다. 헤어스타일은 스트레이트 스타일과 웨이브 스타일로 나누며, 길이에 따라서도 다양하다.

헤어 미용법에는 크게 두피(頭皮)와 두발(頭髮)을 건강하게 유지하기 위한 손질법과 머리 형태를 아름답게 만들기 위한 스타일링법이 있다. 두피와 두발의 상태는 사람에 따라 다르기 때문에 자주 관찰하여 적절하게 관리하는 것이 좋다. 또한 헤어스타일은 얼굴을 아름답게 보여주는 데 큰 역할을 하므로 얼굴형과 개성에 따라 선택해야 하며, 목적과 장소에 알맞게 결정해야 한다.

최근에는 여성에 한하지 않고 헤어스타일과 메이크업에 관한 남성들의 관심도 높아지고 있다. 또한 일상생활 내에서 향기를 즐기는 예가 많아지면서 목적과 장소에 맞추어 향수를 바꾸어 사용하는 사람들이 늘어나고 있다.

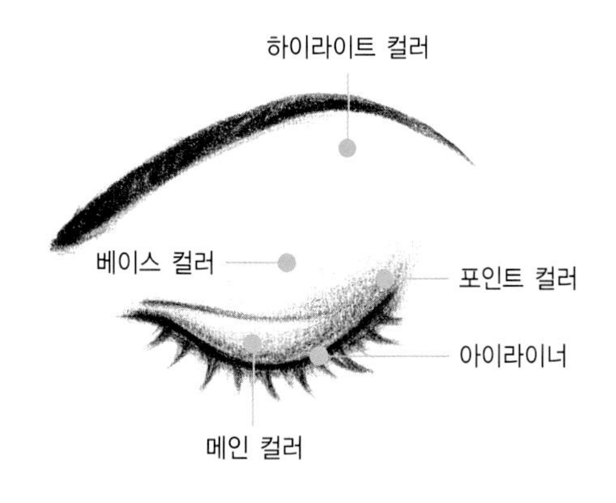

샤도우 바르기

1. 베이스 컬러 : 섀도우의 가장 기본이 되는 색상을 이용하여 눈두덩에 전체적으로 얇게 펴발라 깨끗한 눈매를 만든다. 화이트나 아이보리 컬러가 적당하다.
2. 메인 컬러 : 중간 톤의 섀도우를 이용하여 눈에서 2~3cm 정도 위치까지 자연스럽게 펴서 발라준다.
3. 포인트 컬러 : 메인 컬러와 같은 계열의 색상 중 진한 톤을 이용하여 아이라인을 따라 발라준다.
4. 하이라이트 컬러 : 화이트와 같은 밝은 톤을 이용하여 눈썹 밑의 돌출된 곳에 발라 입체적인 분위기를 연출한다.
5. 아이라이너 : 펜슬이나 리퀴드 아이라이너를 이용하여 눈썹 사이사이를 메우듯이 발라준다. 또렷한 눈매를 연출해 준다.

눈썹 그리기

표준: 고상한/산뜻한

직선적: 젊은/소년 같은

아치형: 우아한/화려한

각진형: 지적인/섬세한

입술 그리기

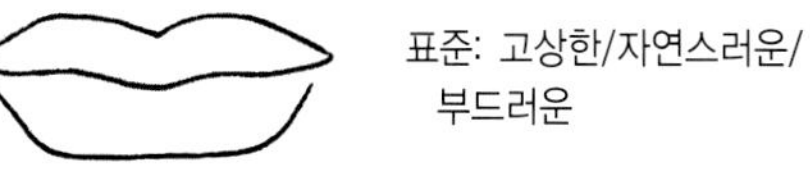

표준: 고상한/자연스러운/부드러운

스트레이트: 경쾌한/지적인/섬세한

아웃 커브: 넉넉한/정열적인/여성스러운

인 커브: 명랑한/젊은

그림 4-2 **메이크업의 기초지식**

표 4-1 .. **얼굴형에 따른 헤어스타일의 분류**

얼굴형	형 태	헤어스타일(short)	헤어스타일(long)	헤어스타일 포인트	이미지
타원형				어느 스타일도 잘 어울리며 다양한 연출이 가능하다.	어른스러운 고상한
둥근형				얼굴이 길어보이도록 윗부분에 볼륨감을 준다.	귀여운 건강한 젊은 친근한
긴형				앞머리를 내리고 양 옆을 부풀린다.	침착한 부드러운 조용한
사각형				윗부분에 볼륨감을 주고, 옆머리로 자연스럽게 각진 부분을 가린다.	쾌활한 건강한 지적인
역삼각형				이마 양쪽을 가려주고 턱 아래 양쪽을 부풀린다.	섬세한 지적인 청순한
삼각형				풍성한 웨이브로 윗부분에 볼륨감을 준다.	넉넉한 여성스러운 부드러운
다이아몬드형				광대뼈가 좁아보이도록 턱과 이마 부분에 볼륨감을 준다.	섬세한 지적인 도시적인

(4) 바디 세이프(body shape)

바디 세이프란 실제 입는 의복으로는 이너 웨어(inner wear), 즉 속옷을 가리킨다. 그러나 넓게는 다이어트를 중심으로 한 식이요법과 헬스와 같은 스포츠를 통한 세이프 업(shape up)의 의미까지 포함한다.

오랫동안 이너 웨어는 디자인보다는 실용성을 위주로 착용해 왔다. 그러나 점차 이너 웨어에도 자신만의 멋과 감성이 요구되면서 보이기 위한 속옷 혹은 속옷의 겉옷화 현상이 나타나고 있다. 특히 실외에서 신체를 노출하는 디자인을 입는 경향이 늘어남에 따라 스트랩리스(strapless)의 브래지어와 홀터넥(halter neck)에 맞춘 디자인의 브래지어가 인기를 모으는 등 이너 웨어의 디자인도 다양화되고 있다.

최근에는 신체를 보정하는 것에서 한 발 더 나아가 세이프 업으로 신체라인 자체를 변화시키는 것으로까지 관심 영역이 확장되고 있다. 따라서 식이 요법에 의한 다이어트가 성행하고 헬스, 요가 등과 같은 각종 스포츠에 적극적으로 참여함으로써 체력을 증진하고 아름다운 신체 라인을 만드는 것이 붐을 이루게 되었다.

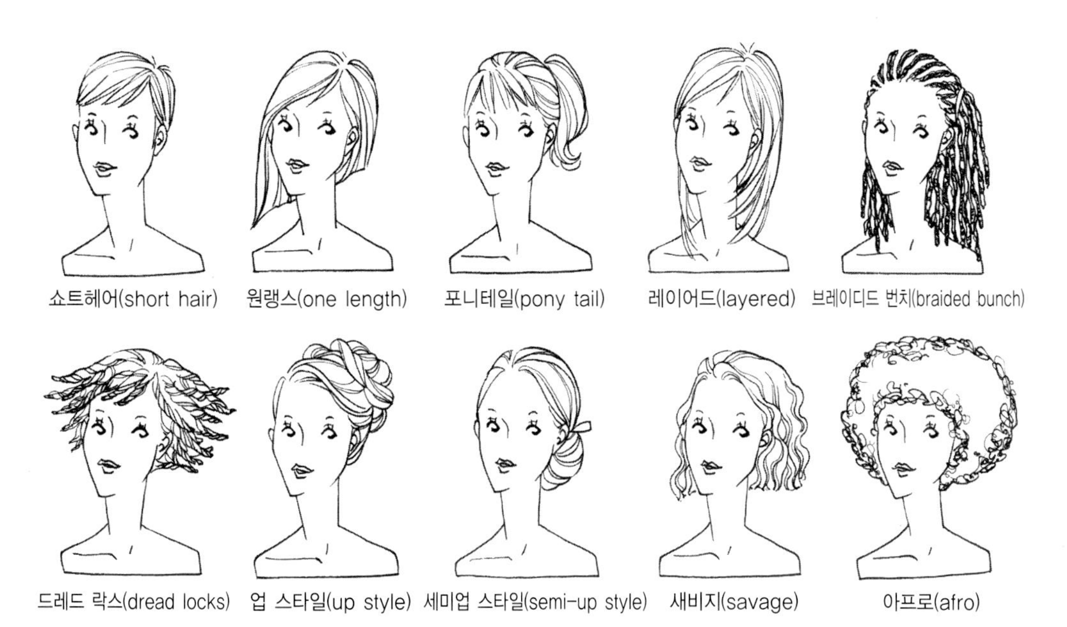

그림 4-3 헤어스타일의 종류

3) 스타일링 타깃

패션 스타일링에서 가장 먼저 생각하고, 많은 시간과 정성을 들여 확인해야 할 것이 착용자, 즉 스타일링 타깃(styling target)이 누구냐에 관한 사항이다.

'타깃' 이란 '표적' 이란 의미이다. 스타일링 타깃이란 패션 매장의 경우라면 '핵심 고객' 을 지칭한다. 그리고 특정한 인물을 대상으로 하여 스타일링하는 경우라면 바로 그 사람이 타깃이 된다. 어떤 경우에서든 그 타깃이 어떠한 욕구를 갖고 있으며, 어떠한 생활을 보내고 있는지 구체적으로 파악하지 않으면 어렵게 계획한 스타일이 실패로 끝날 수 있다. 따라서 각자의 라이프스타일과 감성을 잘 파악하고 그에 맞는 스타일을 제안하는 것이 무엇보다 중요하다.

그러면 스타일링 타깃은 어떻게 파악하면 좋을까. 우리들이 살고 있는 집을 생각해 보자. 그것을 설계하기 위해서는 우선 벽, 천장, 방문, 창문 등과 같은 기본 틀을 구성하고, 그 곳에 커튼, 가구, 식기 등을 여기저기 배치할 것이다. 가령 같은 아파트라 하더라도 벽이나 방문의 색과 재료는 각각 다를 수 있으며, 그 안의 가구나 생활용품 역시 그 취향에 따라 다양하게 구성할 수 있다. 이와 마찬가지로 스타일링 타깃 역시, 벽, 천장, 방문과 같은 기본적인 하드웨어(hardware)와 그 안의 커튼, 의자, 침구 등과 같은 소프트웨어(software)로 나누어 볼 수 있다(그림 4-4).

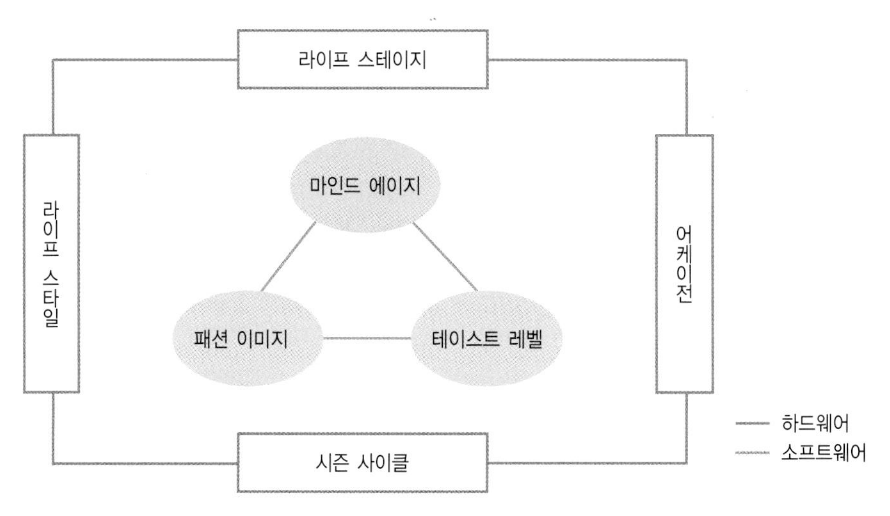

그림 4-4 스타일링 타깃의 두 가지 측면

(1) 하드웨어

패션은 인간의 신체 자체를 장식하는 것이므로 그 사람의 일상생활과 밀접한 관련을 갖는다. 그것이 패션이 갖는 하드웨어로, 라이프 스테이지(life stage), 라이프스타일(life style), 어케이전(occasion), 시즌 사이클(season cycle)과 같은 요소들이 포함된다.

① 라이프 스테이지

라이프 스테이지란 그 사람이 인생의 어느 단계에 있는지에 관한 사항이다. 즉 그 사람이 현재 부모님 밑에서 학교를 다니고 있는지, 사회인이 되었는지, 결혼하여 가정을 갖고 있는지 등을 말한다. 학교를 다닌다 하더라도 고등학생인지 대학생인지에 따라 매일 입는 의복은 다르며, 직장을 다닌다 하더라도 사회 초년생인지, 중역인지에 따라 필요한 패션 스타일도 변화할 것이다.

② 라이프스타일

라이프스타일이란 개인이 지닌 가치관, 살아가는 방식을 나타낸다. 한적한 전원에 살면서 여유로운 삶을 누리고자 하는 사람이 있는가 하면, 도시에서 시대의 변화에 적극적으로 대응하면서 살고자 하는 사람도 있다. 이러한 차이는 일상생활 전반에 뚜렷이 나타날 것이며, 그에 따라 패션 스타일도 달라질 것이다.

③ 어케이전

어케이전이란 원래 '기회' 라는 뜻이나, 패션용어로는 옷을 입는 '장소' 와 '장면' 이라는 의미로 쓰인다. 어케이전은 크게 오피셜 어케이전(official occasion), 프라이빗 어케이전(private occasion), 소셜 어케이전(social occasion)으로 나누어 볼 수 있다.

오피셜 어케이전은 '공적인 장면' 이란 의미로, 일상생활 중에서 사회적인 구속과 제약을 받는 장면을 말한다. 학생이라면 아침에 등교해서 공부하거나 동아리 활동 등을 한 후 하교하기까지의 학교생활이 중심이 된다. 직장인이라면 출퇴근 장면, 직장에서 사무를 보거나 회의, 영업 등을 하는 여러 장면들이 포함된다. 또한 출장을 가거나 직장 관련 모임에 참석하는 것도 이에 해당된다. 한편 전업주부의 경우는 학부모 모임, 친척이나 친지의 집을 방문하

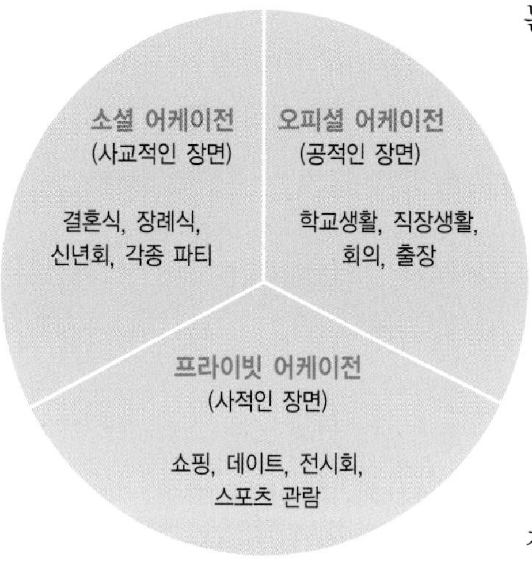

는 등, 아내나 혹은 엄마로서 외출하는 장면을 생각해 볼 수 있다.

프라이빗 어케이전은 '사적인 장면' 이라는 의미로, 일상생활에서 스스로 자유롭게 즐길 수 있는 장면을 말한다. 학생이라면 학교생활을 마치고 집으로 돌아와 가족들과 지내는 장면, 휴일이나 방학을 맞이하여 자유롭게 지내는 장면이 해당한다. 직장인의 경우도 일과 관계없이 친구들과 쇼핑을 하거나 문화센터, 스포츠클럽에 가서 취미를 즐기는 장면 등이 이에 속한다. 전업주부 역시 친구를 만나거나 취미활동을 하는 등의 장면들이 포함되는데, 집안일을 하는 장면도 '사적' 이라는 점에서는 프라이빗 어케이전으로 볼 수 있다.

소셜 어케이전
(사교적인 장면)
결혼식, 장례식,
신년회, 각종 파티

오피셜 어케이전
(공적인 장면)
학교생활, 직장생활,
회의, 출장

프라이빗 어케이전
(사적인 장면)
쇼핑, 데이트, 전시회,
스포츠 관람

그림 4-5 어케이전의 분류

소셜 어케이전은 '사교적인 장면' 이란 의미로, 성인식, 약혼식, 결혼식, 장례식 등과 같은 관혼상제를 비롯하여 신년회, 송년회, 각종 파티 등 평소와는 다른 기분으로 참석하는 장면이라는 뜻이다. 학생의 경우에는 입학식, 졸업식 등도 포함된다. 나이가 들어 사회생활의 경험이 많아질수록 소셜 어케이전은 증가한다.

이처럼 세가지 장면에서 무엇이 어느 정도의 비율을 차지하는지는 그 사람의 연령, 환경, 직업 등에 따라 다르다. 또한 같은 어케이전이라 하더라도 시간, 장소, 만나는 사람 등에 따라 다양한 장면들을 생각해 볼 수 있으며, 이는 패션 스타일에 많은 영향을 미친다.

④ 시즌 사이클

시즌 사이클이란 계절의 변화라는 의미이다. 패션업계에서는 흔히 봄과 여름(S/S), 가을과 겨울(F/W)로 구분하고 그에 따라 트렌드를 예측하며 상품을 구성한다. 최근 시즌리스(seasonless) 패션이라 하여 계절에 관계없이 패션을 즐기는 경향이 늘어나고 있다. 그러나 우리는 일상생활 속에서 날마다 기상의 변화를 참고하여 워드로브를 선택하고 있으며, 각 계절의 감각과 기분을 패션

표 4-2 .. **라이프스타일 및 어케이전 분석사례(young/ young adult)**

구 분	young	young adult
이미지 맵		
특 징	• 학생이므로 학교생활이 중심을 이루지만 여가시간에는 친구들과 쇼핑을 하거나 영화를 본다. • 졸업 후의 취업이 가장 큰 관심거리로 어학원에 다니거나 자격증을 위한 시험공부를 한다. • 컴퓨터와 휴대폰 등 IT 관련 기기를 능숙하게 다루며, 주로 그것을 통해 커뮤니케이션을 꾀한다.	• 자신의 경력을 위해 노력하지만 트렌드에도 민감하여 화제를 모으는 음식점을 즐겨 찾곤 한다. • 건강과 다이어트에 관심이 높아서 퇴근 후 헬스나 요가를 하거나, 다이어트 식단 꾸미기를 좋아한다. • 직장 이외의 사교모임이 많으며, 휴일에는 가까운 근교를 드라이브하기도 한다.
오피셜 어케이전	• 학교생활의 장면 캠퍼스 웨어. 대부분의 경우, 프라이빗 스타일링과 크게 다르지 않다.	• 직장생활의 장면 직종에 따라 다르다. 오피셜 웨어는 청결감과 예절이 중요하며, 최근에는 캐주얼 스타일이 증가하고 있다.
프라이빗 어케이전	• 수업이 없는 날, 휴일의 쇼핑, 데이트, 가족과의 외출 및 여행, 집에서 휴식을 취하는 등의 장면들 자유롭게 스타일링 할 수 있으며, 장면에 따라 다양하다. 흔히 스포티 캐주얼이 중심이 된다.	• 퇴근 후나 휴일의 쇼핑, 데이트, 가족과의 외출 및 여행, 집에서 휴식을 취하는 등의 장면들 퇴근 후에 액세서리나 메이크업으로 변화를 시도하며, 휴일에는 개성에 따라 자유롭게 스타일링 한다. 학생보다는 정장 아이템을 이용한 스타일이 많다.
소셜 어케이전	• 친척의 결혼식, 장례식 등의 관혼상제와 크리스마스 파티 등의 장면들 직장인에 비하면 소셜 어케이전은 적은 편이다. 장면에 따라 다양하나 젊은이 특유의 개성 있는 스타일링으로 각종 파티에 참석하는 예가 늘고 있다.	• 친척의 결혼식, 장례식 등의 관혼상제와 크리스마스 파티 등 크고 작은 사교모임 등의 장면들 사회적 경험과 경력이 쌓일수록 소셜 어케이전은 늘어난다. 모임의 특성에 따라 캐주얼 스타일에서부터 정장 스타일에 이르기까지 다양하다.

으로 표현하고자 한다. 흔히 봄, 여름, 가을, 겨울로 구분하지만, 초봄, 봄, 초여름, 여름, 초가을, 가을, 초겨울, 겨울과 같이 더욱 자세히 구분하기도 한다.

(2) 소프트웨어

사람은 감성을 갖고 있어 아름다움과 즐거움을 느끼고 자신만의 센스와 취미를 중시한다. 그것이 타깃의 감성적인 측면으로 패션 이미지(fashion image), 마인드 에이지(mind age), 테이스트 레벨(taste level), 트렌드 사이클(trend cycle)의 요소들이 있다.

① 패션 이미지

패션 이미지는 '패션 타입', '캐릭터' 라는 뜻으로 그 사람의 취향과 미의식을 나타낸다. 우리 주위를 보면 사랑스럽고 귀여운 페미닌 이미지의 패션을 즐겨 입는 사람이 있는가 하면 활발하고 기능적인 스포티 이미지의 패션을 즐겨 입는 사람이 있다. 같은 사람이라 하더라도 평소에는 단정한 모던 이미지의 수트 차림으로 직장에 나가다가도, 주말에는 에스닉한 판초(poncho)를 입고 변신을 꾀하기도 한다.

이와 같이 패션 이미지는 감각과 감성의 부분인 만큼 그 종류는 아주 다양하며, 같은 사람에게도 다양한 감성이 존재한다. 그림 4-6은 패션업계에서 널리 사용하고 있는 패션 이미지를 여덟가지로 분류하여 소개한다.

② 마인드 에이지

마인드 에이지란 실제의 연령과는 다른, 감성적인 연령을 의미한다. 즉 어떻게 살고 싶으며, 남들에게 어떤 모습으로 비춰지고 싶은지를 나타낸 개념이다. 최근에는 자신의 연령과는 관계없이 항상 젊고 건강하게 살고 싶어 하는 사람들이 늘고 있다. 그리고 그것은 실제의 패션 디자인과 워드로브에 많은 영향을 미치고 있다. 여기서는 패션 업계에서 널리 사용하고 있는 마인드 에이지 분류의 예를 소개한다(표 4-4).

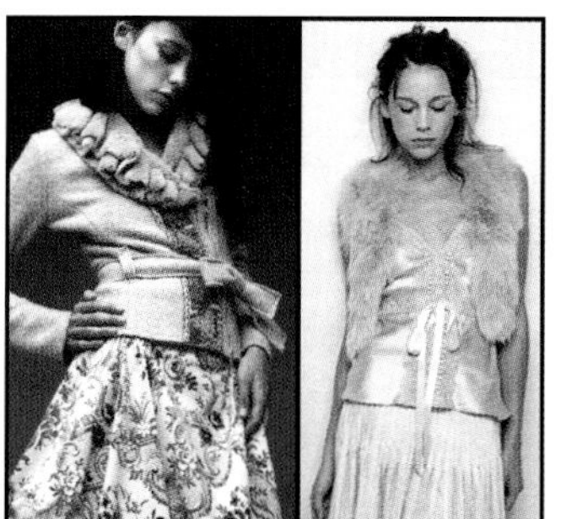

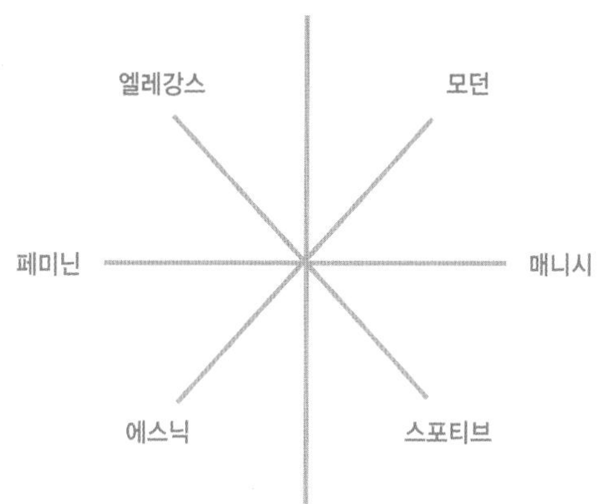

그림 4-6 패션이미지의 분류

표 4-3 .. 마인드 에이지의 분류

호 칭	기준연령	특 징
주니어	13~17세	• 중 · 고등학생. 요즘은 초등학교 고학년부터 포함하기도 한다. 초등학교 고학년~중학교 저학년을 로우 틴, 중학교 고학년~고등학교 저학년을 미들 틴, 그 이상을 하이 틴이라 부른다. 학업 때문에 멋 부릴 여유가 없지만 차츰 자신의 취향이 확실해지면서 개성이 나타나기 시작한다. 취향이 비슷한 친구들끼리 또래집단의 패션을 형성하며, 모방성향이 강하게 나타나 연예인패션 등 일시적 패드의 주역이 된다. 발랄하고 활동하기 편한 스포티 캐주얼이 중심을 이룬다.
영	18~22세	• 대학생과 사회 초년생. 경우에 따라서는 고등학교 고학년을 포함하기도 한다. 멋에 가장 많은 관심을 갖는 연령층으로 흔히 스포티한 캠퍼스 웨어가 중심을 이룬다. 습관과 전통에 구애받기보다는 변화를 좋아하여 자유롭게 패션을 도입해가면서 다양한 스타일을 형성한다. 흔히 영 패션이라 부르기도 한다.
영 어덜트	23~29세	• 대학을 졸업해서 사회생활을 하는 젊은 성인층. 이 연령층부터는 생활 형태가 다양해지면서 여러 가지로 분류가 가능하다. 예를 들면 직업을 가진 경우, 오피스 레이디(OL)라 하거나 '영 커리어'라고도 부른다. 결혼을 한 경우는 '미시', '영 미세스'라 부르기도 한다. 이 연령층이 되면 패션 취향이 성숙, 개성화되면서 자신의 스타일을 확립해 간다. 패션 감각이나 구매력이 뛰어난 소비자층으로 패션 마케팅에서 중요한 연령층이다. 남성의 경우에는 35세까지를 포함하기도 한다.
어덜트	30~44세	• 성숙한 어른이라는 의미로, '미시'와 '커리어'가 이 연령층의 중심을 이룬다. 미시란 패션 감각을 중시하고 옷을 세련되게 입는 결혼 전의 여성이나, 결혼 후에도 자신의 스타일을 확립하면서 패션에 민감한 층을 가리킨다. '커리어'란 전문직을 갖고 독립적인 가치관으로 생활하는 여성을 가리킨다. 이 연령층이 되면 육체적 연령보다는 감성적 연령, 즉 마인드 에이지에 의한 구분이 강하게 영향을 미치게 된다.

호 칭	기준연령	특 징
미들	45~54세	• 중간층, 중류 계급이라는 의미로, 사회에서도 중간 관리직 등에 해당하면서 소득도 늘어나게 된다. 기혼 여성의 경우, '미세스'라 부르기도 한다. 이 연령층이 되면 육체적으로도 변화가 일어나면서 의복에 있어서도 착용감을 중시하기 시작한다. 일반적으로 패션의 취향이 보수적인 경향을 지니게 되는 경우가 많아진다.
시니어	55~64세	• '연상의', '연배의'라는 의미로, 이 연령층에는 일반적으로는 사회생활에서 퇴직하고 자녀들도 성장해서 자립하게 된다. 따라서 사회적 구속이나 자녀양육으로부터 해방되어 제 2의 청춘을 즐기고자 하는 지향이 강하게 나타난다.
실버	65세~	• '실버층', '실버세대'라 부르기도 하며, 노인 인구의 급증에 따라 사회적인 관심을 갖게 된 연령층이다. 시니어층과 함께 건강이 가장 큰 관심거리이며, 패션에 있어서 착용감과 기능성을 중시한다.

③ 테이스트 레벨(taste level)

테이스트란 그 사람의 '맛', '취미', '기호'라는 의미로, 패션에 관한 기호를 말한다. 사람이 성장하면서 습득해 온 감각과 감성의 결정체로, 개인마다 각각 다른 좋고 싫은 것을 나타낸다.

패션 스타일링에서 말하는 테이스트 레벨이란 그 사람이 얼마나 적극적으로 유행을 도입하고 있는지를 의미한다. 최근에는 유행에 관계없이 나만의 개성을 나타내길 원하는 사람들이 늘어나고 있기는 하지만, 또 한편으로는 유행이 더욱 빠르게 변화하면서 우리의 옷차림에 많은 영향을 미치고 있다. 사람들이 유행을 어느 정도 자신의 워드로브에 도입하고 있는지는 다음의 세 가지 단계로 분류한다.

'컨서버티브(conservative)'는 '보수적인'이란 의미로, 유행과는 무관하게 패션의 가장 기본적인 스타일을 선호하는 것을 말한다. '컨템포러리(contemporary)'는 '현대적인', '동시대적인'이란 의미로, 유행에 앞서지도 뒤지지도 않는 스타일을 선호하는 것을 말한다. '아방가르드(avant-garde)'는 '혁신적인'이란 의미로, 최첨단 유행의 스타일을 선호하는 것을 말한다.

2. 패션 스타일링 기법

과연 패션 스타일링에 공식이 있을까. 안타깝게도 확실한 공식을 찾아내는 것은 불가능하다. 그 이유는 다음과 같다. 첫째, 패션은 끊임없이 변화하며 미의 기준 역시 변화하기 때문이다. 따라서 스타일링을 잘 하기 위해서는 언제나 패션의 변화를 빠르게 주시하여 이번 시즌에는 무엇이 새롭게 제시되었는지를 잘 파악하고 응용할 수 있어야 한다. 둘째, 스타일링은 어디까지나 사람이 입어서 완성되는 것으로, 사람은 개인마다 개성과 취향이 각각 다르기 때문이다. 따라서 스타일링의 중심은 그것을 입는 사람에 있다는 것을 염두에 두고, 그 사람의 개성을 이끌어내는 것을 최우선으로 삼아야 한다.

패션 스타일링은 살아있는 것이다. 현대 패션은 매 시즌마다 새로운 스타일을 창조해내며 그것은 곧 개인의 개성으로 이어진다. 그 속에서 수많은 아이템을 어떻게 조화시키고 연출해야 하는지 그 방법을 알기 위해서는 항상 관심을 갖고 정보를 수집해야 한다. 그를 통해 가장 널리 이용할 수 있는 스타일링 기법을 알아두는 것이 중요하다. 그 후 이번 시즌만의 스타일링 특성은 무엇인지, 그 사람만의 개성을 이끌어내기 위한 스타일링 특성은 무엇인지 등을 감각적으로 익혀나가야 한다. 가장 널리 이용할 수 있는 스타일링 기법을 마인드 에이지별, 어케이전별, 패션 이미지별, 체형별로 설명하고 그 예를 각각 들어보면 다음과 같다.

1) 어케이전 스타일링

흔히 'TPO 패션'이라는 말이 있다. 이는 T(time:시간) P(place:장소) O(occcasion:장면, 목적, 기회)의 세 가지 요소에 대응한 패션이란 의미이다. 우리는 매일 수많은 시간과 장소에서 여러 사람들과 만나면서 다양한 장면을 보내고 있다. 최근에는 캐주얼화가 진행하면서, TPO에 관계없이 옷을 입는 사람이 늘어나고 있다. 그러나 보다 패션을 즐기기 위해서는 시간, 장소, 장면에 어울리는 스타일링으로 자신을 연출할 줄 알아야 한다.

그 중 어케이전이란 마치 영화의 한 컷과도 같이, 일상생활 속에서 펼쳐지는 각각의 '장면' 들을 말한다. 그것이 어떠한 장면인가는 각 개인마다 다르며, 같은 사람이라 하더라도 언제, 어디서, 누구와 함께 하느냐에 따라 그 특성도 변화한다.

패션과 관련해 보면 어케이전은 오피셜 어케이전에서 입는 스타일, 프라이빗 어케이전에서 입는 스타일, 소셜 어케이전에서 입는 스타일로 나누어 볼 수 있다. 이 세 가지 어케이전은 그 사람의 연령이나 생활하는 환경, 직업에 따라 큰 차이가 있으나, 가장 대표적인 예를 알아보면 다음과 같다.

(1) 오피셜 어케이전 스타일링

오피셜이란 '공식적인', '직무상의' 라는 의미로, 오피셜 웨어란 사회인으로서 책임과 의무를 행할 때 입는 의복을 말한다. 학생의 경우에는 흔히 캠퍼스 웨어가 해당하며, 직장인의 경우에는 흔히 말하는 오피셜 웨어, 비즈니스 웨어, 커리어 웨어 등이 이에 속한다. 오피셜 웨어의 가장 전형적인 예는 비즈니스 수트, 화이트셔츠, 넥타이로 구성된다. 따라서 여성의 경우도 이를 기본으로 한 테일러드 수트가 대표적인 예로 그 외에도 블레이저, 원피스 드레스, 니트 앙상블 등 그 범위는 다양하다.

오피셜 웨어라 하더라도 직종에 따라 또는 같은 직종이라 하더라도 그 날의 행사와 만나는 사람 등에 따라 스타일링이 달라진다. 예를 들면 패션 잡지의 편집이나 디자인 작업을 하는 사람이라면 보수적인 스타일보다도 캐주얼한 스타일을 입는 것이 보다 창조적인 발상 능력을 높이는데 도움이 될 수 있다. 또한 같은 사무를 위한 것이라 하더라도 거래처 상담이나 프레젠테이션 등이 있는 날에는 보다 더 지적이고 신뢰감을 주는 옷차림이 필요하다.

최근에는 자유로운 감성을 중시하는 사회적 경향과 주 5일 근무제의 실시 등으로, 일반 기업들도 직원들의 창조성을 높여주는 편안하고 개성 있는 캐주얼 웨어를 허용하는 추세이다. 여기서는 오피셜 어케이전 중에서 제약과 구속이 비교적 큰 컨서버티브 스타일과 자유스러움과 개성을 중시한 컨템포러리 스타일로 나누어 살펴보기로 한다.

컨서버티브 오피스 어케이젼 스타일

워드로브

중요한 회의가 있는 날, 테일러드 수트는 가장 적당한 아이템이다. 자유롭게 변화 가능한 블랙, 화이트, 네이비, 베이지, 브라운 등의 컬러가 좋다. 소재는 무지가 좋으며, 무늬가 있는 경우에는 글렌 체크(glen check), 하운즈 투스(hound's tooth) 등을 선택한다. 그 밖에도 프란넬(flannel)이나 트위드(tweed) 소재의 샤넬 수트는 고상한 여성스러움을 표현한다. 심플한 원피스 위에 테일러드 재킷을 입으면 지적인 분위기를 줄 수 있다.

액세서리

그레이 수트에 잘 어울리는 심플한 매니시 백과 구두. 버클 장식의 로퍼(loafer) 타입의 구두는 편안함을 위해 4cm의 힐이 적당하다. 액세서리는 너무 화려한 것보다는 심플하고 고상한 골드, 실버 장식을 선택한다. 밝은 색상의 스카프를 곁들이는 것도 좋다.

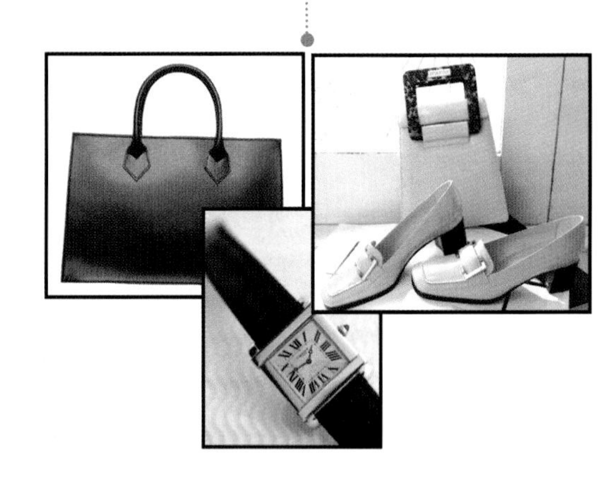

헤어스타일과 메이크업

모던하고 샤프한 미디엄-쇼트 길이의 헤어스타일. 머리끝에 층을 둔 레이어드 스타일이 좋으며, 윤기 있는 머릿결을 강조한다. 메이크업은 눈썹산을 2/3 지점에 두어 그려 지적인 이미지를 나타낸다. 립스틱은 너무 눈에 띄는 색은 피하고 매트(matt)한 핑크계열의 색으로 건강미를 표현한다.

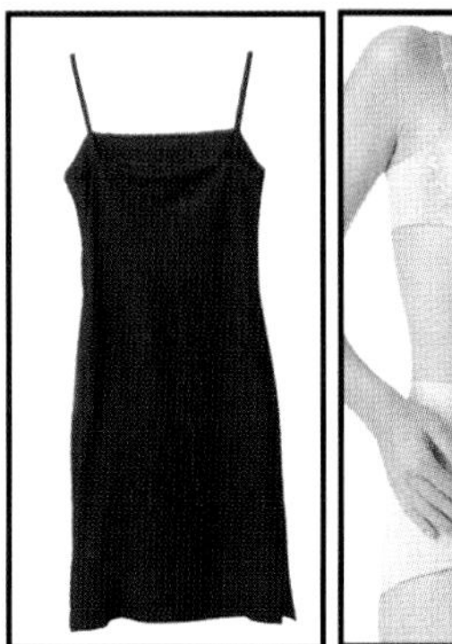

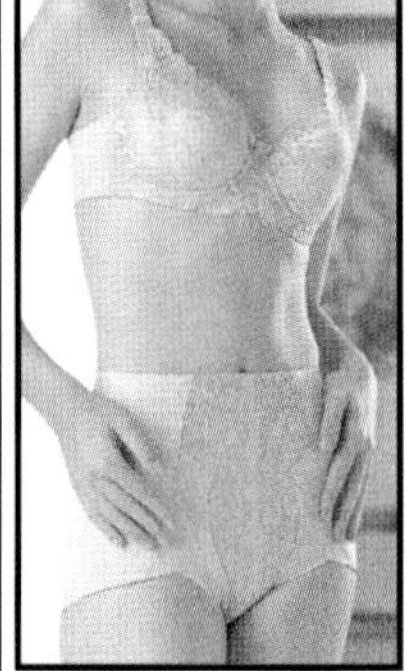

바디셰이프

심플한 연한 핑크, 베이지, 블랙 컬러의 브래지어와 팬티가 좋으며. 장식성보다는 기능성을 우선으로 한다. 그 위에 슬립을 입어 겉옷의 실루엣 라인을 아름답게 보정한다.

컨템포러리 오피스 어케이전 스타일링

워드로브

캐주얼한 금요일, 심플한 셔츠와 팬츠 위에 캐주얼한 재킷을 입는다. 컬러는 블랙, 네이비, 브라운, 베이지 등, 배색하기 쉬운 컬러를 사용한다. 더욱 캐주얼한 느낌을 주고 싶다면 상의를 진하게, 하의를 연하게 하거나 밝은 색상의 티셔츠를 입으면 좋다. 소재는 워셔 가공한 면과 울, 스트레치성이 있는 것 등, 입고 활동하기 편한 것을 선택한다.

액세서리

가방은 룩색이나 캐주얼한 숄더백을 선택한다. 구두는 매니시 감각의 옥스퍼드나 로퍼, 앵클 부츠가 적당하다. 다소 대담한 디자인의 펜던트와 귀걸이를 사용하는 것도 좋다.

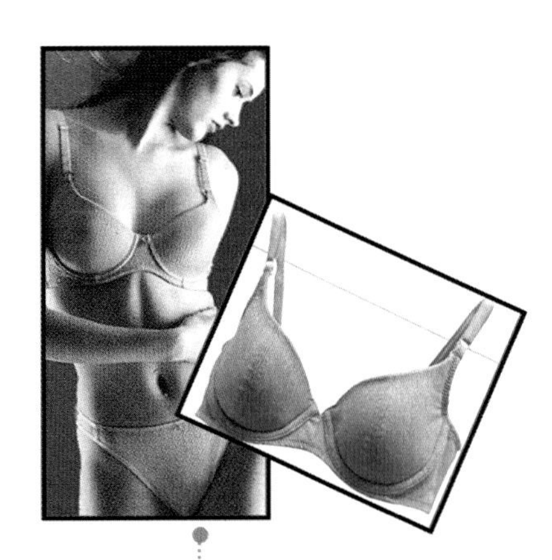

헤어스타일과 메이크업

가볍게 층을 낸 미디엄 길이의 레이어드 헤어스타일. 메이크업은 내추럴한 느낌을 강조한다. 립스틱과 볼 터치는 오렌지 컬러를 선택하여 밝고 활발한 인상을 준다.

바디셰이프

피트되는 티셔츠를 입는 경우 바스트 라인을 위해 봉제선 없는 브래지어가 좋다. 스트레이트 팬츠를 입는 경우라면 소프트 타입의 롱 거들을 입어 아름다운 실루엣을 표현한다.

(2) 프라이빗 어케이전 스타일링

프라이빗이란 '사적인, 개인적인' 이라는 의미로, 자신의 환경으로부터 받는 구속과 제약으로부터 벗어나 자유롭게 행동하고 패션을 즐길 수 있는 장면이다. 이 프라이빗 어케이전은 어디서, 누구와, 무슨 목적으로 시간을 보내는지에 따라 개성의 연출방법도 다양하다. 프라이빗 어케이전은 크게 홈(home), 레저와 스포츠, 타운(town)으로 나눌 수 있다.

① 홈 어케이전

현대사회 속에서 가정은 축적된 스트레스를 치유하고 심신을 원래의 상태로 되돌리기 위한 장소로서 그 중요성이 커지고 있다. 그와 함께 가정생활을 테마로 한 인도어 라이프(indoor life) 산업이 주목을 받고 있다. 커튼, 벽지, 의자 등의 인테리어 용품이나 욕실용품, 식기류와 같은 잡화 등이 인기를 모으고, 홈 파티를 위한 요리와 테이블 세팅이 화제에 오르는 것을 예로 들 수 있다.

홈 어케이전을 위한 패션으로는 취침을 위한 잠옷, 편안하면서도 손님접대시에도 실례가 되지 않는 라운지 웨어(lounge wear), 집 근처 쇼핑 등에 입고가기 위한 원 마일 웨어(one mile wear) 등이 있다. 특히 최근에는 단순히 휴식을 위한 기능만이 아니라 패셔너블 하면서 편안함도 있는 패션에 대한 요구가 급증함으로써 홈웨어 역시 예전보다 다양해지고 있다.

② 레저와 스포츠 어케이전

레저는 '짬', '여가' 의 뜻으로, 전체 시간에서 기초생활을 위해 필요한 시간과 일하는 시간을 뺀 나머지 시간을 가리킨다. 스포츠, 독서, 여행 외에도 창작활동이나 교제 등과 같은 다양한 레저 활동들은 개인이 자유롭게 사용할 수 있는 시간이다. 그리고 자기개발, 자기실현을 위한 귀중한 시간이라 할 수 있다. 따라서 최근에는 건강지향, 스트레스 해소, 자연회귀 등과 같은 다양한 요인을 배경으로 하여 레저를 위한 시간이 주목을 모으고 있다.

레저 어케이전을 위한 패션에는 리조트 웨어(resort wear), 아웃도어 웨어(out door wear), 트래블 웨어(travel wear) 등이 있다. 이들 패션에 공통되는 특징은 '자기 회복' 을 위한 패션이라는 것이다. 따라서 쾌적하고 개성적이고 즐거우며, 패셔너블한 특징이 요구된다. 리조트 웨어란 흔히 피서지와 피한지 등에서 입는 의복이란 뜻으로 사파리 재킷, 마린 T셔츠, 다운 재킷 외에도 해안이나 스키장 등에서 보이는 대담하고 화려한 캐주얼 웨어가 그 예이다. 아웃 도어 웨어란 캠프, 사이클링 등과 같은 아웃 도어 레저를 위한 패션이란 뜻이다. 그리고 트래블 웨어란 여행을 위한 패션이란 의미로 여행의 목적과 특성에 따라 다양한 스타일이 있다.

이에 비해 스포츠 어케이전을 위한 패션으로는 '두 스포츠 웨어(do sports wear)', '액티브 스포츠 웨어(active sports wear)'라 하여 실제로 스포츠를 하는 경우의 패션을 말한다. 예를 들면 조깅복, 테니스복, 스키복, 수영복에서부터 축구복, 야구복, 등산복 등에 이르기까지 스포츠의 수만큼 그 종류가 아주 다양하다. 요즘은 익스트림 스포츠(extreme sports)라 하여 극한 상황에서 위험을 무릅쓰고 고난도의 묘기를 즐기는 스포츠가 젊은이들 사이에서 유행하고 있으며, 그와 함께 익스트림 스포츠 웨어도 인기를 모으고 있다.

스포츠 웨어는 신체를 움직이는 만큼 신축성, 내구성, 견뢰성, 보온성, 흡습성, 통기성 등 각 스포츠의 특성에 알맞은 기능성이 필요하다. 이러한 스포츠 웨어의 기능성은 활동성과 실용성을 중시하는 현대인의 생활과 조화를 이루어, 1970년대 무렵부터 스포티브 룩(sportive look)이 크게 유행해 왔다. 스포티브 룩은 스포츠 웨어를 아이디어 원천으로 하여 새롭게 디자인한 캐주얼 웨어이다. 이에 비해 스포츠 룩은 오로지 스포츠 웨어로 스타일링 한 패션을 가리킨다.

③ 타운 어케이전

타운은 '마을'이란 의미로, 타운 웨어란 사적인 목적으로 가볍게 외출하는 장면을 위한 패션을 말한다. 타운 어케이전은 친구와 영화를 보거나 윈도우 쇼핑을 하는 장면, 이성친구와 레스토랑에서 식사를 하는 장면 등 아주 다양하다. 따라서 타운 웨어는 만나는 상대와 장소에 따라 다양하게 변화시킬 수 있다는 즐거움이 있다. 또한 비즈니스 웨어와 같이 패션 트렌드를 반영한 도시적인 감각을 특징으로 하고 있지만, 비즈니스 웨어보다 더욱 자유롭고 개성적으로 연출할 수 있다는 장점을 지닌다.

홈 어케이전 스타일링

워드로브

요리나 청소를 하고 책을 읽고 음악을 듣는 등, 집에서 휴식을 취할 때의 워드로브는 편안함이 가장 중요하다. 촉감이 좋은 면 셔츠나 여유 있는 실루엣의 원피스, 컬러는 릴랙스 감각을 위해 뉴트럴 톤(neutral tone)이나 밝은 색상을 선택한다. 그 위에 카디건을 걸친다면 라운지 웨어나 원 마일 웨어로도 적당하다.

액세서리

릴랙스 감각을 위해 액세서리는 가급적 피한다. 단 귀엽고 재미있는 양말이나 슬리퍼로 색다른 즐거움을 줄 수도 있다.

헤어스타일과 메이크업

가장 편안한 상태로 한다. 롱 헤어는 앞머리만 살짝 핀을 꼽던지, 뒤에서 자연스럽게 묶어서 릴랙스한 이미지를 준다. 메이크업은 자외선 차단 효과가 있는 로션과 엷은 색의 립 글로스만으로 내추럴한 느낌을 나타낸다.

바디세이프

착용감이 좋은 면 저지의 캐미솔과 박서 쇼츠만으로 편안함을 중시한다.

레저 & 스포츠 어케이전 스타일링

워드로브

친구들과 가까운 근교로 캠핑을 가는 날, 따뜻한 느낌의 아웃도어 웨어로 스타일링 한다. 하의는 빈티지풍의 진즈나 카고 팬츠, 그 위에 스웨터나 프린트 셔츠를 입는다. 겉옷으로 방한, 방우 기능의 점퍼나 니트 카디건을 선택한다. 그 안에 후드가 달린 스웨트 셔츠나 베스트를 레이어드 한다면 더욱 멋을 살릴 수 있다.

액세서리

바람을 막고 자외선을 차단하기 위해 모자와 선글라스를 준비한다. 가방은 스포티한 룩색, 보스턴백, 토트백 등을 선택한다. 크기는 조금 큰 것으로 하여 간단한 식사와 보온병을 넣을 수 있도록 한다. 그 외 스니커, 워크 부츠, 손뜨개풍의 니트 머플러와 숄은 아웃도어의 분위기 연출을 위한 필수 아이템이다.

헤어스타일과 메이크업

내추럴하고 보이시한 쇼트 헤어나 자연스럽게 빗어 묶은 듯한 헤어스타일이 좋다. 메이크업은 가볍게 눈썹을 그린 정도의 내추럴한 느낌이 적당하지만, 마스카라를 하고 오렌지 컬러의 립글로스를 바른다면 발랄한 이미지를 표현할 수 있다.

바디셰이프

탱크 탑 형태의 브래지어와 팬티. 브래지어는 패드가 두껍게 들어가지 않은 것으로 하고, 팬티도 고무 밴드가 있는 것을 선택하여 편안함을 중시한다.

타운 어케이전 스타일링

워드로브

남자친구와 데이트하는 날, 여성스럽고 귀여운 느낌을 살려서 스타일링 한다. 노 슬리브의 니트 셔츠와 니트 앙상블은 다양하게 변화 가능한 베이식 아이템이다. 조금 추운 경우를 대비해서 스톨(stole)이나 니트 카디건을 준비한다.

액세서리

편안하게 들 수 있는 토트백이나 숄더백이 적당하다. 구두는 뒤꿈치가 노출된 뮬(mule)이나 굽이 있는 슬리퍼로 페미닌하게 연출한다. 밝은 색상의 작은 꽃무늬나 귀여운 캐릭터의 지갑, 손수건, 스카프 등을 곁들이는 것도 좋다.

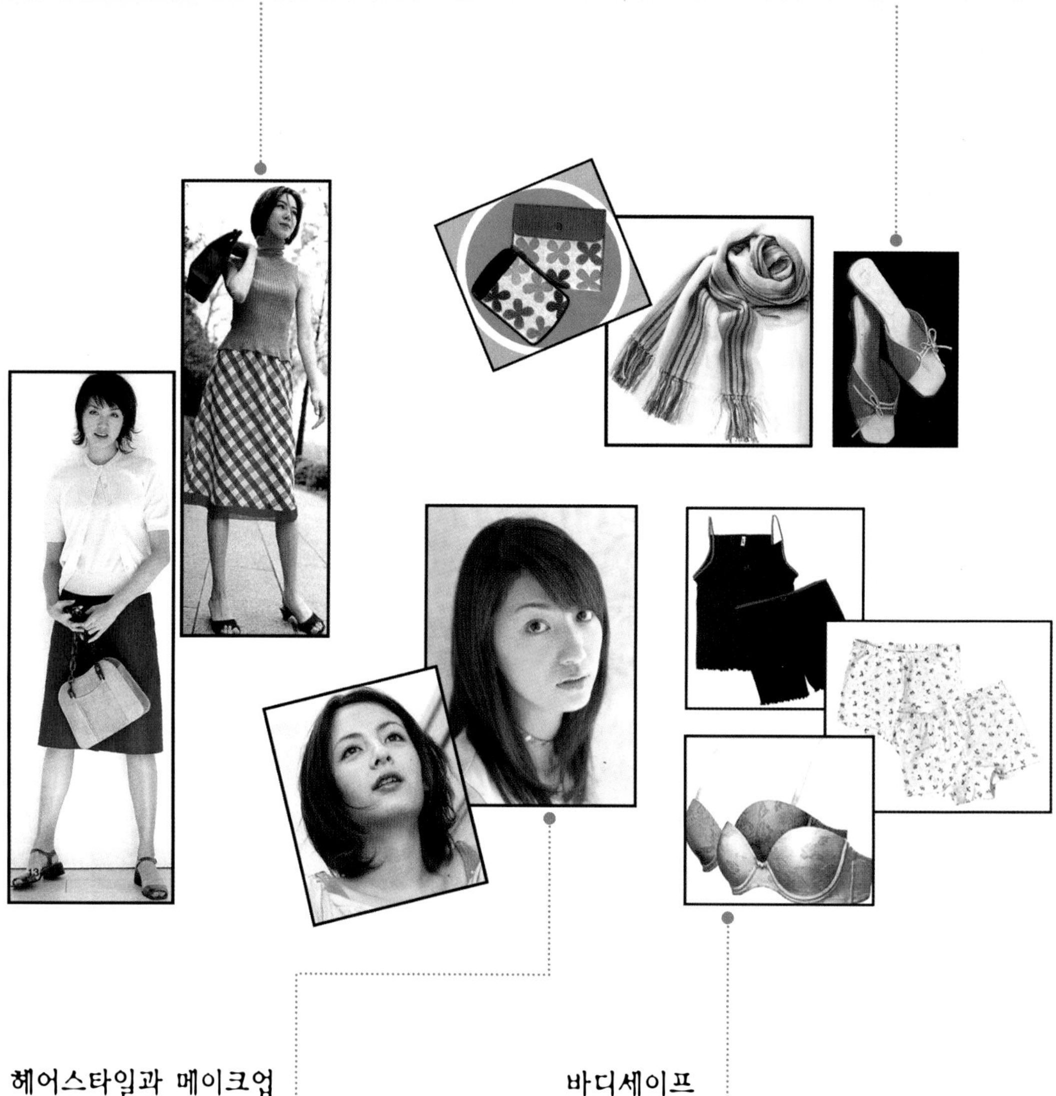

헤어스타일과 메이크업

자연스럽게 볼륨을 넣은 레이어드 스타일 또는 단정한 스트레이트 헤어로 여성스러움을 강조한다. 메이크업은 투명한 것을 기본으로 하되, 연한 핑크나 오렌지 빛의 립글로스와 볼터치로 여성스럽고 귀여운 느낌을 강조한다.

바디셰이프

피트되는 니트 셔츠를 위해 봉제선이 없는 브래지어를 선택한다. 그 위에 레이스와 리본 장식이 있는 귀여운 캐미솔을 입는다.

(3) 소셜 어케이전 스타일링

소셜 어케이전은 관혼상제(冠婚喪祭)와 그 외 엄숙한 예식, 파티 등의 장면들을 말한다. 예를 들면 결혼식, 피로연, 장례식 외에도 크리스마스 파티, 동창회 등 크고 작은 사교 모임 등이 이에 해당한다.

소셜 어케이전을 위한 패션은 제약과 구속이 많다는 특징을 지니나, 그 정도는 경우에 따라 다르다. 예를 들어 사교 모임이라 하더라도 비공식적인 행사라면 개성 있는 캐주얼한 스타일도 허용되는 경우가 있으나, 공식 행사의 경우는 사회적으로 정해진 규칙을 따른 패션이 요구된다. 즉 소셜 어케이전을 위한 패션을 스타일링 하는 경우에는 모임의 성격을 잘 파악하고 그에 알맞은 스타일을 플래닝해야 할 것이다.

소셜 웨어에는 애프터눈 드레스(afternoon dress), 칵테일 드레스(cocktail dress), 애프터 파이브 드레스(after five dress), 파티 드레스(party dress) 등이 있다. 이들은 디자인 면에서 엄밀한 구분은 없고, 단지 모임의 특성을 디자인에 반영한 것이다. 예를 들면 애프터눈 드레스는 오후에 열리는 정식 모임에 참여하기 위한 소셜 웨어를 말한다. 또한 칵테일 드레스는 식사없이 주류(酒類)를 중심으로 한 저녁 파티에 착용하는 드레스라는 뜻이다. 애프터눈 드레스보다는 정식의 차림이 요구되지만, 이브닝 드레스보다는 약식의 스타일을 특징으로 한다. 애프터 파이브 드레스는 저녁 5시 이후에 착용하는 소셜 웨어의 총칭으로, 애프터 식스라 부르기도 한다. 그리고 파티 드레스란 사교상의 다양한 파티에 출석할 때 입는 의복이란 뜻으로, 소셜 드레스와 거의 같은 의미를 갖고 있다.

그 외에도 흔히 말하는 포멀 웨어(formal wear)란 가장 격식있는 장소를 위한 의복이라는 뜻으로, 소셜 웨어 중 하나라 할 수 있다. 남성의 경우는 연미복(燕尾服), 여성복은 이브닝 드레스가 해당된다. 그러나 최근에는 포멀한 옷차림만을 필요로 하는 모임보다는 개성적으로 자유롭게 스타일링 할 수 있는 캐주얼한 파티가 늘고 있다.

여기서는 격식을 중시한 '포멀 파티 어케이전' 과 약간 부담 없이 참석할 수 있는 '캐주얼 파티 어케이전' 을 그 예로 하여 각각의 스타일링을 알아보았다.

포멀 파티 어케이젼 스타일링

워드로브

호텔에서 열리는 포멀 파티에는 모노톤의 새틴 드레스, 그 위에 캐시미어의 숄이나 모피코트를 걸친다면 더욱 엘레강스 하면서도 화려한 멋을 연출할 수 있다. 드레스는 너무 화려한 것보다는 전체적으로 심플하면서 네크라인이나 헴라인에 장식을 곁들인 것이 은은한 멋이 있다.

액세서리

심플한 드레스를 우아하게 연출해 주는 것은 진주 액세서리. 레이스의 장갑과 메탈이나 비즈 장식의 포멀백을 곁들인다면 더욱 분위기를 더해 줄 수 있다.

헤어스타일과 메이크업

업 스타일이나 세미업 스타일에 진주나 비즈장식을 하여 화려함을 더해준다. 메이크업은 눈꼬리를 강조한 아이라인과 진한 레드 컬러의 립스틱으로 우아한 여성스러움을 표현한다.

바디셰이프

드레스의 네크라인이 깊게 파인 경우, 스트랩리스 브래지어를 착용한다. 그 위에 드레스의 실루엣을 살리기 위한 파운데이션을 입는다. 컬러는 드레스에 맞춘다.

캐주얼 파티 어케이전 스타일링

워드로브

레스토랑에서 열리는 캐주얼 파티를 위해서는 대담하고 개성 있는 미스매치 감각으로 스타일링 한다. 레드, 블루 등과 같은 화려한 색상의 페미닌 드레스에 니트 베스트, 퍼 케이프, 데님 재킷 등을 입는다면 캐주얼하면서도 색다른 멋을 연출할 수 있다.

액세서리

액세서리를 선택할 때 전체적으로 색상을 맞추는 것이 중요하다. 조금 색다른 디자인이라면 더욱 분위기를 강조할 수 있다.

헤어스타일과 메이크업

웨이브를 살린 롱 헤어나 볼륨감 있는 업 스타일과 같은 개성적인 스타일이 좋다. 메이크업도 눈과 입술에 펄이 들어간 핑크 컬러를 발라 달콤한 화려함을 준다.

바디셰이프

이너 웨어를 선택할 때에는 드레스 컬러에 맞춘다. 드레스의 네크라인이 깊게 파인 경우, 스트랩리스 브래지어를 착용한다.

2) 패션 이미지 스타일링

패션 이미지는 '패션 타입', '캐릭터' 라는 의미로, 그 사람의 취향과 미의식을 나타낸다. 즉 패션 이미지는 인간의 감각과 감성에 의한 부분이기 때문에 각양각색이며 같은 사람에게도 다양한 감성이 존재한다.

그러면 패션 이미지는 어떻게 파악해야 할까. 우선 패션 이미지는 선과 형태, 색상, 소재가 한데 어우러져 나타난다. 예를 들면, 그레이 컬러의 트위드로 만든 스트레이트 실루엣의 테일러드 수트는 클래식한 이미지가 있으며, 가슴에 프릴을 장식한 레드 컬러의 새틴 원피스는 페미닌한 이미지가 있다.

그러나 패션 스타일링의 차원에서 생각해 보면 워드로브뿐만 아니라 그 외 액세서리, 메이크업과 헤어스타일, 바디세이프 전체를 포함한 차원에서 파악해야 하므로 더욱 복잡해진다. 예를 들면 스포티한 이미지의 워드로브는 스포티한 이미지의 액세서리, 메이크업과 헤어스타일, 바디세이프를 조화시키면 비교적 쉽게 패션 스타일링을 완성할 수 있다. 그런가 하면 모던 이미지의 워드로브에 에스닉 이미지의 액세서리, 메이크업과 헤어스타일을 조화시키는 예와 같이 전혀 반대의 이미지를 더해줌으로써 아주 새로운 이미지를 창출해 내는 방법도 있다. 이러한 방법은 '미스매치(mismatch)' 라 하여 종래와는 다른 '부적당한 조화' 를 꾀함으로써 의외성을 부여하고 흥미를 유발하기 위해 사용된다.

이와 같이 패션 이미지 스타일링 기법은 복합적이고 다양하다. 그리고 패션의 흐름과 마찬가지로 유동적이다. 이러한 패션 이미지를 잘 파악하고 응용하기 위해서는 자신이 갖고 있는 이미지의 폭을 넓히려는 노력이 중요하다. 이미지는 '마음에 그리는 영상' 과도 같아서 개인마다 무한히 축적되어 있다. 따라서 그 이미지에 관련한 사진이나 문자, 영상물 등을 통해 점차 이미지의 폭을 넓혀 가야 한다. 특히 복식사 안에서 매 시즌 등장했다가 사라졌던 수많은 스타일들을 살펴보고, 그 속에 나타난 패션이미지들의 공통점과 특이점들을 찾아보는 것도 도움이 된다.

다음에 제시하는 여덟개의 패션이미지 분류는 지금까지 등장했던 스타일들에서 나타난 공통적인 미의식을 기본적으로 분류한 것이다. 각 이미지의 대표적인 스타일링 방법을 알아보면 표 4-4와 같다.

표 4-4 .. 패션 이미지별 스타일링 기법

이미지명	전체적 특징	키워드	아이템	색	소 재
클래식 이미지 패션 스타일링	고전적, 전통적이란 의미로 패션에서는 유행에 좌우되지 않고 긴 시간동안 애용되어 온 차림을 말한다.	• 기본적인 • 정통적인 • 전통적인 • 진품지향의 • 신사적인	• 테일러드 수트 • 트렌치 코트 • 샤넬 수트 • 스웨터와 카디건의 앙상블	• 다크 톤 • 디프 톤 • 네이비 • 와인레드 • 그린	• 개버딘 • 캐시미어 • 하운드투스 • 타탄체크 • 펜슬 스트라이프
엘레강스 이미지 패션 스타일링	세련된, 우아한, 기품 있는 등의 의미로 패션에서는 성인 여성의 섬세하고 고상한 이미지를 가르킨다.	• 상류사회의 • 오트쿠튀르 • 귀부인 • 다이애나비 • 그레이스 켈리 왕비	• 샤넬 수트 • 크리스티앙 디오르의 뉴 룩 • 이브닝 드레스	• 라이트 그레이시 톤 • 그레이시 톤 • 뉴트럴 톤	• 태피터 • 벨벳 • 조젯 등 얇고 비치는 소재 • 물방울 무늬 • 꽃무늬
페미닌 이미지 패션 스타일링	여성스러운, 아름다운 등의 의미로 패션에서는 여성적인 섬세함과 부드러움을 표현한 스타일을 말한다. 소녀와 같은 귀여운 이미지, 섹시하고 대담한 이미지 등 다양하다.	• 로맨틱한 • 공상적인 • 감미로운 • 귀여운 • 순진무구한 • 섹시한	• 프릴, 개더, 자수 장식된 블라우스, 원피스, 스커트 • 슬립 원피스 • 코사지, 리본 장식	• 라이트 톤 • 라이트 그레이시 톤 • 빨강, 분홍, 주황 등 난색 계열	• 레이스, 오간자, 보일 등 얇고 비치는 소재 • 물방울 무늬 • 꽃무늬
에스닉 이미지 패션 스타일링	민족적인, 이방인의, 이교도의 등의 의미로 패션에서는 도시문명과 반대되는 소박하고 전원적인 민족문화를 도입한 자연의 온기가 느껴지는 스타일을 말한다.	• 에콜로지 • 원시적인 • 자연적인 • 오리엔탈의	• 차이니즈 드레스, 기모노, 사리 등 각국의 민족복에서 아이디어를 얻은 아이템 • 나뭇잎, 조개, 동물뼈 등의 액세서리	• 차이니즈 블루와 레드 • 나무, 모래, 바다 등 자연의 색 • 인디고 블루 등 천연염색	• 면, 마, 모 등 천연소재 • 이캇, 사라사 등 각국의 전통적인 무늬 • 나뭇잎, 조개 등 자연조형무늬
아방가르드 이미지 패션 스타일링	군대의 전위부대를 일컬으며, 유럽에서 일어난 혁신적인 예술운동의 총칭이다. 패션에서는 격식과 전통에 구애받지 않은 독창적이고 기발한, 유행의 첨단을 걷는 스타일을 말한다.	• 초현실주의 • 반체제 • 모즈 룩 • 펑크 룩 • 누더기 룩 • 앤드로지너스 • 해체주의	• 안전핀, 체인, 징 등을 장식한 가죽 재킷 • 비대칭, 누더기, 깁기 등을 이용한 디자인 • 여성성과 남성성을 무시하거나 교차시킨 디자인	• 뉴트럴 톤 • 금색과 은색 • 네온사인과 같은 인공적인 색	• 가죽, 합성피혁 • 금속재 • 비닐소재 • 그물소재
스포티브 이미지 패션 스타일링	유희적인, 스포츠를 좋아하는 등의 의미이다. 패션에서는 테니스, 골프, 스키 등 스포츠 웨어가 갖는 기능성과 편안함을 일반 의복에 도입한 활동적이고 간편한 스타일을 가리킨다.	• 올림픽 • 월드컵 • 에어로빅 • 헬스클럽	• 다운 파카 • 점프 수트 • 사파리 재킷 • 밀리터리 재킷 • 트레이닝 웨어	• 비비드 톤 • 스트롱 톤 • 브라이트 톤 • 흰색과 파랑의 배색 • 카키색	• 스웨트 소재 • 니트, 저지, 폴리우레탄 등 신축 소재 • 패딩 소재 • 데님 • 방추, 발수가공 소재
매니시 이미지 패션 스타일링	남성적인이란 의미로 패션에서는 여성적인 차림에 남성적 요소를 주어 기존에 없던 새로운 여성스러움을 표현한 스타일이다.	• 남성적인 • 앤드로지너스 • 댄디즘 • 보이시 • 밀리터리	• 판탈롱 수트 • 밀리터리 재킷 • 넥타이 • 화이트 셔츠	• 다크 톤 • 회색 • 브라운 • 네이비 • 베이지 • 카키색	• 도스킨 • 개버딘 • 서지 • 마 • 목면
모던 이미지 패션 스타일링	현대적인, 근대적인이란 의미로 패션에서는 여분의 장식을 생략한 날카롭고 세련된 감성을 표현한다.	• 도시적 • 합리주의 • 하이테크 • 미니멀리즘 • 기능주의 • 미래주의	• 우주복 • 단순 명쾌한 직선과 곡선이 중심이 된 디자인	• 뉴트럴 톤 • 청록, 파랑, 청자 등의 한색 계열 • 은색과 금색	• 빳빳한 느낌의 소재 • 금속감각의 소재 • 광택소재 • 가죽 • 비닐소재

클래식 이미지 스타일링

워드로브

유행에 좌우되지 않고 오랫동안 입어 온 패션 이미지로, '베이식, 진품 지향의(authentic), 정통적인(orthodox), 전통적인(traditional)'의 뜻. 예를 들면 고급 플란넬, 개버딘, 캐시미어 소재의 테일러드 수트, 샤넬 수트, 니트 앙상블 등이 있다. 컬러는 딥 톤, 다크 톤의 네이비, 와인레드, 다크 그린 등이 중심이 된다.

액세서리

고급 가죽소재의 켈리백(kelly bag)과 같은 핸드백이 대표적이다. 구두는 앞부분이 다른 색으로 된 샤넬 펌프스(pumps)나 리본이나 버클 장식을 한 펌프스가 좋으며, 힐이 너무 높지 않은 것을 선택한다. 50~60년대 여배우들이 즐겨 썼던 선글라스 역시 좋은 아이템이다.

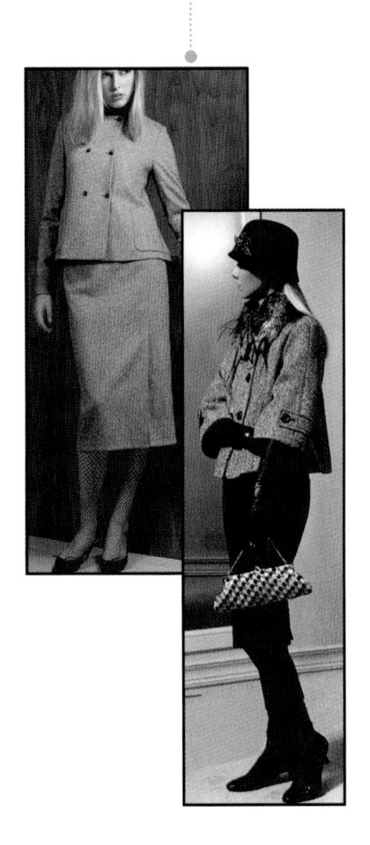

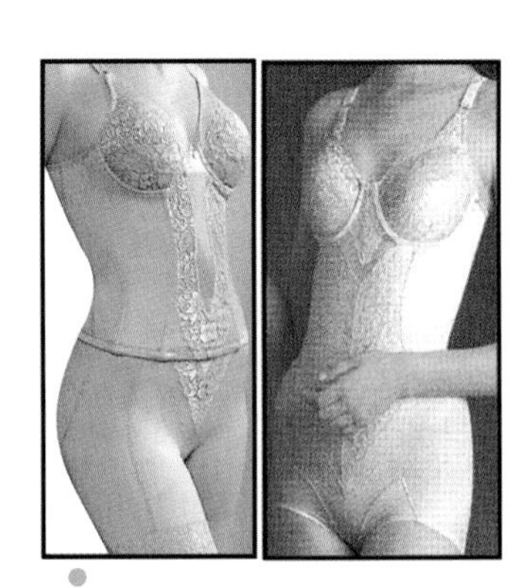

헤어스타일과 메이크업

헤어스타일은 원 랭스의 스트레이트 헤어. 미디엄 길이가 좋으며, 검은색의 윤기 있는 머릿결을 강조한다. 롱 헤어인 경우 단정하게 빗어서 세미업 스타일로 말아 올린다. 메이크업은 고상하고 품위 있는 이미지를 표현한다. 밝은 피부 톤을 강조하면서, 아치형의 눈썹으로 우아함을 표현한다. 아이라인에 포인트를 두며, 립스틱도 너무 진하지 않은 레드나 브라운 계열로 마무리한다.

바디셰이프

심플한 베이지색이나 화이트, 블랙의 브래지어와 팬티. 확실히 볼륨 업 하도록 하며, 슬립 원피스를 입어 겉옷의 실루엣 라인을 아름답게 보정한다.

엘레강스 이미지 스타일링

워드로브

고상하고 우아하며, 고귀한 아름다움을 갖는 패션 이미지. 여성이 갖는 미의식의 진수로, 1950년대의 샤넬이나 디오르 같은 오트쿠튀르 디자이너들의 작품에서 느낄 수 있다. 조젯(georgette), 새틴(satin), 태피터(taffeta), 벨벳(velvet), 니트 등의 원피스와 수트가 대표적이다. 컬러는 화이트, 그레이, 블랙과 같은 모노 톤에 라이트 톤이나, 레드, 그린, 블루 등과 같은 컬러가 첨가되기도 한다.

액세서리

광택 있는 골드, 다이아몬드 외에도 진주, 리본 등으로 장식한다. 우아한 무늬의 스카프도 자주 사용된다. 버클, 리본 장식의 핸드백, 골드 체인의 샤넬백도 이 이미지를 갖는다.

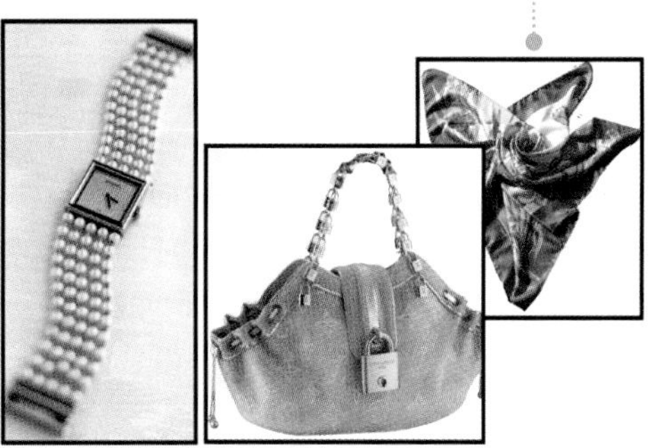

헤어스타일과 메이크업

오드리 헵번과 같은 업 스타일 또는 머리끝을 자연스러운 컬로 표현한 미디엄 길이의 헤어스타일. 아이섀도는 의복의 색과 같은 색으로 하며, 블랙의 경우는 마스카라와 블랙 아이라인으로 눈을 강조한다. 립스틱은 레드, 핑크 계열이 여성스러운 이미지를 준다.

바디셰이프

여성스러운 라인을 연출하기 위해 볼륨 업 브래지어와 하이웨이스트의 거들, 롱 슬립을 입는다. 그 위에 롱 슬립을 입으면 여성스러움을 더욱 강조할 수 있다.

페미닌 이미지 스타일링

워드로브

여성스러운 섬세함과 부드러움 등을 표현한 패션 이미지. 즉 여성이 갖고 있는 다양한 이미지 중에서 엘레강스를 제외한 모든 이미지를 내포한다. 따라서 '로맨틱', '스위트', '걸리시(girlish)', '큐트(cute)', '이노센트(innocent)' 글래머러스(glamorous) 이미지에 이르기까지 다양하다. 꽃무늬, 물방울무늬, 레이스, 오건디(organdy), 보일(voile) 등과 같은 소재의 원피스와 스커트, 블라우스가 대표적이며, 그 위에 니트 카디건 등을 입는다.

액세서리

코사지, 리본, 비즈, 퍼 장식이 들어간 가방, 모자, 벨트, 시폰이나 실크 스카프, 다양한 장식의 펌프스, 샌들, 뮬(mule) 등도 페미닌 이미지를 표현해준다.

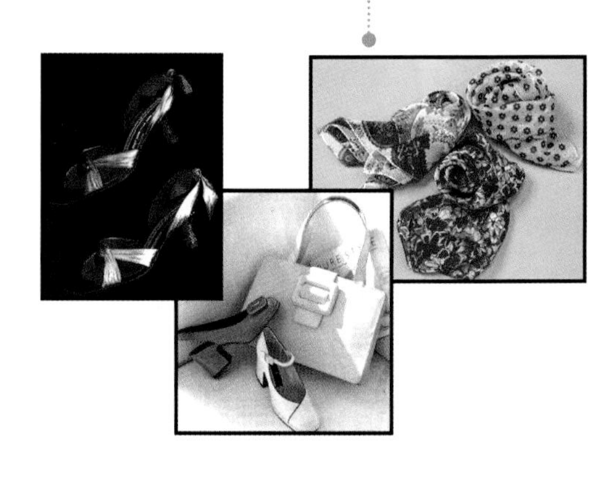

헤어스타일과 메이크업

볼륨감 있는 롱 웨이브의 헤어스타일이 대표적이며, 쇼트나 미디엄 길이인 경우에는 머리끝을 살려서 귀여운 이미지를 준다. 메이크업은 파우더로 투명감 있는 하얀 피부톤을 강조하고, 뺨의 중앙에 둥글게 볼터치를 준다. 핑크빛 립글로스를 바르면 여성스러움을 더욱 강조할 수 있다.

바디셰이프

레이스 장식이 들어가거나 오팔(opal) 가공한 브래지어와 팬츠. 슬립은 원피스의 라인을 아름답게 살려준다.

에스닉 이미지 스타일링

워드로브

'인종의', '민족적인', '이교도의' 라는 의미로, 소박하고 전원적인 민족문화를 도입한 따뜻함이 느껴지는 패션이미지. 특히 동북아시아를 비롯하여 아프리카, 중동, 중남미, 중앙아시아 등과 같이 기독교문화권 이외의 민족복에서 아이디어를 얻은 경우를 말한다. 천연소재를 주로 사용하며, 다양한 염색기법에 의한 특이한 패턴들을 서로 레이어드 하기도 한다. 끈으로 묶거나 프린지(fringe) 장식, 전체적으로 좌우 비대칭의 경우가 많다. 컬러는 딥 톤(deep tone)의 어스 컬러(earth color)와 뉴트럴 컬러가 중심이 되며, 그 외 레드, 옐로, 오렌지 등도 나타난다.

액세서리

이색 패턴의 숄과 비즈, 나무, 금속, 조개껍데기 등을 사용한 다양한 액세서리. 프린지 장식된 스웨이드 부츠는 에스닉 이미지의 스타일링을 완성시키는데 없어서는 안 될 필수 아이템이다.

헤어스타일과 메이크업

내추럴 이미지를 그대로 살린 롱 웨이브의 헤어스타일. 그 위에 터번을 두르면 더욱 이미지를 강조할 수 있다. 메이크업은 태닝한 피부 톤에 브라운 계열을 그러데이션 한 아이섀도로 그윽하고 신비로운 눈매를 연출한다. 눈썹은 직선으로 표현하고 립스틱은 내추럴 한 오렌지 컬러의 립글로스를 바른다.

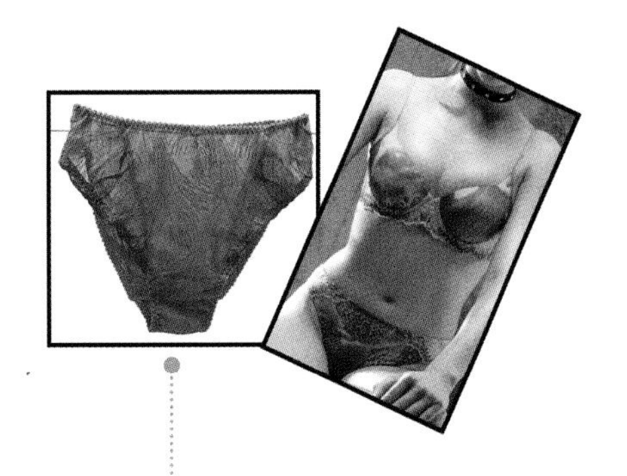

바디셰이프

피부색과 비슷한 컬러의 브래지어와 팬티로 내추럴 감각을 강조한다.

아방가르드 이미지 스타일링

워드로브

'격식, 전통 등에 구애받지 않는 독창적이고 기발한 패션 이미지. 모즈 룩(mods look), 사이키델릭(psychedelic), 펑크(punk), 그런지(grungy) 등 아주 다양하다. 요즘은 다양한 종류들을 믹스해서 새롭게 재탄생시킨 스타일이 많이 등장하고 있다. 소재는 가죽, 합성피혁, 징 같은 금속제 등을 많이 사용하며, 컬러는 블랙 외에도 골드, 실버, 네온사인과 같이 인공적인 색상 등이 중심을 이룬다. 불규칙한 헴라인, 올 풀기, 안팎 바꾸기, 구멍 뚫기, 깁기 외에도 핸드메이드풍의 천 등이 대표적이다.

액세서리

가죽이나 비닐, 메탈 등을 소재로 하여 극도로 크거나 작은 핸드백은 아방가르드 한 이미지를 준다. 그 외 재미있는 형태나 패턴의 액세서리는 기발하고 색다른 느낌을 더해준다.

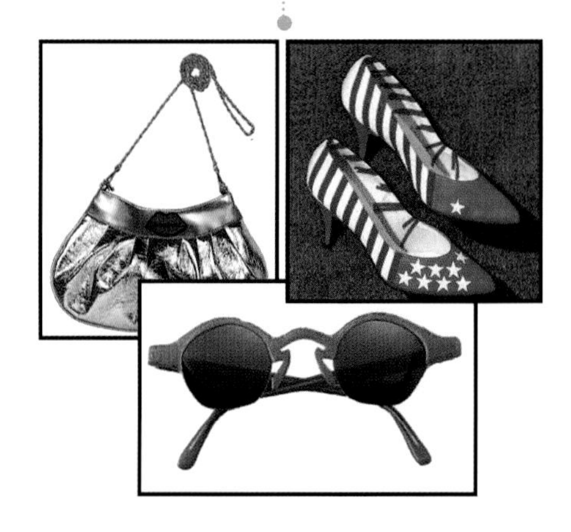

헤어스타일과 메이크업

엉클어지거나, 비대칭으로 된 것, 삐죽삐죽하게 자르거나 뻗친 헤어스타일. 눈에 띄는 헤어 컬러의 염색은 개성을 나타낸다. 메이크업은 일부러 파운데이션을 창백하게 보이도록 바르거나, 다크 와인 컬러의 립스틱, 블루의 마스카라 등을 사용한다.

바디셰이프

블랙 컬러가 기본이며, 그 외 애니멀 프린트, 가죽 느낌 등을 선택하면 아방가르드 이미지를 더욱 강조할 수 있다.

스포티브 이미지 스타일링

워드로브

스포츠 웨어의 기능성과 활동성을 도입한 밝고 편안한 느낌의 패션 이미지. 스포츠와 다이어트 열풍 등을 배경으로 한 '건강'과 '기능성'을 중시한 스타일링이다. 컬러는 화이트, 블루, 레드 등을 기본으로 하며, 소재는 면 저지 외에도 스트레치 소재, 폴리우레탄 코팅 소재 등의 기능 소재, 보더 무늬 등이 중심을 이룬다. 로고 티셔츠, 스웨트(sweat) 셔츠, 후드 티셔츠, 트랙 재킷(track jacket), 집 업 재킷, 다운 파카 등이 주요 아이템이다.

액세서리

커다란 숫자, 로고, 라인이 들어간 룩색, 보스턴 가방, 토트백. 니트 헤어밴드와 모자, 다양한 디자인의 스니커는 스포티브 이미지의 완성을 위해 필수 아이템이다.

헤어스타일과 메이크업

보이시한 쇼트 커트가 대표적. 길이가 긴 경우는 발랄하게 머리끝을 살리거나 모자를 써서 발랄함을 강조한다. 투명 메이크업으로 건강함을 표현하는 것이 중요하며, 반짝이는 메탈감각, 악센트 컬러 등으로 포인트를 주기도 한다.

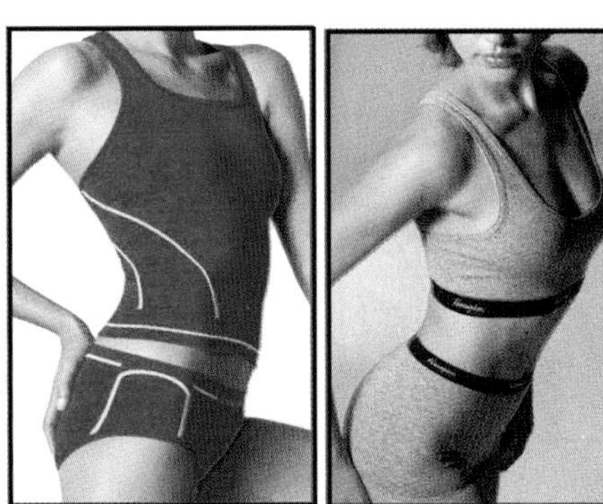

바디셰이프

유니섹스 풍의 스포츠 브래지어와 박서 쇼츠를 입는다.

매니시 이미지 스타일링

워드로브

여성복에 남성적인 요소를 주어 기존에 없던 새로운 여성스러움을 표현한 패션 이미지. 댄디즘(dandism), 보이시(boyish), 밀리터리(military), 앤드로지너스(androgynous) 등이 포함된다. 크게는 테일러드 수트, 화이트 셔츠, 넥타이 등과 같은 신사복의 아이템들과 군복과 경찰복 유니폼이 가장 대표적인 아이디어 원천이 된다.

액세서리

시계, 벨트, 구두 등의 액세서리도 역시 심플하고 매니시 한 것을 선택한다. 그 외는 피하는 것이 좋으며, 스카프를 넥타이풍으로 묶기도 한다.

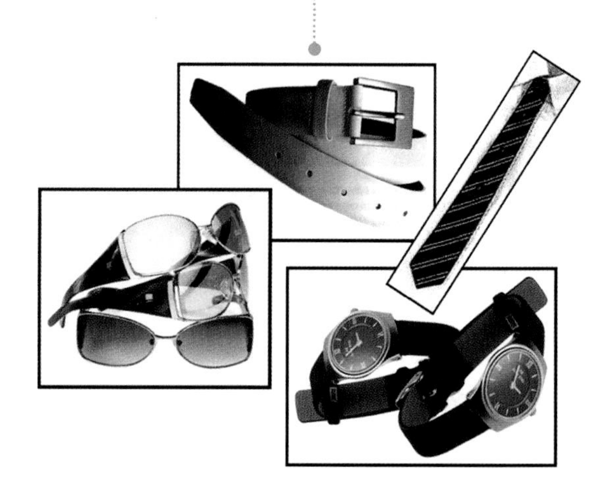

헤어스타일과 메이크업

헤어스타일도 매니시 이미지의 쇼트 헤어가 좋으며, 긴 경우는 단정하게 빗어서 뒤에서 묶는다. 메이크업은 눈썹은 각지게 그려서 강한 의지를 표현하며, 눈 주위에 하이라이트를 준다. 리퀴드 아이라인으로 강한 눈매를 표현하는 것도 좋다. 입술은 무색의 립글로스를 바르거나 와인 컬러로 강한 인상을 줄 수도 있다.

바디셰이프

직선적인 매니시 이미지 스타일링을 잘 연출하기 위해서는 볼륨감을 조금 억제하는 소프트한 컵의 새틴 브래지어가 좋다.

모던 이미지 스타일링

워드로브

항상 미래를 동경하고 지적으로 살기를 원하는 여성을 표현한 패션 이미지. 무엇보다 여분의 장식을 생략하고 샤프한 커팅선을 살린 것이 특징이다. 컬러도 블랙과 화이트의 모노톤이 중심을 이루며, 소재도 뻣뻣한 느낌이 있는 것, 가죽, 금속감각의 것 등이 주로 사용된다. 무늬의 경우, 단순한 줄무늬나 옵 아트(op art) 풍이 모던한 이미지를 준다.

액세서리

심플한 금속 감각, 고무, 가죽 소재를 사용한 액세서리가 좋다. 심플한 워드로브인 만큼 특이한 소재나 형태의 액세서리로 스타일링의 액센트를 줄 수 있다.

헤어스타일과 메이크업

가르마를 확실하게 표현한 원 랭스의 스트레이트 헤어스타일이나 뒤에서 단정하게 묶는 것이 좋다. 메이크업은 피부 표현에 중점을 두어 깨끗한 모던함을 강조한다. 직선형 눈썹에 아이라인을 강조하고, 입술은 매트한 오렌지나 레드 컬러를 이용하여 모던한 이미지를 표현한다.

바디셰이프

겉옷과 마찬가지로 심플한 블랙과 화이트 컬러의 브래지어와 팬츠를 착용한다.

3) 체형별 스타일링

각 시대나 문화권마다 아름답다고 생각하는 이상적인 체형이 있다. 현대의 이상적인 체형은 키가 크고 마른 패션모델과 같은 체형이라고 볼 수 있다. 요즘 젊은이들은 예전에 비해 키가 크고 다리도 길어졌다고는 하지만, 아직도 자신의 체형에 불만을 갖고 있는 사람들도 적지 않다. 특히 나이가 들어가면서 체형의 조화가 깨지면서 그 불만도 하나 둘씩 늘어간다.

그러면 모델과 같은 체형이 아니면 멋있게 옷을 입을 수 없을까. 물론 절대 아니다. 우리가 멋있게 옷을 잘 입었다고 할 때에는 이상적인 체형에 비싸고 예쁜 옷을 걸치는 것만을 의미하는 것은 아니다. 착용자가 돋보이도록 그 사람이 갖고 있는 개성과 매력을 충분히 보여주는 옷차림을 했을 때, 우리는 멋있다고 말한다. 그러기 위해서는 체형을 잘 파악하고 그 불만을 완화하고 체형을 잘 살린 스타일링 기법을 몸에 익혀야 할 것이다.

체형과 관련하여 사람들이 갖고 있는 불만은 다양하다. 가장 많은 것은 "키가 작기 때문에 크게 보이고 싶다" 혹은 "뚱뚱하기 때문에 날씬해 보이고 싶다"는 것이다. 그 외에도 "힙이 크기 때문에 작게 보이고 싶다", "가슴이 작기 때문에 크게 보이고 싶다"는 등 부분적인 체형의 불만과 희망사항을 갖기도 한다. 불만도 하나가 아니라 "키가 작고 힙이 크기 때문에 전체적으로 날씬해 보이면서 힙도 작게 보이고 싶다"처럼 몇 개가 함께 있는 경우도 있다.

이와 같은 결점과 불만을 극복하기 위해서는 실루엣, 디테일, 색채, 소재감 등을 사용하여 결점 그 자체를 감추는 방법과, 결점이라 생각되는 부위로부터 다른 곳으로 타인의 시선을 이동시키기 위해 다른 부위를 눈에 띄게 하는 방법이 있다. 그러나 체형을 위한 스타일링의 목적은 모델과 같이 되고자 하는 것이 아니라 각자의 매력을 최대한 이끌어내기 위한 것이므로 모든 불만을 완벽하게 해소하려 하지 말고 그 사람의 가장 큰 불만을 완화시키기 위한 디자인과 스타일링 방법을 선택하는 데 신경을 써야 할 것이다.

여기서는 전체적인 체형을 위한 스타일링 방법과 부분적인 결점을 위한 스타일링으로 나누어 설명하기로 한다.

(1) 전체적 체형 극복을 위한 스타일링

① 키가 작다.

- 간단한 디자인이 좋다. 큼직한 무늬와 포켓, 단추, 벨트, 액세서리 체형에 맞게 작은 것을 선택한다.
- 전체적인 길이가 여러 번 분할되지 않도록 한다. 예를 들면, 원피스나 상, 하의를 같은 색으로 한다.
- 전체의 길이를 분할할 경우에는 상의는 짧게, 하의는 길게 하거나 미니스커트를 입어 남은 길이를 길게 하는 등, 같은 길이로 분할되는 것을 피한다.
- 목선이나 칼라 부분에 액세서리를 하거나 악센트 컬러로 시선을 위로 유도한다.
- 머리를 하나로 묶어 머리를 작아 보이게 한다.

작은 키를 위한 스타일링

② 키가 크다.

- 되도록 큼직한 디자인과 액세서리를 선택한다. 무늬, 포켓, 칼라 등도 큰 것이 좋다.
- 아래쪽에 볼륨감을 준다. 예를 들면 상의는 꼭 맞도록 하고 하의는 플레어 스커트나 플리츠 스커트로 폭이 넓어 보이게 한다.
- 상의는 진한 색, 하의는 연한 색으로 하여 위를 무겁게 보이게 한다.
- 하의에 악센트를 주거나 강조색을 두어 시선을 낮춘다. 또한 팬츠에 커프스나 진한 무늬, 러플 등이 들어간 것도 시선을 끌어내려 키가 작아 보이게 한다.

큰 키를 위한 스타일링

마른 몸매를 위한 스타일링

③ 말랐다.

- 약간 두꺼운 천이나 모헤어, 오목 볼록한 느낌이 있는 소재로 볼륨감을 낸다.
- 전체를 엷은 색으로 하며, 소매와 하의가 진한 경우에는 몸판과 중심부분을 연한 색으로 하여 팽창시켜 보이게 한다.
- 연한 색의 스트라이프와 커다란 체크를 전체에 배치한다. 수직의 스트라이프는 시선을 옆으로 이동시키므로 폭을 느끼게 한다.
- 키가 큰 경우, 특히 지적이고 차가운 느낌을 가진 사람이 많다. 실루엣은 전체적으로 슬림한 것은 피하고, 상하의 한 부분에 볼륨감을 강조하고 그 대비를 꾀하는 것이 좋다.
- 키가 작은 경우, 청순가련한 이미지를 갖는 타입이다. 실루엣은 약간 여유가 있으며, 밝은 난색계의 컬러를 사용한다. 너무 크고 대담한 무늬는 피한다.

④ 뚱뚱하다.

- 박스 스타일은 오히려 체형이 커보인다. 허리선이 약간 피트된 것이 좋으나 너무 몸에 꼭 끼는 것은 피한다.
- 수직선을 강조한다. 예를 들면 눈에 띄는 색의 버튼이나 절개선을 두거나 상하의의 색을 진한 색으로 통일한다. 또는 연한색의 재킷 안에 진한색의 상 · 하의를 입어 중심의 색을 통일시킨다.
- 진한 색의 보더 무늬로 시선을 수직으로 이동시킨다. 사선을 이용하는 것도 날씬해 보인다.
- 키가 큰 경우, 프릴과 레이스보다는 대담한 프린트 무늬와 체크 등으로 도시적이고 샤프한 이미지를 살린다.
- 키가 작은 경우, 귀엽고 밝고 건강한 인상을 갖는 타입이다. 한색계와 어두운 톤보다는 밝고 강한 톤이나 중간 크기의 무늬로 귀엽고 밝은 인상을 살린다.

뚱뚱한 몸매를 위한 스타일링

(2) 부분적 체형 극복을 위한 스타일링

① 목이 짧고 두껍다.

- V, U 네크라인 등 목선을 깊게 파거나 첼시, 숄 칼라 등 좁고 길게 내려온 칼라를 선택한다. 목이 꽉 끼거나 높이 올라오는 네크라인, 보우 칼라는 목 부분이 답답해 보이므로 피한다.
- 재킷이나 카디건 등 앞트임이 있는 것이 좋다.
- 목 부분에 배색이나 선으로 샤프함을 강조한다.
- 길거나 펜던트형의 목걸이, 스카프는 가슴 정도 선에서 낮게 맨다.

짧고 굵은 목을 위한 스타일링

② 어깨가 넓다.

- 네크라인을 깊게 파서 가슴으로 시선을 모은다.
- 한쪽 어깨만 드러나는 언밸런스한 디자인이나 네크라인 자체에 끈 장식이 들어간 옷을 입으면 어깨가 한결 좁아 보인다.
- 지나치게 꼭 맞는 상의는 넓은 어깨를 더욱 부각시키고 큰 무늬가 있는 상의는 시선을 위쪽으로 집중시키는 만큼 피하는 것이 좋다.

넓은 어깨를 위한 스타일링

③ 어깨가 좁거나 처졌다.

- 일반적으로 어깨 패드로 보완한다. 그러나 너무 매니시한 느낌이 들지 않도록 주의한다.
- 페미닌 이미지를 가진 타입이므로, 퍼프 슬리브, 드롭 숄더, 돌만 슬리브가 효과적이다.
- 어깨에 솔기가 없이 디자인된 헐렁하게 맞는 소매와 부드러운 형태의 의복이 바람직하다.

좁거나 처진 어깨를 위한 스타일링

④ 가슴이 크다.

- 여유있고 깔끔한 디자인의 상의를 입는다. 예를 들면 가슴에 절개선이나 핀 턱 장식을 넣는다. 역으로 가슴이 꼭 맞는 것, 프릴, 러플 등으로 너무 장식한 것, 퍼프나 돌만 슬리브, 신체선이 드러나는 니트 소재나 투명한 소재도 좋지 않다.
- 상의에 V 네크라인이나 칼라의 포인트가 서로 다른 V존을 만든다. 스티치와 배색으로 앞여밈을 확실히 강조하며, 상의에 세로선을 강조하는 것도 효과적이다.
- 소재는 약간 뻣뻣한 것보다 부드러워서 드레이프성이 있는 것이 좋다.
- 역으로 가슴을 크게 강조하여 섹시한 여성미를 표현할 수도 있다. 그를 위해서는 허리를 적당히 조여 주고, 하의는 슬림하게 입어 상·하의의 볼륨감을 대비적으로 나타낸다.

큰 가슴을 위한 스타일링

⑤ 가슴이 작다.

- 캡이나 와이어가 들어있는 브래지어를 선택하거나 가슴 부분에 볼륨감을 준 상의가 좋다. 예를 들면 가슴 아래에 절개선을 넣고, 개더나 턱으로 볼륨감을 준 디자인, 칼라에 볼륨감을 준 디자인 등이 좋다.
- 소재는 두껍고 뻣뻣함이 있거나 부풀린 것을 선택한다.
- 귀엽고 발랄한 이미지, 스포티한 이미지를 연출한다. 예를 들면 포클로어 풍의 장식이나 무늬가 들어간 니트, 매니시 느낌의 코듀로이 등이 좋다.

작은 가슴을 위한 스타일링

⑥ 허리가 굵다.

- 허리선을 변경한다. 예를 들면 하이 웨이스트나 로우 웨이스트의 원피스라면 허리를 그다지 신경 쓰지 않아도 된다.
- 허리 둘레에 페플럼을 넣거나 피트 앤 플레어 라인으로 하의에 볼륨감을 넣는다.
- 블라우스나 풀 오버 스웨터를 하의 위에 꺼내서 입는다.
- 허리를 약간 조인 재킷은 허리를 가늘게 보여준다.
- 폭 넓고 강한 색의 벨트는 허리가 가늘어 보이게 하지만, 오히려 시선을 집중시킨다. 따라서 3~4cm 폭의 의복과 같거나 유사한 색의 벨트를 사용한다.

굵은 허리를 위한 스타일링

⑦ 힙이 크다.

- 상의의 밑자락에 사선의 샤프한 커팅선을 넣거나 무늬와 액세서리 등으로 악센트를 주어 시선을 사선으로 흐르게 한다.
- 스커트는 힙 주위에 약간 여유를 주면서 밑자락이 퍼진 세미 타이트나 세미 플레어가 무난하다. 팬츠의 경우는 페그 탑 팬츠, 배기 팬츠 등 힙 주위에 충분한 여유가 있는 것이 좋다. 개더 스커트와 아코디언 플리츠, 힙 부분에 볼륨감이 있거나 아주 꼭 맞는 팬츠는 힙 부분의 크기를 강조하므로 피한다.
- 롱 재킷과 셔츠는 가장 볼륨감이 있는 부분보다 조금 밑까지 오도록 하고, 하의는 진한 색으로 한다.
- 어깨 폭이 넓은 재킷 등으로 상의에 볼륨감을 주어 밸런스를 맞춘다. 또한 상의를 밝은 색, 하의를 어두운 색으로 하여 상하 대비를 강하게 한다.
- 허리보다 약간 높은 위치에 포켓 등으로 포인트를 주어 시선을 유도한다.

큰 힙을 위한 스타일링

⑧ 다리가 짧다.

짧은 다리를 위한 스타일링

- 허리선을 약간 높게 한다. 예를 들면 하이 웨이스트의 원피스나 스커트는 하반신을 길게 보이게 한다.
- 재킷은 짧은 길이로 하고, 블라우스나 셔츠는 스커트와 팬츠에 넣어 입는다. 스웨터와 셔츠의 자락을 밖으로 빼어 입더라도 길이가 짧게 하며, 위에 벨트를 매 주는 등, 상의를 무겁지 않게 한다.
- 상의의 색과 무늬를 하의보다 화려하고 강한 것으로 하거나 가슴 부분에 개성적인 액세서리를 장식하는 등, 시선을 위로 유도한다.
- 스커트와 쇼트 팬츠에는 같은 색 혹은 유사한 색상의 스타킹, 구두로 하반신에 통일감을 주는 것이 좋다. 그 대신 하의와 대비된 색과 무늬가 들어간 반 양말이나 스타킹은 시선을 분리하므로 피하는 것이 좋다.
- 팬츠는 커프스가 없는 것을 선택한다.

3. 패션 스타일링 실습

1) 패션 스타일링의 순서

최근에는 매장이나 TV, 잡지에서 효과적인 이미지를 연출하기 위해 혹은 특정 인물의 개성을 더욱 돋보이게 하기 위해 보다 전문적인 패션 스타일링 기술이 필요하게 되었다. 가장 성공적으로 패션을 스타일링 하기 위해서는 우선 정확한 목적을 세우고 주변의 정보를 수집 · 분석해야 한다. 그리고 최종적으로는 그 목적이 프레젠테이션으로 구체화되어야 한다. 그 순서는 다음과 같다(그림 4-7).

(1) 스타일링 타깃의 설정

패션 스타일링에 있어 가장 먼저 해야 할 일은 착용자가 누구인지, 누구를 대상으로 하는지, 누구에게 보이기 위한 것인지 등을 확인하는 일이다. 스타일링의 성공 여부는 타깃을 보다 정확하게 세웠는지 아닌지에 달려있다고 해도 과언이 아닐 정도로 스타일링 타깃의 설정은 매우 중요하다.

타깃이란 매장의 경우라면 그 매장에 방문해주길 원하는 핵심 고객층을 말하며, 특정 인물을 스타일링 하는 경우는 바로 그 사람이 타깃이 된다. TV나 잡지의 촬영을 위한 경우라면 그것을 보거나 잡지를 구입하길 원하는 사람들, 즉 시청자와 구독자가 타깃이 된다.

(2) 정보의 수집

타깃이 세워졌으면 그 타깃의 특징(마인드 에이지, 라이프 스테이지, 라이프스타일)을 구체적으로 파악하기 위해 그 타깃과 관련된 정보를 수집한다. 패션은 항상 변화하고 있다. 보다 많은 사람들에게 공감을 줄 수 있는 패션을 스타일링하기 위해서는 이번 시즌에 새롭게 등장한 스타일은 무엇인지 재빨리 파악하여 응용할 수 있어야 한다.

패션 스타일링은 단지 자신의 주관적인 감각에만 의존해서 전개할 수는 없다. 항상 날카로운 문제의식과 관찰력, 왕성한 호기심을 가지고 주위의 상황

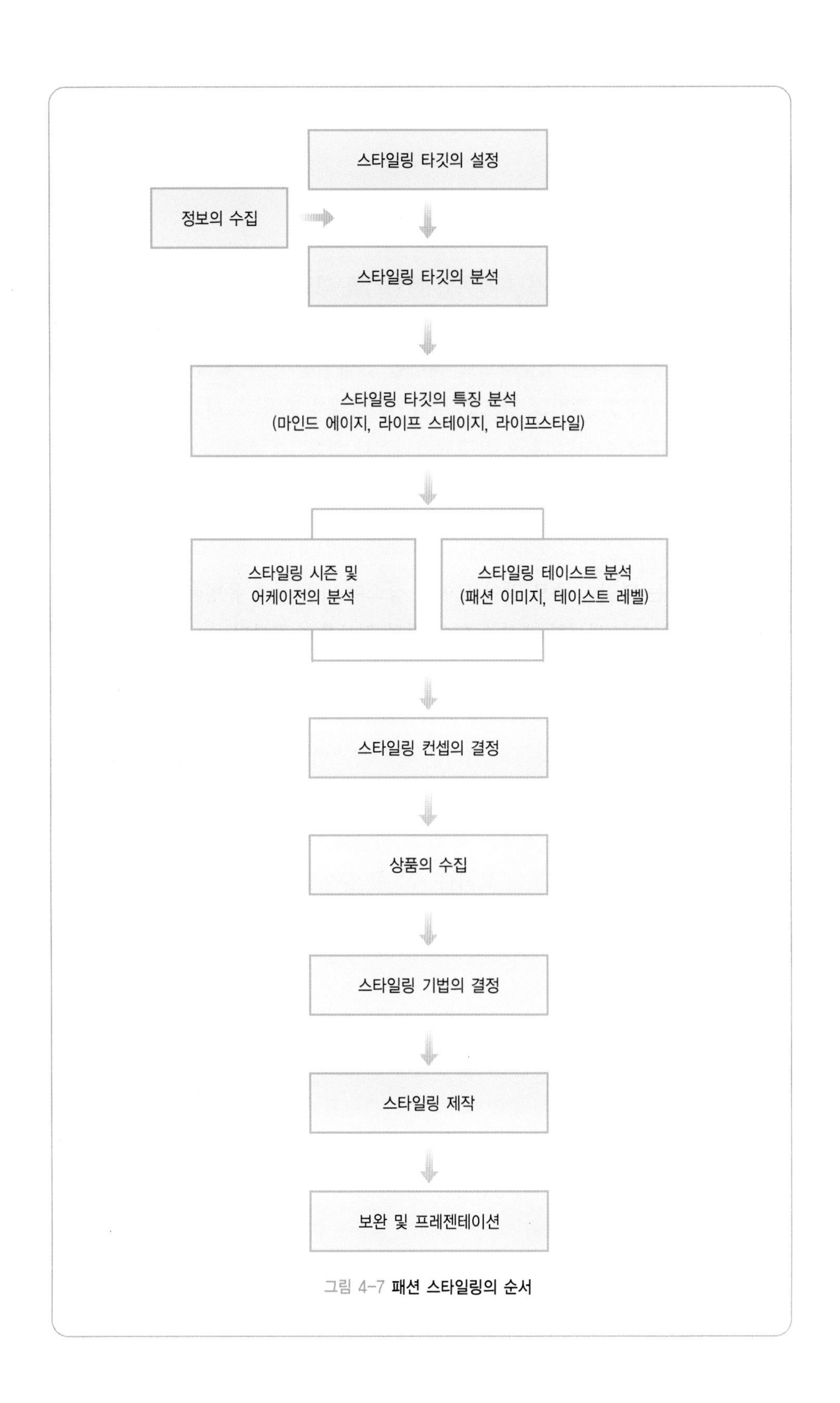

그림 4-7 **패션 스타일링의 순서**

과 다양한 자료, 정보를 분석하여 감각을 연마해야 한다.

패션 스타일링을 위해 필요한 정보는 다음의 4가지 분야로 나뉜다.

- 소비자정보 : 소비자의 의생활 측면, 그와 관련한 라이프스타일의 변화 등에 관한 정보
- 상품정보 : 지금 시장에서 어떤 패션상품이 인기를 모으고 있는지, 앞으로 어떤 상품이 유행할 것인지 등에 관한 정보
- 업계정보 : 경쟁 브랜드의 매장이나 현재 주목을 모으는 브랜드의 매장 분위기, 상품과 서비스 특징 등에 관한 정보
- 고객정보 : 실제 고객층의 패션에 대한 욕구와 생활 패턴의 변화, 체형의 변화 등에 관한 정보

이러한 정보들은 다음의 방법으로 수집한다.

- 길거리 조사 : 원하는 타깃이 주로 많이 모이는 장소에 나가 현재 유행하는 패션과 감성은 무엇인지, 생생한 패션 동향에 관한 정보를 수집한다.
- 일반 패션잡지 : 패션과 생활에 관한 다양한 정보, 현재 인기 있는 상점과 상품 등에 대한 정보를 수집한다.
- 마켓 전문서적 : 소비자 동향과 욕구의 변화 등에 관한 정보를 수집한다.
- 패션 전문잡지 및 신문 : 소비자 동향, 소비 동향, 업계 정보, 트렌드 정보 등을 수집한다.
- 매스 미디어 : 인기 드라마, 화제의 영화와 광고 등에서 현재 주목을 모으는 연예인의 패션, 그 외 관심이 집중되는 패션 테마 등에 관한 정보를 모은다.

그 외에도 매장에서 고객의 패션 스타일링을 위한 정보를 모으고자 할 경우에는 고객과 이야기를 나누면서 고객 생활의 변화, 흥미와 기호의 변화 등에 관한 정보를 수집할 수도 있다. 위의 정보들을 수집할 때에는 한 번으로 그치는 것이 아니라 일정 기간과 장소를 정해놓고 정기적으로 수집해 나간다면 그 변화추이를 분석할 수 있을 뿐만 아니라 앞으로 어떻게 전개될 것인가도 예측해 볼 수 있다.

(3) 스타일링 타깃의 분석

타깃을 설정하고 그에 관한 정보 수집을 마쳤다면 그 다음은 스타일링 타깃의 구체적인 분석에 들어간다. 우선 타깃을 보다 잘 이해하기 위해 타깃의 일상생활과 감성적인 특성을 알아본다. 즉 타깃의 어느 정도의 인생 단계에 와 있는지(라이프 스테이지), 어떤 생활방식을 갖고 있는지(라이프스타일), 실제 연령과 비교하여 어떤 감성적인 연령을 갖고 있는지(마인드 에이지) 등을 분석한다. 그 후, 타깃의 패션 스타일링과 관련하여 다음의 두 가지 측면을 분석한다.

① 스타일링 시즌 및 어케이전의 분석

우선 언제, 어떠한 장면에서 입는 스타일링인지를 구체적으로 분석한다. 즉 어느 시즌인지 그리고 공적인 장면(오피셜 어케이전), 사적인 장면(프라이빗 어케이전), 사교적인 장면(소셜 어케이전) 중 어느 장면을 위한 스타일링인지를 파악한다. 그 다음 세부적인 환경과 상황 등을 구체적으로 체크한다. 예를 들어 오피셜 어케이전이라 하더라도 그 스타일을 입는 사무 환경이나 입는 상황 등을 세부적으로 파악해야 한다. TV나 잡지 촬영에 있어, 스타일링 어케이전의 분석이란 특정 장면에 가장 어울리는 패션이 무엇인지 또는 그 패션에 가장 어울리는 장면이 무엇인지를 분석하는 것이다.

② 스타일링 테이스트의 분석

다음은 타깃의 스타일링 테이스트를 분석한다. 그것은 두 가지 측면으로 파악한다. 우선 스타일링 타깃을 로맨틱하고 귀여운 이미지로 표현할 것인지, 지적이고 도시적인 이미지로 표현할 것인지 등과 같이 '패션 이미지'를 분석하고 결정한다. 신체적 특성과 말투, 행동 등 각 개인마다 갖고 있는 이미지는 서로 다르다. 따라서 스타일링 타깃이 어떠한 이미지를 갖고 있는지를 분석하는 것 외에도, 타깃이 무엇을 원하는지 등을 잘 파악하여 결정해야 한다.

다음으로는 그 이미지를 표현하는 데 있어 유행을 어느 정도 도입할 것인지, 즉 '테이스트 레벨'을 결정한다. 이것도 역시 스타일링 타깃의 특성에 따라 다르다. 예를 들면 같은 스포티브 이미지라 하더라도 시대를 앞선 스타일을 선호하는 사람이라면 신체를 과감하게 드러낸 것이라던가 최첨단의 트렌드 요소를 대거 도입한 것이 어울릴 것이다. 그에 비해 패션에 대해 그다지 적극적이지 않은 사람은 너무 눈에 띄지 않은 소재나 컬러로 한정하여 이미지를 표현할 필요가 있다.

(4) 스타일링 컨셉의 설정

지금까지 분석한 내용을 토대로 하여 스타일링 컨셉을 정하고 그것을 맵(map)으로 표현하여 시각화한다. 즉 앞서 분석한 내용에 기초하여 스타일 이미지를 결정하고 시각적으로 표현하는 단계이다.

스타일링 컨셉이란 스타일링 이미지에 관한 기본적인 생각을 명확히 하고 구체적으로 제안하는 것을 말한다. 패션 이미지는 실루엣과 디테일, 색채, 소재 등으로 구성되기 때문에, 우선 이러한 요소들을 파악하여 그 특징을 정리한다. 그 후 이미지를 구체화하기 위해 맵을 작성한다. 맵은 패션잡지에서 이미지에 맞는 스타일링 사진을 3~4개 정도 골라 붙이면서 완성시켜간다. 스타일링 사진이란 모델이 패션으로 치장하고 포즈를 취하고 있는 것으로, 의복의 실루엣과 디테일, 컬러, 소재뿐만 아니라 액세서리, 헤어스타일과 메이크업까지 포함하여 전체적인 코디네이션을 고려하여 선택한다.

(5) 상품의 수집

스타일링 컨셉이 결정되면 그 컨셉에 알맞은 상품을 수집한다. 그 때 상품은 의복, 구두, 백, 모자, 벨트 등의 액세서리까지 빠짐없이 모은다. 매장에서 스타일링 하는 경우에는 그 매장의 상품 중에서 선별한다. 또한 TV와 잡지를 위해 스타일링 하는 경우는 그 컨셉에 맞는 브랜드를 찾아가, 그 곳에서 필요한 상품들을 대여한다.

(6) 스타일링 기법의 결정

상품이 모이게 되면 그 다음은 다양한 스타일링 기법을 구사하여 전체적인 이미지를 만들어 낸다. 그 경우에는 먼저 기본적인 방법을 생각하고 그것을 응용한 형태를 생각하면서 발전시켜간다. 예를 들면 청바지에는 티셔츠를 입고 스니커를 신어서 스포티한 이미지를 주는 것이 일반적이지만, 청바지에

패션 스타일링 업무의 흐름

연예인들의 패션 스타일링을 전문으로 하는 업체의 경우, 업무 순서는 대략 다음과 같다.

■ 타깃의 설정

스타일링 의뢰가 들어오면 먼저 의뢰한 팀과 간단한 미팅을 통해 타깃의 특징과 요구사항에 관해 논의한다.

■ 정보의 수집

타깃의 특성과 요구사항에 어울리는 컨셉을 찾기 위해 정보를 수집한다. 주로 인터넷, 컬렉션 잡지, 일반 잡지 등을 자료로 한다.

■ 스타일링 컨셉의 결정

수집한 자료를 토대로 맵을 구성한다. 그 후 2차 컨셉 미팅을 갖고 컨셉을 확정짓는다.

■ 상품의 수집 및 제작

확정된 컨셉에 부합하는 스타일링을 위해 협찬사에 가서 아이템을 대여하거나 직접 제작에 들어간다.

■ 스타일링 제작

준비된 의상과 액세서리 등을 직접 타깃에 입히고 토털 스타일링을 한다.

■ 촬 영

수정 및 보완을 통해 촬영에 들어간다.

레이스의 블라우스와 펌프스를 신음으로써 새로운 매력을 주는 방법도 있다.

또는 니트 카디건의 예를 보더라도 실크 블라우스 위에 입어서 엘레강스한 이미지를 줄 수도 있지만, 어깨에 가볍게 걸치는 정도로 캐주얼한 이미지를 나타낼 수도 있다.

(7) 스타일링 제작

이 단계에서는 모델이 직접 입고 각 사항을 확인한다. 여기서 체크해야 할 사항은 사이즈가 잘 맞는지와 전체적인 착용감과 밸런스 그리고 모델의 이미지와 잘 어울리는지 등이다. 이 때 매장에서 스타일링 하는 경우라면 고객이 직접 상품을 입고 위의 사항을 확인한다. TV와 잡지를 위해 스타일링 하는 경우는 의복, 헤어, 메이크업의 각 전문가와 카메라 조명의 전문가 등이 함께 사전에 의논하여 스타일링 방법을 결정하고 촬영에 들어간다.

(8) 보완 및 프레젠테이션

스타일링 제작이 마무리되면 완성된 스타일에 수정, 보완할 것이 없는지 최종 점검한다. 스타일링 타깃의 특성이 잘 반영되었는지, 설정된 스타일링 컨셉이 잘 나타나 있는지 등을 체크한다.

그 후 특정 개인을 위한 패션 스타일링이라면 이 단계로 마무리되지만, 매장의 경우나 TV, 잡지를 위한 경우는 그것으로 끝나지 않는다. 지금까지 완성한 스타일을 고객이나 독자 혹은 시청자들이 납득하고 자신의 의생활에 도입해갈 수 있도록 프레젠테이션을 통해 직접 또는 간접적으로 커뮤니케이션을 유도하는 것이 필요하다. 이 때 매장에서는 완성한 스타일이 어떤 의미와 매력을 갖는지를 잡지, 카탈로그, 매장의 디스플레이 등으로 고객에게 알기 쉽게 설명해야 한다. TV, 잡지의 경우는 스타일링 컨셉이 충분히 독자와 시청자에게 전달되도록 설명을 곁들이거나 널리 홍보한다.

2) 스타일링 맵의 작성

패션 스타일을 기획하거나 프레젠테이션 할 때에는 컨셉 이미지를 시각화하는 작업이 매우 중요하다. 왜냐하면 패션 자체가 매우 감성적이고 시각적이기 때문에 그 특징을 언어와 문자만으로 정확하게 전달하는 것이 곤란하기 때문이다. 예를 들어 '품격과 우아함을 겸비한 클래식한 엘레강스 스타일' 이라 했을 때, 어느 정도 그 의미는 알 수 있다 하더라도 소재와 컬러는 무엇이며, 실루엣과 디테일은 어떤 것인지 그 구체적인 예를 전달하는 것은 불가능하다. 따라서 컨셉 이미지를 시각적인 자료로 알기 쉽게 설명하는 것이야말로 패션 스타일의 기획이나 프레젠테이션에서 빼 놓을 수 없는 과제인 것이다.

(1) 스타일링 맵이란

스타일링 맵이란 스타일을 제작하기 전에 실제 상품을 이용하여 미리 그 이미지를 검토하기 위해 준비하는 것으로, 주로 패션 잡지에 게재된 사진을 이용하여 작성한다. 작성을 위해서는 먼저 타깃을 설정한 후, 그 타깃의 스타일을 시즌과 어케이전 그리고 테이스트의 측면에서 분석하고 그 조건에 맞는 이미지를 생각한다. 그 후 그 이미지에 알맞은 겉옷과 속옷, 헤어스타일과 메이크업, 액세서리의 사진을 골라 스타일링해 간다.

(2) 스타일링 맵의 작성법

① 스타일링 맵의 목적

스타일링 맵을 작성하는 경우, 가장 먼저 생각해야 하는 것이 맵을 작성하는 목적이다. 즉 회의의 프레젠테이션용 자료로 작성하는 것인지, 스타일 플래닝의 연습용으로 작성하는 것인지 또는 매장의 자료로 전시하기 위해 만드는 것인지 등을 명확히 하는 것이다. 그 목적에 따라 어느 부분에 초점을 두어야 하는지 그리고 어느 부분에 주의하여 작성해야 하는지가 달라질 수 있다.

② 스타일링 조건

그 다음 스타일링 타깃의 특징을 분석하고 스타일링 시즌 및 어케이전, 테이스트를 설정한다. 이를 스타일링 조건이라 한다.

• 타깃의 특징(마인드 에이지, 라이프 스테이지, 라이프스타일)
• 스타일링 시즌 및 어케이전
• 스타일링 테이스트(패션 이미지, 테이스트 레벨)

③ 스타일링 컨셉

스타일링 컨셉이란 스타일의 전체적인 이미지로, 영화나 책의 제목과도 같은 것이다. 즉 이번에 기획한 스타일의 전체적인 특성 및 이미지를 누구나 공감할 수 있도록 기본적인 생각을 구체적으로 제안하는 것을 말한다. 예를 들면 '로맨틱 컨추리 스타일(romantic contury style)', '내추럴 & 릴랙스 스타일(natural & relax style)' 등과 같이 스타일의 외적 이미지나 내적인 감성을 가장 잘 표현할 수 있는 단어를 선별하여 정한다. 그 후 보다 잘 이해하기 위해 그 의미를 간단히 설명해 놓는다.

④ 스타일링 요소

그 후 다음의 4가지 요소별로 잡지 사진을 선별하여 스타일링 맵을 작성한다. 맵을 만드는 목적에 따라 위의 네 가지 요소를 한 장의 맵에 작성하거나, 각각 별도로 구성하기도 한다. 마지막으로 스타일링 맵 안에 스타일링 컨셉을 직접 적어 놓거나, 각각의 스타일링 요소명을 붙여둔다면 더욱 알기 쉬운 자료가 된다. 그 구체적인 작성방법은 다음과 같다.

■ 워드로브

잡지에서 스타일링 컨셉에 맞는 겉옷의 사진을 선택한다. 스타일 사진은 되도록이면 패션모델이 착용한 것을 선택하는 것이 실루엣과 프로포션의 밸런스를 보다 잘 파악할 수 있다. 전신사진이나 무릎 정도까지 나온 사진이 좋으나, 적당한 것이 없는 경우는 상의와 하의의 사진을 따로 선택하여 함께 붙이도록 한다. 코트나 재킷 등 따로 덧입히고 싶은 것이 있다면 그 사진을 함께 붙인다.

■ 액세서리

액세서리는 구두, 백에서부터 목걸이, 귀걸이 등과 같이 다양하다. 전체적인 이미지를 생각하면서 스타일링 컨셉과 워드로브에 어울리는 만큼의 액세서리 사진을 선택한다. 반드시 한 아이템에 한 개의 사진만이 아니라 비슷한 디자인을 2~3개 골라 붙여도 좋다.

■ 메이크업 및 헤어스타일

스타일링 컨셉과 워드로브에 어울리는 헤어스타일과 메이크업의 사진을 선택한다. 한 모델의 헤어스타일과 메이크업이 모두 이미지에 맞는 경우는 한 개의 사진만 붙여도 되나, 그렇지 않은 경우는 각각의 사진을 붙인다. 또한 메이크업의 경우, 손까지 한 사진에 표현되기는 어렵다. 따라서 특별히 원하는 매니큐어가 있다면 따로 붙이고, 그 외 립스틱, 마스카라 등의 사진도 옆에 함께 붙이면 더욱 이미지를 강조할 수 있다.

■ 바디셰이프

스타일링 컨셉과 워드로브에 맞는 속옷 사진을 선택한다. 한 모델이 입고 있는 속옷이 모두 이미지에 맞는 경우는 그 전신사진을 붙여도 되지만 그렇지 않은 경우는 각각의 사진을 붙인다. 스타일에 따라 파운데이션, 란제리, 언더웨어 중 필요한 아이템이 다르므로, 필요한 만큼의 아이템을 골라 붙인다.

3) 스타일링 시나리오의 작성법

스타일링 맵을 작성한 후, 스타일링 컨셉 그리고 각 스타일링 요소들의 특징 등을 문장으로 정리하여 설명한다면 자신이 기획한 스타일을 전달하는 데 도움이 될 것이다. 이와 같이 스타일링 맵으로 스타일링 컨셉과 각 요소들의 실루엣, 디테일, 컬러, 소재 등의 특징을 자세히 설명한 것이 스타일링 시나리오이다.

스타일링 시나리오의 작성 방법은 다음과 같다.

■ 스타일링 컨셉

스타일링 타깃의 어케이전과 시즌, 테이스트 레벨 등을 포함하여 워드로브, 액세서리와 헤어스타일, 메이크업 등의 전체적인 스타일 이미지를 설명한다.

■ 워드로브

겉옷으로 제안하는 아이템의 실루엣, 디테일, 컬러, 소재 등의 특징을 설명한다. 그리고 그것이 어떠한 이미지를 연출하는지 등도 덧붙인다.

■ 액세서리

워드로브에 코디네이션 하는 구두, 백, 목걸이 등의 액세서리의 특징을 설명한다. 또한 왜 그것을 선택했는지, 왜 그 스타일에 일치하는지 등을 설명한다.

■ 헤어스타일과 메이크업

헤어스타일과 메이크업의 특징과 함께 워드로브와 어떻게 코디네이트 되는지 또 어떤 인상을 줄 수 있는지 등을 설명한다.

■ 바디 세이프

속옷을 선택하는 경우, 겉옷의 실루엣과 소재 등에 맞추어 어떠한 것을 고르면 좋을 지를 설명한다. 또한 어케이전에 따라 필요한 속옷 아이템도 다르게 사용한다. 그에 관한 설명도 곁들인다면 보다 잘 이해할 수 있다.

표 4-5 .. **스타일링 시나리오의 예**

구 분	사례 1	사례 2
스타일링 컨셉	**시티 리조트(City Resort)** 한 여름 오후의 데이트에는 밝고 귀여운 캐주얼 스타일. 귀여운 블라우스와 팬츠에 헤어스타일과 액세서리로 시원함을 강조한다.	**쿠튀르 엘레강스(Couture Elegance)** 호텔에서 개최되는 크리스마스 파티에는 쿠튀르 감각의 엘레강스 스타일. 여성스러운 원피스에 헤어스타일과 액세서리로 화려함을 연출한다.
워드로브	오프 숄더의 귀여운 화이트 컬러의 면 블라우스. 하의에는 7부 길이의 데님 크롭 팬츠를 입어서 캐주얼 분위기를 연출한다.	은은한 광택의 블랙 컬러의 벨벳 원피스. 피트 앤 플레어 라인과 네크라인 부분의 레이스 장식이 우아한 여성미를 표현한다.
액세서리	스트로(straw) 소재의 모자와 토트백이 화이트 컬러의 블라우스와 함께 귀여움을 더해준다. 맨발에 샌들을 신어서 시원한 느낌을 더욱 강조한다.	커다란 진주 목걸이와 귀걸이가 벨벳 원피스에 화려한 인상을 준다. 피트 앤 플레어 라인의 원피스 밑에는 골드 버클 장식의 블랙 펌프스를 신는다. 백 역시 진주가 장식된 블랙 컬러로 하여 전체적으로 조화를 맞춘다.
헤어스타일과 메이크업	바람에 날리는 듯 자연스럽게 뻗친 밝은 브라운 컬러의 머리를 느슨하게 묶어 경쾌함을 표현한다. 투명한 내추럴 메이크업에 연한 핑크의 볼터치와 립스틱으로 포인트를 주어 소녀의 귀여운 분위기를 나타낸다.	진한 브라운 컬러의 머리에 부드러운 컬을 주어 엘레강스한 느낌을 준다. 메이크업은 눈과 입 주위의 광택감이 포인트. 눈은 빛나는 골드의 아이섀도에 블랙 마스카라로 확실하게 마무리 짓는다. 입술은 장밋빛 빨강색을 선택하여 화려함을 강조한다.
바디세이프	면을 소재로 한 화이트 컬러의 브래지어와 팬티는 귀여운 레이스 장식이 특징이다. 브래지어는 오프 숄더의 블라우스에 맞추어 스트랩리스 디자인으로 선택한다.	겉옷에 맞추어 검은색 실크의 브래지어와 팬티로 우아한 여성미를 강조한다. 브래지어와 팬티 모두 봉제선이 없는 것으로 하여 벨벳 원피스의 말끔한 라인을 돋보이도록 한다. 또한 롱 거들과 검은색 실크 슬립으로 허리와 힙 라인을 아름답게 살린다.

표 4-6 .. **패션 스타일링 실습 -사례 1-**

분석항목	분석내용
마인드 에이지	25~27세의 영 어덜트 마인드를 지닌 여성
라이프 스테이지	대학을 졸업하고 어패럴 회사의 디자이너로 일하는 미혼의 전문직 여성. 부모로부터 독립하여 자신만의 공간과 시간을 즐긴다.
라이프스타일	· 패션에 관심이 높아 패션 전문채널을 보거나 패션 잡지를 즐겨 읽으며, 최신 트렌드에 민감하다. · 의복뿐만 아니라 토털 스타일링을 즐기며, 자신의 취향에 맞는 것을 취사선택하여 과감하게 표현한다. · 일 이외의 시간에는 친구들과 모임을 갖거나 국내외 여행을 즐긴다. · 웰빙을 몸소 실천하여 요가를 하고 다이어트 식단에 관심이 많다.
패션 테이스트	패션 이미지(감성): classic, modern, mannish, sportive, avant-garde, ethnic, feminine, elegance 테이스트 레벨: conservative, contemporary, avant-grade
시즌 및 어케이전	Spring, Sumer, Fall, Winter / Private, Official, Social

스타일링 컨셉	스타일링 컨셉 맵
로맨틱 히피(romantic hippie) 봄날의 저녁, 친구들과 즐거운 캐주얼파티를 위한 편안하고 자유로우며 로맨틱한 이미지의 패션. 70년대 히피 룩을 아이디어 원천으로 한 에스닉 풍의 캐주얼 스타일이다. 다양한 패턴과 텍스처를 믹스한 레이어드 룩. 이에 수공예적인 느낌의 액세서리를 더해준다.	

표 4-7 .. **스타일링 시나리오 실습 -사례 1-**

스타일링 맵

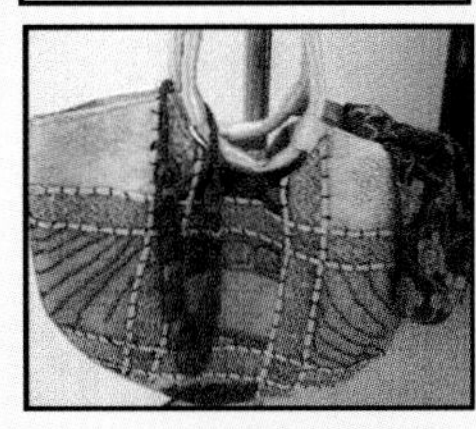

스타일링 시나리오	
워드로브	스포티한 느낌의 니트 저지 상의에 부드러운 시폰 소재의 티어드 스커트. 화려한 컬러와 이국적인 자수 장식이 특징이다. 그 위에 쌀쌀한 저녁 날씨를 고려하여 퍼 장식의 볼레로 재킷을 걸쳐서 에스닉 이미지의 로맨틱 룩을 완성한다.
액세서리	화려한 컬러 배합이 특징인 비즈 공예의 목걸이와 귀걸이, 핸드메이드 느낌을 강조한 토트백과 뮬은 로맨틱 히피 스타일에 없어서는 안될 필수품이다.
헤어스타일과 메이크업	내추럴 한 느낌을 강조하기 위해, 굵은 웨이브 헤어스타일을 살짝 헝클어진 듯 표현한다. 메이크업은 건강하고 섹시한 느낌을 위해 태닝을 시도한다. 특히 눈과 입에 오렌지와 골드 컬러를 사용한다면 대담하고 섹시한 분위기를 강조할 수 있다.
바디셰이프	크고 작은 플라워 프린트의 브래지어와 속옷으로 로맨틱 히피의 이미지를 표현한다. 네크라인이 많이 파인 경우, 스트랩리스의 브래지어를 준비한다.

표 4-8 .. **패션 스타일링 실습 -사례 2-**

분석항목	분석내용	
마인드에이지	30대 중 · 후반의 어덜트 마인드를 지닌 남성	
라이프 스테이지	나이보다 젊은 감성을 지니고, IT 관계에서 일하는 전문직 남성	
라이프 스타일	· 패션에서 감성을 중시하며 자신의 스타일을 표현하기 위해 셀프 스타일링을 즐긴다. · 자신의 커리어를 패션으로 나타내기 위해 시간과 투자를 아끼지 않는다. · 몸매관리를 위해 스포츠 센터에 정기적으로 다니며, 우윳빛 뽀얀 얼굴을 유지하는 데 관심이 많다. · 주말에는 가까운 근교로 드라이브를 하거나 화제의 레스토랑을 찾아다니는 것을 좋아한다.	
패션 테이스트	패션 이미지(감성) classic elegance / modern feminine / mannish ethnic / sportive avant-garde	테이스트 레벨 conservative contemporary avant-grade
시즌 및 어케이전	Spring / Sumer / Fall / Winter	Private / Official / Social

스타일링 컨셉	스타일링 컨셉 맵
센서블 베이식(sensible basics) 중요한 프레젠테이션이 있는 날, 평소의 캐주얼 차림에서 벗어나 감각적인 베이식 아이템으로 고급스럽고 심플한 멋을 표현한다.	

표 4-9 .. 스타일링 시나리오 실습 -사례 2-

스타일링 맵

스타일링 시나리오	
워드로브	고급스러운 화이트 셔츠에 베이지 컬러의 블레이저. 전체적으로 적당한 피트감과 은은한 광택감이 한층 정제된 도시 남성의 세련미를 표현해준다. 그 위에 입는 트렌치 코트는 심플한 가운데 버튼이나 포켓, 벨트 등에 포인트를 준 것으로 감각적인 멋을 더해준다.
액세서리	전체적으로 심플한 멋을 완성하기 위해 액세서리는 블랙으로 마무리한다. 은색 버클 장식의 로퍼나 벨트, 비즈니스 백, 안경이 필수 아이템. 조금 변화를 원한다면 카멜(camel) 컬러를 사용하는 것도 좋다.
헤어스타일과 메이크업	헤어스타일은 짧게 층을 낸 머리를 헤어 젤 등으로 자연스럽게 스타일링 한다. 눈썹은 깔끔하게 정리하고 가볍게 스킨 커버제를 사용하여 깨끗한 피부를 표현한다.
바디셰이프	몸에 밀착되는 삼각이나 사각 팬티를 입어, 편안하고 활동적으로 행동할 수 있도록 한다.

✲ 부 록

1 _ 패션 스페셜리스트
2 _ 현장 실무용어

부록 1

패션 스페셜리스트(Fashion Specialist)

■ **패션 디자이너**(Fashion Designer)

새로운 시대감각과 대중의 요구, 미적 감성, 기능성, 경제성 등을 토대로 패션의 창조적 디자인을 맡은 스페셜리스트. 오늘날에는 오트 쿠튀르 디자이너와 어패럴 메이커의 기성복 디자이너, 이렇게 둘로 나누어진다. 양자 모두 소재의 선택과 수집, 디자인화 제작, 패턴메이킹, 액세서리 등의 부속품 수집, 견본제작, 봉제공장과 교섭까지를 일관해서 하는 경우와 디자인부터 패턴메이킹까지 하는 등의 두 가지 경우가 있다.

■ **패터니스트**(Patternist)

샘플용 패턴을 제작, 수정하고 대량생산이 결정된 스타일에 대한 패턴을 공업용 패턴으로 수정하는 작업과 더불어 수정된 패턴에 의하여 만들어진 대량 생산용 샘플의 검토를 통하여 완전한 양산용 패턴을 제작한다.

■ **패션 머천다이저**(MD: Fashion Merchandiser)

어패럴 메이커에서 주로 정보수집, 분석, 머천다이징(제품계획), 판매촉진계획, 판매계획, 생산계획 등을 총괄, 지시, 관리하는 스페셜리스트.

■ **텍스타일 디자이너**(Textile Designer)

패션과 인테리어에 쓰이는 텍스타일에 관해서 창조적인 디자인을 하는 스페셜리스트. 텍스타일 디자이너는 소재, 색을 내는 데에 관한 전문적 지식을 필요로 함과 동시에 직조(weaving)나 나염(print)기술에 정통해야 한다.

■ **니트 디자이너**(Knit Designer)

니트를 소재로 해서 복식의 창조적 디자인을 하는 스페셜리스트. 라이프스타일의 다양화에 따라 스포츠 상품에서 드레시한 상품까지 니트의 촉감과 그 기능성이 높이 평가되어 니트 디자이너의 역할은 커지고 있다.

■ **모델리스트**(Modelist)

디자인화로부터 실물을 제작하기 위해 머슬린 등을 사용해서 패턴을 제작하는 스페셜리스트.

■ **커터**(Cutter)

재단사. 기성복을 몇 십 장 겹쳐 마킹한 것을 커터로 재단하는 업무의 담당자.

■ **봉제사**(Sewer)

기성복 부문에서 견본봉제 및 제품봉제를 하는 스페셜리스트. 주문 부문에서 실 표뜨기, 가봉, 보정, 본 바느질을 한다. 정확하고 뛰어난 봉제기술과 동시에 패션에 관한 충분한 지식이 요구된다.

■ **인스펙터**(Inspector)

생산 활동에서 발생할 수 있는 불량품을 체크하고, 방지하는 스페셜리스트.

■ **마커**(Marker)

대량생산투입이 결정된 패턴으로 그레이딩이 끝난 후, 실제 사용 원단에 마킹을 하는 사람으로 원단의 필요량을 산출하는데, 최근에는 컴퓨터를 도입하여 이 작업을 대신하는 경우가 많다.

■ **생산관리담당자**(Product Manager)

일정한 품질의 제품을 일정기간 내에, 특정 수량만 기대원가로 생산하기 위해 생산 활동의 예측, 계획, 통제 등을 하는 스페셜리스트.

■ **컬러리스트**(Colorist)

색채정보의 수집, 정리, 분석, 색채계획 등에 관한 스페셜리스트. 색채에 관한 과학적 · 종합적 지식, 색채표현의 기술 및 정보수집과 정리, 분석기술과 함께 패션산업계에 대한 정통함이 요구된다.

■ **크레프트 및 액세서리 디자이너**(Craft & Accessory Designer)

자수, 장신구, 귀금속 등의 기획, 디자인, 생산 지도를 하는 스페셜리스트. 크레프트 디자이너는 그 자체가 공예품으로서 단독의 존재이기도 하지만 액세서리 디자이너는 복식의 다른 요소와 조합시키는 스타일리스트의 능력도 요구된다.

■ **미용전문가**(Cosmetician)

우리나라에서도 현재 급속히 부상하는 미용, 화장품에 대한 스페셜리스트. 고객의 체질, 연령, 기호, 개성 등을 담당한다.

■ **스타일리스트**(Stylist)

패션 이미지 크리에이터로서 생산자와 소비자의 중간에 서서 사회요구에 정확히 부합해가며 패션의 사회적 연출에 중요한 역할을 담당하는 전문가로 분야에 따라 다음과 같이 해석된다.

- 어패럴 메이커에서는 유행형의 설정, 상품의 이미지 조성 스타일링 업무를 담당한다.
- 백화점, 전문점 등의 소매업에서는 코디네이터 스타일링에 관한 전문지식을 살리고 판매촉진의 일익을 담당한다.
- 패션잡지의 사진이나 광고제작에서는 아트디렉터와 카메라맨의 중간에서 촬영이 가장 효과적이면서 순조롭게 진행하기 위한 코디네이터로서의 역할을 담당한다.
- TV, 극장에서는 가수, 배우들의 의상 스타일링을 하고 패션쇼에서는 연출가의 컨셉에 따라 모델의 의상 스타일링을 한다.

■ **패션 애널리스트**(Fashion Analyst)

패션정보를 수집, 정리 및 분석하는 스페셜리스트. 일반적으로 패션정보연구소 등에서 패션관련정보를 전문적으로 분석하는 경우와 어패럴메이커, 백화점 및 전문점 등의 정보처리파트에 근무하면서 기업의 전략적 의사결정, 마케팅 및 상품개발 등에 필요한 정보를 수집, 분석하는 경우가 있다.

패션 애널리스트는 수집, 분석해야 할 정보의 범위를 정하여 분류를 위한 체계적 코드를 개발하고 정보를 수집, 분석, 처리한다. 패션 애널리스트가 수집하는 정보를 대별하면, 직접적인 취재조사에 의한 1차 정보와 매스미디어 등을 경유한 2차 정보가 있으며, 그 범위는 상당히 넓다. 동일한 패션정보에 관련되는 직종일지라도 패션 저널리즘은 '정보의 공개성'을 원칙으로 하나, 패션 애널리스트가 취급하는 정보는 기업 혹은 회원 이외의 경우 기밀성을 요구하는 점이 서로 다르다.

■ **세일즈 프로모터**(Sales Promoter)

판매방법에 대한 계획을 세워 디스플레이, 사진, 전시, 선전 등의 방법에 알맞게 믹스해서 상품을 가장 효과적으로 판매한다.

■ **패션 코디네이터**(Fashion Coordinator)

패션 예측과 패션 이미지의 코디네이트를 담당하는 스페셜리스트. 다음 시즌의 패션을 예측하고 그 정보를 기준으로 머천다이저나 디자이너, 바이어에게 조언을 한다.

■ **디스플레이 디자이너**(Display Designer)

의류, 인테리어 등 각종 상품의 판매촉진부문에서 전람회나 전시회의 디스플레이, 쇼윈도우 디스플레이, 가두전시, 점내 연출 등에 관한 전문기술을 구사해 상품의 이미지 컨셉과 내용을 바르고 아름답게, 시각적으로 표현, 전달하는 스페셜리스트.

■ **모자 디자이너**(Hat Designer)

모자의 소재선택, 디자인화, 견본제작, 트리밍을 거쳐 공장에 발주하기까지의 과정을 담당하는 스페셜리스트.

■ **패션 컨버터**(Fashion Converter)

미가공 직물을 구매하여 완성품으로 만들어 판매하는 직물가공 판매업자. 패션 컨버터는 패션 트렌드를 신속하고 정확하게 파악하여 어패럴 메이커를 대상으로 소재를 제시, 판매해야 하므로 소재에 대한 해박한 지식과 감성을 비롯하여 시장조사를 정확히 해야 하고, 거래처의 특성을 파악하는 능력이 있어야 한다.

■ **바이어**(Buyer)

상품의 사입 책임자. 직무범위는 상품의 사입부터 판매 및 판매촉진, 재고관리, 판매담당자에 대한 상품교육에 이르기까지 광범위하다.

■ **그레이더**(Grader)

마스터 패턴을 사이즈별, 호수별로 전개하는 스페셜리스트.

■ **판매원**(Sales Man)

상품내용과 그 특성을 충분히 이해해서 패션 어드바이저로서 소비자에게 적절한 조언을 주면서 상품판매에 종사한다.

■ **패션 일러스트레이터**(Fashion Illustrator)

패션 저널리즘에 있어 시각적 전달수단 중 특히 삽화나 도해 등의 화학적 표현을 하는 스페셜리스트.

■ **패션 에디터**(Fashion Editor)

활자 매체인 신문, 잡지, 서적, 전파 매체인 TV, 라디오 등에 있어 패션영역에 관한 편집담당자로 편집작업을 총괄하고 연락 조정자적인 역할을 맡는다.

■ **패션 카피라이터**(Fashion Copy writer)

패션 영역의 광고 제작에서 광고원고 또는 TV CF의 문안을 작성하는 스페셜리스트.

■ **패션 칼럼니스트**(Fashion Columnist)

패션에 관해서 일반지, 전문지, 잡지 등의 칼럼의 논설, 평론을 집필하는 스페셜리스트.

■ **패션 포토그래퍼**(Fashion Photographer)
패션 저널리즘의 시각적 전달수단 중에서 사진으로 표현하는 스페셜리스트.

■ **패션 리포터**(Fashion Reporter)
복식, 인테리어, 풍속, 레저활동 등 넓은 뜻의 패션영역 전반의 보도에서 종사하는 스페셜리스트의 총칭.

■ **샵 마스터**(Shop Master)
브랜드 매장관리 및 판매 책임자로 브랜드 컨셉을 잘 이해하고 현장에서 원활한 판매촉진 활동을 수행한다.

■ **퀄리티 컨트롤러**(Quality Controller)
대량생산과정에서 발생하기 쉬운 불량품을 체크하고 예방하는 일을 담당한다. 상품의 품질을 조사, 확인하는 사람으로서 일정한 품질기준을 마련해 두고 그것에 준하는 것이 보통이다. 일반적으로 치수확인, 봉제확인, 원단상태, 염색상태, 무늬상태의 확인, 패턴과의 대조 및 오염 등을 체크하여 상품의 품질을 유지, 향상시키는 일을 전담한다.

■ **아트 디렉터**(Art Director)
광고에서 카피라이터, 일러스트레이터, 포토그래퍼, 스타일리스트의 종합, 연락 조정을 함과 동시에 제작에 관한 스폰서와의 절충 등 중심역할을 하는 스페셜리스트.

현장 실무용어

현장 용어	표준 용어	의 미
가다	어깨(심)	어깨, 어깨에 넣는 심, 형, 모양, 본
가라게	휘감치기	옷단을 얽어 메는 바느질. 천 가장자리가 흐트러지지 않도록 비스듬히 휘감는 바느질
가리누이	시침질	시침질, 피팅(fitting)
가마	북집	재봉틀의 밑실 북을 거는 부분
가부라	접단, 끝접기	소맷부리, 바짓부리의 접어 올린 부분
가에리, 가이에리	아랫깃, 라펠	신사복 상의와 같은 남녀복의 테일러드 칼라의 라펠
가자리	장식, 상침	가장자리 장식을 나타내는 재봉질
가후스	커프스, 소맷부리단	커프스 부분, 소매나 바짓부리의 단
가후스 보당	소매 접단 단추	커프스 버튼(cuffs button)
간누이	사슬뜨기	체인 스티치(chain stitch)
간지	모양, 태	모양이나 옷태의 전체적 의미
게싱	모(毛) 심	양복의 칼라 심 등으로 이용되는 심지, 울 캔버스(wool canvas)
고무아미	고무뜨기	리브(rib) 편
구세, 쿠세	몸새, 군주름	몸에 따라 나타나는 옷의 형태
기레빠시	천 조각, 자투리, 끄트머리	재단하고 남은 천 조각
기스	흠, 흠집	원단의 흠집을 의미
기지	생천, 옷감	옷감, 원단을 지칭
나나인치	일자형 구멍	드레스, 셔츠의 단춧구멍처럼 일자형으로 뚫은 단춧구멍
나라시	연란, 고루 펴기	천을 재단하기 위하여 여러 겹의 천을 펼쳐 놓는 일
나시	민소매	소매가 없는 옷
나오시	고침질	옷을 바로 잡거나 고치는 일

현장 용어	표준 용어	의 미
낫찌	맞춤점, 가윗집, 노치	U자나 V자 모양으로 테일러드 칼라 등에 표시한 가윗집
노바시	늘이기	줄임 또는 다트로 하지 않고 다리미나 프레스로 옷감을 늘여서 입체로 변화시키는 것
다이	대, 받침	재단대나 재봉대를 의미
다이마루	환편 직물	가로로 편직된 직물
다데	세로, 옆 솔기, 날실	세로, 옆, 솔기, 날실을 지칭
다데 테이프	세로 테이프	재킷의 칼라 부분이나 어깨, 등에 옷감이 바이어스 방향으로 늘어나지 않도록 부착하는 테이프
다후타	태피터(taffeta)	경사보다 굵은 위사를 사용하여 위사의 굵은 이랑이 보이는 부드럽고 광택이 있는 직물
단자쿠, 단작	덧단	의복을 입고 벗기 편하게 하기 위하여 만든 크임에 덧붙이는 단
덴센, 덴싱	풀린 올, 전선	직물의 올이 풀린 상태
레떼루	상표	상표
료마에	겹여밈, 겹자락	재킷 따위에서 여미는 앞길의 단추가 두 줄로 달린 옷
마도메	마무리, 끝손질	끝마무리를 지칭
마에	앞	앞면을 의미
마이	재킷	재킷, 상의
마쿠라	어깨심, 덧심	어깨의 심지를 의미
마끼	필, 두루마리	웃옷의 어깨를 올라오게 하기 위하여 덧대는 심
마토메	마무리, 끝손질	옷감을 말아 놓은 것
메리야스	편성물, 니트	니트류
미미	식서	천의 가장자리, 위사가 천의 끝에서 돌아오는 곳
미까시, 마카에시	안단	길의 앞단, 목둘레, 소매 둘레 따위의 안쪽을 뒤처리 할 때 쓰이는 천

현장 용어	표준 용어	의 미
바택, 바데낑	빗장막음, 빗장박기	솔기가 풀리기 쉬운 곳이나 호주머니 따위의 입구부분을 보강하기 위하여 한 바느질
소데	소매	소매
소데구리	진동, 소매부리 둘레	소매를 달기 위하여 앞길과 뒷길에 도려낸 부분
소데구치	소맷부리	소매에서 손목 부분의 부리를 말함
소대아키	소매트기, 소매트임	소매 단추가 달리는 곳을 터서 만든 것
스쿠이	공그르기	헝겊의 시접을 접어서 맞대어 바늘을 양쪽 시접에서 번갈아 넣어 실땀이 겉으로 나오지 않게 꿰매는 바느질
시루시	표시, 기호	의복 재단시 봉제를 효율적으로 하기 위하여 초크 등을 이용하여 중요 부분을 표시하는 것
시마이	끝 마침, 뒤처리	뒤처리를 의미
시보리	조리개, 고무뜨개	소매나 깃 또는 밑단에 사용되는 신축성 있는 편성물
시아게	끝손질, 마무리	옷을 지은 다음 마무리하는 일, 다림질을 포함한 끝손질을 의미
아이지루시	실표뜨기, 겹뜨기	두 겹이나 그 이상의 천에 바느질 선을 확실하게 하기 위하여 깊게 홈질하여 실을 자르고, 표시해 두는 일
아키, 아끼	트기, 트임	옷을 입고 벗기에 편리하도록 트는 것
어깨싱	어깨 심	재킷이나 코트를 만들 때 소매산을 높이기 위하여 어깨 부분의 안쪽에 부착하는 심지
에리	깃	옷의 목 주위의 여미는 부분이나 목 주위에 붙어있는 부분
에리구리	목둘레선	앞길과 뒷길의 깃 붙이는 부분
오비	허리단, 띠	허리에 대는 단, 바지 등이 흘러내리지 않게 매는 허리띠
오쿠마쓰리	속감침	천 끝을 직접 감치지 않고 안쪽의 약간 아랫부분을 감치는 바느질
와끼	옆 솔기	앞 뒤판이 만나는 옆 솔기를 지칭

현장 용어	표준 용어	의 미
왓펜	바펜(Wappen)	작은 방패형의 문장이나 로고로 재킷 가슴주머니에 붙이는 것
요척	옷감 소요량	옷을 만드는 데 사용되는 옷감의 소요량
우라	안감	옷의 안쪽에 대는 옷감, 라이닝(lining)
우와기	상의, 윗도리, 양복 저고리	양복의 상의
유도리	늘품, 여유분	장식 또는 기능의 목적으로 신체 치수보다 더하는 옷의 양
이세	여유분(줄임)	이즈(ease)
자꾸, 잣쿠	지퍼	지퍼
자라비	장식 끈	견, 마, 목면, 화학섬유 등의 소재로 엮어 짠 장식 끈
조시	박음 상태	실이 박힌 상태
즈봉, 쓰봉	바지	주로 남성복의 바지를 일컬음
지나오시, 지누시	천 바로잡기, 축임질	재단하기 전에 비뚤어진 올이나 구겨진 천을 증기다리미로 펴는 일
지노메	올 방향	식서 방향
지누이	초벌 박기	두 장의 천을 완성선으로 맞추어 꿰매는 기본적인 바느질
진다이	매무새 인형	인체를 그대로 떠서 제작한 것
진파, 찐빠	짝짝이	바느질 등에서 한 쌍이 되어야 할 물건이 갖추어지지 않은 것
차코, 자고	초크, 분필	천에 원형을 표시하는 데 사용하는 초크
쿠사리, 쿠사리도메	실루프 고정	실로 루프를 만들어 고정시키는 것
큐큐(QQ)	한쪽 막이 단춧구멍	오버코트의 단춧구멍처럼 한쪽 끝은 일자형으로 막혀 있는 단춧구멍
택	꼬리표	제품에 가격, 치수, 소재, 세탁법, 제조일 등의 내용을 적어 놓은 것
하리핀	핀	바늘

현장 용어	표준 용어	의 미
하자시, 하치사시	팔자뜨기	겉으로 바늘 자국만 나게 팔(八)자 모양으로 뜨는 것
헤라	주걱	직물에 표시할 때 사용하는 도구
헤라시	코 줄임	편물에서 소매나 진동둘레 부분의 코수를 줄여 가는 것
헤리	가장자리, 바이어스	'허리감' 을 바이어스로 재단하여 가장자리를 마무리할 원단을 지칭
헤치마 에리	숄칼라	숄칼라
혼솔 지퍼	숨은 지퍼	컨실(conceal)지퍼, 맞물리는 금속 부분이 보이지 않는 지퍼
화스너	지퍼	의복이나 구두, 지갑, 가방 등을 잠그는 용구
후타, 후다	호주머니 덮개	뚜껑, 호주머니 위에 붙이는 덮개, 플랩(flap)
후야시	코 늘림	편물에서 코수를 늘여가는 것
후쿠로	호주머니	포켓(pocket)
훅	걸고리, 걸단추	물건을 잠그거나 고정시키는 연결용 금속
히다	주름	플리츠(pleat), 개더(gather)

참고 문헌

국내서적

고을한 · 김동욱, 디자인을 위한 색채 계획, 미진사, 1994
공미란, 패션 도식화, 경춘사, 2004
공미란 · 안인숙, 패션 디자인, 예학사, 2003
금기숙 외, 현대 패션 100년, 교문사, 2002
김동수 외, 성공하는 남자의 옷 입기, 도서출판 까치, 1993
김미현 외, 컬러진단과 이미지메이킹, 예림, 2003
김순자 · 유화숙 · 이미영 · 전은경, 의복의 이해, 교문사, 2005
김영인 외, 현대 패션과 액세서리 디자인, 교문사, 2001
김영자, 실무를 위한 패션 디자인, 경춘사, 2003
김정규 · 박정희, 패션 소재 기획, 교문사, 2001
김종복, 패션 키워드 , 시대, 2002
김칠순 외, FASHION DESIGN, 교문사, 2005
라사라 교육 개발원, 패션 용어 사전, 라사라 패션 정보, 2001
Marian L Davis, 복식의 시각디자인, 경춘사, 1990
Marilyn Revell Delong, 복식 조형을 보는 시각, 이즘, 1997
박숙현, 패션 디자인론, 예학사, 2004
박주희, Designer' s Flat, 패션스터디, 2004
수 젠켄 존스, 김혜경 옮김, 패션 디자인, 예경, 2004
신상옥 외, 현대 패션과 의생활, 교문사, 1999
신상옥, 서양복식사, 경춘사, 1989
신향선, 패션 & 뷰티를 위한 Color image making, 도서출판 국제, 2003
연문희, Fashion Illustration for Artist, 교학 연구사, 2005
에드워드 F 프라이, 김인환 옮김, 큐비즘, 미진사, 1992
오선숙 · 김인경 · 정희순, Fashion Design & Production, 경춘사, 2002
오희선 · 박화순, 의상 디자인, 경춘사, 1994
오희선 · 박화순, 패션을 위한 디자인(Design for fashion), 경춘사, 2001
유태순 외, 패션코디네이션의 이해, 학지사, 1999
이경손 외, 의생활과 패션코디네이션, 교문사, 1998
이경희 외, 패션 디자인 발상, 교문사, 2001
이경희 외, 남성 fashion 디자인, 교문사, 2004
이네스 조, 스타일 있는 남자 성공하는 남자, 소담 출판사, 1997
이순홍, 서양 의복 구성, 교문사, 1998
이영재, 신시복 미학, 프럼 투, 1996
이은영, 복식디자인론, 교문사, 2003
이은영 · 유순례 · 백천의, 패션, 교학연구사, 1999

이전숙 외, 현대인의 패션, 교문사, 2003
이정옥 외, 서양복식사, 형설출판사, 1999
이정옥 외, 패션과 의생활, 형설출판사, 1997
2005 광주 디자인 비엔날레 부록, Light Into Life, (주)안그라픽스, 2005
이호정, 패션디자인, 교학연구사, 2000
정삼호 외, 패션 Self 스타일링 Man's Wear, 교문사, 2001
정삼호 외, 패션 Self 스타일링 Women's wear, 교문사, 2000
정흥숙 · 정삼호 · 홍병숙, 현대인과 의상, 교문사, 1999
J. 앤더슨 블랙 & 매쥐 가랜드, 윤길순 옮김, 세계 패션사 1, 2, 자작아카데미, 1997
조규화 외, 복식사전, 경춘사, 1995
조규화 외, 패션미학, 2004
조오순 외, 함께 알아보는 패션 그리고 뷰티이야기, 경춘사, 2005
조오순 · 박혜원, 복식과 문화, 창원대학교 출판부, 1999
조진애 · 오나령 · 이혜진, 의상 제작 과정 실무, 경춘사, 2002
진경옥 · 이상례 · 성광숙 · 이영숙 · 임지영, 패션 디자인의 이해, 교학연구사, 2003
채금석, 패션 디자인 실무, 교문사, 2002
타이콘 패션연구소(전재국), 남자의 옷 이야기 2 캐주얼 웨어 및 액세서리 편, 시공사, 1997
패션 큰 사전 편찬 위원회, 패션 큰 사전, 교문사, 1999
패션비즈, 섬유저널, 2000-2005
패트릭 존 아일랜드, 패션 디테일, 예경, 2004
한명숙, 자기 이미지 커뮤니케이션, 교문사, 2005

외국서적

Amy de la Haye, Fashion Source Book, Wellfleet press, 1988
Akiko Fukai & Tamami Suoh & Miki Iwagami & Reiko Koga, and Rii Nie, FASHION, TASCHEN, 2002
Bing Abling, Fashion Sketchbook, fairchild, 1988
Blanche Payne, History of Costume, Harper & Row, 1965
Caroline Tatham & Julian Seaman, Fashion Design Drawing Course, Barron's, 2003
COLORVISION, CADWALK, 2005
Ebevle, Hannelore, Hermeling, Hermann, Hornberger, Marianne, Menzer, Dieter, Ring, Werner, Fachwissen Bekleidung, EUROPA LEHRMITTEL, 1993
Fashion Color, Fashion View Magazine No.72, 2005
Fondation Cartier Pour l'art Contemporain, Issey Miyake: Making Things, Scalo, 1999

Francois Boucher, Histoire du Costume, Flammarion, 1983
Gerda Buxbaum, Icons of Fashion: The 20th Century, Prestel, 1999
Gerda Buxbaum, MODE, PRESTEL, 1999
Jennifer Tung, In Style Getting Gorgeous, In Styke Books, 2004
Kate Mulvey & Melissa Richards, Decades of Beauty, Checkmark Books, 1998
Kathryn Mckelvey, Fashion Source Book, Blackwell science, 1996
Kendall Farr, The Pocket Stylist, Gotham Books, 2004
Kim Johnson Gross, Jeff Stone, Accessories, Alfred A. Knopt, Inc., 1996
Laird Borrelli, Fashion Illustration Now, ABRAMS, 2000
Laura Payne, Essential Klimt, Parragon, 2001
Maria Costantino, Fashion of a Decade: the 1930s, B.T.Batsford, 1991
Marian L. Davis, Visual Design in Dress, New Jersey : Prentice-Hall Inc., Englewood Cliffs, 1988
Marie O'mahony & Sarah E. Braddock, Sportstech: Revolutionary Fabrics, Fashion and Design, Thames and Hudson, 2002
Mark Holborn, ISSEY MIYAKE, TASCHEN, 1995
Pamela Stecker, The Fashion Design Manual, macmillan phblishers Australia, 1996
Patrick John Ireland, Fashion Design Drawing And Presentation, BATSFORD, 1982
Patrick John Ireland, Fashion Design Illustration Women, Batsford, 1993
Richard Martin, Fashion and Surrealism, Rizzoli, 1987
Sarah E. Braddock & Marie O'mahony, Techno Textiles: Revolutionary Fabrics for Fashion and Design, Thames and Hudson, 1998
Sherry Maysonave, Casual Power, Bright Books, 1999
Sue Jenkyn Jones, Fashion design, Laurence King, 2000
Ted Polhemus, Street Style, Thames and Hudson, 1994
Trinny Woodall & Susannah Constantine, What not to wear for Every Occasion, Riverhead Books, 2003
WEEKLY TREND, Malcom Bridge, 2005.6.6~2005.12.05
菅原正博, ファッションスタイリング, チャネラー, 1994
菅原正博・山本ひとみ, ファッションアドバイザー入門, チャネラー, 1994
菅原正博, オケーションスタイリング, チャネラー, 1995
高村是州, スタイリングブック, グラフィック社, 1995
田中千代, 新服飾事典, 同文書院, 1995
本山光子, Fashion Style Planning, ファッション教育社, 2000
Fashion Color, 日本色研事業株式會社, 2000-2005
林 泉, ファッションコーディネートの世界, 文化出版局, 1998
文化服裝學院企画委員會編, 服飾圖鑑, 文化出版局, 1990

참고 논문

박혜원, 플래퍼 패션 디자인 연구: 미국 재즈시대를 중심으로, 이화여자대학교 박사학위논문, 1997

양용, 버섯의 조형적 이미지를 형상화 한 의상디자인 연구, 이화여자대학교 석사학위논문, 1998

이미숙, 샤넬 스타일 디자인 연구, 이화여자대학교 박사학위논문, 1997

이미숙, 오트쿠튀르 계승을 위한 디자이너 성공전략에 관한 연구: 칼 러거펠드의 샤넬 계승을 중심으로, 한국패션비즈니스학회지 Vol 1, 1997

이승신, 20세기 패션에 나타난 기능주의와 표현주의: 복식과 건축의 유사성 고찰을 중심으로, 서울대학교 석사학위논문, 1998

이주실 · 김정혜, 종이 의상에 관한 연구: 수제지를 중심으로, 복식 Vol. 44

임송미, 현대패션에 나타난 기호 분석: 1990년 이후의 패션 컬렉션을 중심으로, 전남대학교 석사학위논문, 2003

정경희, 브랜드 로고를 활용한 패션 타투잉에 관한 연구, 전남대학교 석사학위논문, 2005

하정원, 국내 소재 정보와 디자인 연구: 세기말 소재 정보와 기성복 디자인 창작을 중심으로, 이화여자대학교 석사학위논문, 1999

국외잡지

Fashion News

Fashion Show

Fem Collection

GAP Press

Mode et Mode

So-en

인터넷 사이트

www.artshopping.com

www.bc.edu

www.samsungdesign.net

www.yahoo.com

http://cafe.naver.com/stylemap.cafe

http://firstview.com/designerlist.html

http://www.newyorkmetro.com/fashion/fashionshows/couture/index.html

http://www.samsungdesign.net

도와주신 분들

박인조(창원대 대학원)
김지은(창원대 강사)
이현영(창원대 강사)
정하늬(동서대)
김종하(전북대)
김지선(전북대)
박소현(전북대 대학원)
Enco Entertainment Communication
임송미(전남대 대학원)
정경희(전남대 대학원)
양 용(전남대 대학원)

제 1 장

그림 1-1 2006 S/S Jean Paul Gaultier, 2006 S/S Jean Paul Gaultier, 2006 S/S Junya Watanabe, 2006 S/S Missoni, 2006 S/S Fendi, 2006 S/S Eley Kishimoto, 2006 S/S L.A.M.B, 2006 S/S Krizia

그림 1-2 (좌) 2006 S/S Balenciaga (우) 2006 S/S Martin
(좌) 2006 S/S Martin Grant (우) 2006 S/S Bruno Pieters
(좌) 2006 S/S PRADA (우) 2006 S/S FENDI

그림 1-3 2006 S/S D&G

그림 1-4 2006 S/S La Perla

그림 1-5 2006 S/S Dolce & Gabbana

그림 1-6 2006 S/S ROCHAS

그림 1-7 86-87 F/W Yohji Yamamoto

그림 1-8 2005 F/W Valentino

그림 1-9 2006 S/S KENZO

그림 1-10 2006 S/S SALVATORE FERRAGAMO

그림 1-11 2006 S/S Martin

그림 1-12 2006 S/S GUY LAROCHE

그림 1-13 2006 S/S CELINE

그림 1-14 2006 S/S Costume National

그림 1-15 2006 S/S Issey Miyake

그림 1-16 2006 S/S Dries Van Noten

그림 1-17 2006 S/S A. F. Vandevorst

그림 1-18 2006 S/S VLKTOR & ROLF

그림 1-19 2006 S/S Balenciaga

그림 1-20 2006 S/S Balenciaga

그림 1-21 2006 S/S Donna Karan

그림 1-22 2005 F/W Alexander McQueen

그림 1-23 2006 S/S Undercover

그림 1-24 2006 S/S GUCCL

그림 1-37 2006 S/S ALEXANDER McQUEE

그림 1-38 (왼쪽에서 오른쪽으로) 2006 S/S PROENZA SEHOVLER, 2006 S/S SOPHIA KOKO SEHOVLER, 2005 F/W Alexander McQueen, 2006 S/S ALEXANDER McQUEE

그림 1-39 2004 S/S Alberta Ferretti

그림 1-40 2006 S/S YVES SAINT LAURENT

그림 1-41 2006 S/S GIYENCHY

그림 1-42 2006 S/S Oscar de la Renta

그림 1-122 Balenciaga le Dix, 2006 S/S Paris Collections
그림 1-123 Junko Shimada, 2004-05 A/W Paris collections
그림 1-124 Alexander McQueen, 2004-05 A/W Paris Collections
그림 1-125 Jean Paul Gaultier, 2004 S/S Paris Collections
그림 1-126 Empolio Armani, 2004 S/S Milano Collections
그림 1-127 Exte, 2004 S/S Milano Collections
그림 1-128 Proenza Schouler, 2005-06 A/W New York Collections
그림 1-129 Valentino, 2006 S/S Paris Collections
그림 1-130 Alexander McQueen, 2006 S/S Paris Collections
그림 1-131 Junya Watanabe, 2004-05 A/W Paris Collections
그림 1-132 YSL Rive Gauche, 2006 S/S Paris Collections
그림 1-133 Coccapani, 2004 S/S Milano Collections
그림 1-134 Moschino Cheap & Chic, 2006 S/S Milano Collections
그림 1-135 Viktor & Rolf, 2004 S/S Paris Collections
그림 1-136 Yohji Yamamoto, 2005 S/S Paris Collections
그림 1-137 Lagerfeld Gallery, 2004 S/S Paris Collections
그림 1-138 Viktor & Rolf, 2005 S/S Paris Collections
그림 1-139 Viktor & Rolf, 2005 S/S Paris Collections
그림 1-140 Viktor & Rolf, 2006 S/S Paris Collections
그림 1-141 Pucci, 2005 S/S Milano Collections
그림 1-142 Veronique Branquinho, 2006 S/S Paris Collections
그림 1-143 Valentin Yudashkin, 2006 S/S Milano Collections
그림 1-144 Guerroiero, 2004 S/S Milano Collections
그림 1-145 Christian Dior, 2004-05 Paris Collections
그림 1-146 Junya Watanabe, 2004-05 A/W Paris Collections
그림 1-147 Christian Lacroix, 2004-05 A/W Paris Collections
그림 1-148 Exte, 2004 S/S Milano Collections
그림 1-149 Louis Vuitton, 2003-04 A/W Paris Collections
그림 1-150 Antonio Marras, 2004 S/S Milano Collections
그림 1-151 Issey Miyake, 2005 S/S Paris Collections
그림 1-152 Anna Molinari, 2006 S/S Milano Collections
그림 1-153 Viktor & Rolf, 2003-04 A/W Paris Collections
그림 1-154 Issey Miyake, 2005 S/S Paris Collections
그림 1-155 Paola Frani, 2006 S/S Milano Collections
그림 1-156 Viktor & Rolf, 2005-06 A/W Paris Collections
그림 1-157 Gucci, 2004 S/S Milano Collections
그림 1-158 Junya Watanabe, 2004-05 A/W Paris Collections
그림 1-159 Viktor & Rolf, 2005-06 A/W Paris Collections

그림 1-160 La Perla, 2004 S/S Milano Collections
그림 1-161 Antonio Marras, 2004 S/S Milano Collections
그림 1-162 Alexander McQueen, 2005-06 A/W Paris Collections
그림 1-163 Alexandre Herchcovitch, 2004-05 A/W Paris Collections
그림 1-165 Alexander McQueen, 2005-06 A/W Paris Collections
그림 1-166 Gai Mattiolo, 2004 S/S Milano Collections
그림 1-167 Marc Jacobs, 2005-06 A/W New York Collections

제 2 장

그림 2-1 Caroline Tatham & Julian Seaman, Fashion Design Drawing Course, Barron's, 2003, p. 40
그림 2-2 Caroline Tatham & Julian Seaman, Fashion Design Drawing Course, Barron's, 2003, p. 40
그림 2-3 Tatham & Julian Seaman, Fashion Design Drawing Course, Barron's, 2003, p. 41
그림 2-4 Caroline Tatham & Julian Seaman, Fashion Design Drawing Course, Barron's, 2003, p. 41
그림 2-5 Viktor & Rolf, 1999-2000 F/W Haute Couture
그림 2-6 Junya Watanabe, 2000-01 F/W Pret-a-Porter
그림 2-7 Viktor & Rolf, 2001-02 F/W Pret-a-Porter
그림 2-8 Christian Dior, 2002 S/S Haute Couture
그림 2-9 Christian Dior, 1999 S/S Haute Couture
그림 2-10 Blue Marine, 2000-01 F/W Pret-a-Porter
그림 2-11 Jean Paul Gaultier, 2005 S/S Pret-a-Porter
그림 2-12 Viktor & Rolf, 2006 S/S Pret-a-Porter
그림 2-13 John Galliano, 2000-01 F/W Pret-a-Porter
그림 2-14 Gaultier Paris, 2001 S/S Haute Couture
그림 2-15 Eymeric Francois, 2005 S/S Haute Couture
그림 2-16 Pringle, 2003-04 F/W Pret-a-Porter
그림 2-17 Gaultier paris, 2001 S/S Haute Couture
그림 2-18 Yohji Yamamoto, 2001-02 F/W Pret-a-Porter
그림 2-19 Alessandro de Benedetti, 2002-03 F/W Pret-a-Porter
그림 2-20 Guy Laroche, 2003-04 F/W Pret-a-Porter
그림 2-21 Jean Paul Gaultier, 2001-02 F/W Pret-a-Porter
그림 2-22 Gaultier Paris, 2003 S/S Haute Couture
그림 2-23 Gaultier Paris, 2005 S/S Haute Couture
그림 2-24 Ferud, 2001 S/S Haute Couture
그림 2-25 Viktor & Rolf, 2002 S/S Pret-a-Porter

그림 2-63 http://www.samsungdesign.net/Knowledge/History/Mode20c
그림 2-64 Christian Dior, 2005-06 F/W Haute Couture
그림 2-65 Amy de la Haye, Fashion Source Book, Wellfleet press, 1988, p. 38
그림 2-66 Christian Dior, 1998 S/S Haute Couture
그림 2-67 http://www.samsungdesign.net/Knowledge/History/Mode20c
그림 2-68 Christian Lacroix, 2003-04 F/W Haute Couture
그림 2-69 Maria Costantino, Fashion of a Decade: the 1930s, B.T.Batsford, 1991, p. 46
그림 2-70 Valentino, 2002-03 F/W Haute Couture
그림 2-71 Amy de la Haye, Fashion Source Book, Wellfleet press, 1988, p. 93
그림 2-72 Christian Dior, 2005-06 F/W Haute Couture
그림 2-73 Gerda Buxbaum, Icons of Fashion: The 20th Century, Prestel, 1999, p. 89
그림 2-74 Fendi, 2001-02 F/W Haute Couture
그림 2-75 Amy de la Haye, Fashion Source Book, Wellfleet press, 1988, p. 128
그림 2-76 Marc Jacobs, 2003-04 F/W Pret-a-Porter
그림 2-77 Ted Polhemus, Street Style, Thames and Hudson, 1994, p. 64
그림 2-78 Anna Sui, 2005 S/S Pret-a-Porter
그림 2-79 Ted Polhemus, Street Style, Thames and Hudson, 1994, p. 91
그림 2-80 Junya Watanabe, 2006 S/S Pret-a-Porter
그림 2-81 Gerda Buxbaum, Icons of Fashion: The 20th Century, Prestel, 1999, p. 123
그림 2-82 Christian Dior, 2004-05 F/W Pret-a-Porter
그림 2-83 Gaultier Paris, 2005 S/S Haute Couture
그림 2-84 Alexander Mcqueen, 2005 S/S Pret-a-Porter
그림 2-85 Ji Haye, 2001 S/S Haute Couture
그림 2-86 Costume National, 2005-06 F/W Pret-a-Porter
그림 2-87 Jean Louis Scherrer, 2003 S/S Haute Couture
그림 2-88 Dries Van Noten, 2002-03 F/W Pret-a-Porter
그림 2-89 Issey Miyake, 2002-03 F/W Pret-a-Porter
그림 2-90 Christian Dior, 2002-03 F/W Pret-a-Porter
그림 2-91 Isabel Marant, 2002-03 F/W Pret-a-Porter
그림 2-92 Laura Payne, Essential Klimt, Parragon, 2001, p. 102
그림 2-93 Eley Kishmoto, 2005 S/S Pret-a-Porter
그림 2-94 Caroline Tatham & Julian Seaman, Fashion Design Drawing Course, Barron's, 2003, p. 45
그림 2-95 에드워드 F 프라이, 김인환 옮김, 큐비즘, 미진사, 1992, p. 90
그림 2-96 Sophia Kokosalaki, 2002-03 F/W Pret-a-Porter
그림 2-97 http://kr.image.search.yahoo.com
그림 2-98 Chanel, 2003 F/W Pret-a-Porter
그림 2-99 Jonathan Saunders, 2005 S/S Pret-a-Porter

그림 2-100 Richard Martin, Fashion and Surrealism, Rizzoli, 1987, p. 166
그림 2-101 Undercover, 2005 S/S Pret-a-Porter
그림 2-102 Richard Martin, Fashion and Surrealism, Rizzoli, 1987, p. 75
그림 2-103 Gaultier Paris, 2002-03 F/W Haute Couture
그림 2-104 Richard Martin, Fashion and Surrealism, Rizzoli, 1987, p. 110
그림 2-105 Richard Martin, Fashion and Surrealism, Rizzoli, 1987, p. 110-111
그림 2-106 Christian Dior, 1999 S/S Haute Couture
그림 2-107 http://www.samsungdesign.net/Knowledge/History/Art
그림 2-108 Philip Treacy, 2003 S/S Haute Couture
그림 2-109 Paul Smith, 2003 S/S Pret-a-Porter
그림 2-110 Jean Charles De Castelbajac, 2002 S/S Pret-a-Porter
그림 2-111 Jean Charles De Castelbajac, 2002 F/W Pret-a-Porter
그림 2-112 http://www.samsungdesign.net/Knowledge/History/Art
그림 2-113 Gianfranco Ferre, 2002 S/S Pret-a-Porter
그림 2-114 http://www.artshopping.com/vasarely/vas5172_e.htm
그림 2-115 Eley Kishmoto, 2004 S/S Pret-a-Porter
그림 2-116 Issey Miyake, 2005 S/S Pret-a-Porter
그림 2-117 Chanel, 2005-06 F/W Haute Couture
그림 2-118 Issey Miyake, 2006 S/S Pret-a-Porter
그림 2-119 Seredin & Vasiliev, 2002 S/S Haute Couture
그림 2-120 Alexander Mcqueen, 2005 S/S Pret-a-Porter
그림 2-121 Seredin & Vasiliev, 2002 S/S Haute Couture
그림 2-122 Jeremy Scott, 2005-06 F/W Pret-a-Porter
그림 2-123 Seredin & Vasiliev, 2002 S/S Haute Couture
그림 2-124 D&G, 2002-03 F/W Pret-a-Porter
그림 2-125 Antoni Beradi, 2002-03 F/W Pret-a-Porter
그림 2-126 Yumi Katsura, 2003-04 F/W Haute Couture
그림 2-127 Gaultier Paris, 2000-01 F/W Haute Couture
그림 2-128 Alexander Mcqueen, 2001 S/S Pret-a-Porter
그림 2-129 Victor & Rolf, 2005-06 F/W Pret-a-Porter
그림 2-130 So-en, 2004.10, p. 114
그림 2-131 Pascal Humbert, 2002 S/S Pret-a-Porter
그림 2-132 On Aura Tout Vu, 2002-03 F/W Haute Couture
그림 2-133 Roverto Cavalli, 2005-06 F/W Pret-a-Porter
그림 2-134 Yohji Yamamoto, 2006 S/S Pret-a-Porter
그림 2-135 Junya Watanabe, 2002 S/S Pret-a-Porter
그림 2-136 Yohji Yamamoto, 2006 S/S Pret-a-Porter
그림 2-137 Fondation Cartier Pour l'art Contemporain, Issey Miyake: Making Things,

Scalo, 1999, p. 84

그림 2-138 Paco rabanne, 1999-2000 F/W Haute Couture

그림 2-139 Yumi Katsura, 2003-04 F/W Haute Couture

그림 2-140 Hussein Chalayan, 1999 S/S Pret-a-Porter

그림 2-141 Yohji Yamamoto, 1991 S/S Pret-a-Porter

제 3 장

그림 3-1 Bina Abling, Fashion Sketchbook, Fairchild Publication, 2000, p. 11

그림 3-2 Bina Abling, 2000, p. 6

그림 3-3 Sue Jenkyn Jones, Fashion, Laurence King Publishing Ltd, 2002, p. 69

그림 3-4 Bina Abling, 2000, p. 20~21

그림 3-5 Pamela Stecker, the Fashion Design Manual, macmillan publishers Australia, 1996, p. 135

그림 3-6 Sue Jenkyn Jones, 2002, p. 154, p. 75 / Caroline Tatham and Julian Seaman, Fashion Design Drawing Course, Thames and Hudson, 2003, p. 65 / Gerda Buxbaum, Icons of Fashion : The 20th Century, Prestel, 1999, p. 70, p. 98 / Marie-Paule Pelle, Valentino : Thirty Years of Magic, 1990 / Roger Walton, the Big Book of Illustration Idea, Harper Collins Publishers, 2004

그림 3-7~3-8 CAD 일러스트레이션 김지은

그림 3-9 Sue Jenkyn Jones, 2002, p. 71~72

그림 3-10~3-34 CAD 이현영, 도식화 박인조

제 4 장

그림 4-1 Ceci, 2005.11, p. 48 / Fashion biz, 2002.4, p. 335 / Fashion Gio, 2002.7, p. 88 / Wedding21, 2004.5, p. 42, 48, 208, 209, 381, 부록

그림 4-2 김종하 그림

p. 196 김종하 그림

그림 4-3 김종하 그림

p. 201 young : CeCi, 2005.11, p. 122, 133, 230, 330, 337 / Elle Japan, 2005.8, p. 209/ Ginza, 2005.8, p. 168, 181
young adult : CeCi, 2005.11, p. 96 / Elle Japan, 2005/8, p. 208 / Ginza, 2005.8, p. 181, 186 / Vogue Nippon, 2005.8, p. 206, 216

그림 4-6 CeCi, 2005.11, p. 164 / Elle Korea, 2005.9, p. 140, 167 / Fashion biz, 2003.11, p. 1 / Fashion biz, 2004.1, p. 34 / Fashion biz, 2005.7, p. 92 / Ginza, 2005.8, p. 53, 61, 79, 103 / Marie claire Korea, 2005.9, p. 252, 253, 277

p. 208 Domani, 1997.8, p. 46, 56 / Fashion biz, 2004.6, p. 219 / Mini, 2003.1, p. 142 / More 1997.3, p. 30, 291, 297 / Oggi, 1996.10, p. 49 / Spur, 2004.8, p.

190

p. 209 Domani, 1997.08, p. 52 / Fashion Gio, 2002.7, p. 9, 98 / JJ, 2005.9, p. 89 / Mini, 2003.1, p. 258 / More, 1997.3, p. 35, 124, 299 / Spur, 2004.8, p. 95

p. 212 Cutie, 2001.2, p. 21, 57, 70 / Domani, 1997.8, p. 26, 81 / Fashion Gio, 2002.7, p. 98 / soen 2000.5, p. 41, 65

p. 213 Fashion biz, 2004.12, p. 116 / Fashion biz, 2004.9, p. 170 / Mini, 2003.1, p. 41, 46, 53, 114, 120, 129, 150, 186

p. 214 Classy, 2000.7, p. 31, 72 / Cutie, 2001.2, p. 70 / Elle, 2005.1, p. 225 / Fashion Gio, 2002.7, p. 91 / Mini, 2003.1, p. 69, 160, 161 / More, 1997.3, p. 13

p. 216 Classy, 2000.7, p. 57 / Domani, 1997.8, p. 128, 131 / Elle, 2005.1, p. 250 / Mini, 2002.11, p. 25 / Mini, 2003.1, p. 161 / Spur, 2004.8, p. 64, 96, 101

p. 217 Cutie, 2001.2, p. 98, 139 / Elle, 2005.1, p. 193 / Elle, 2005.8, p. 56 / Mini, 2003.1, p. 158 / Soen, 2000.5, p. 44, 96, 123, 140, 165 / Spur, 2004.8, p. 96

p. 220 Domani, 1997.8, p. 41, 130 / Fashion biz, 2000.9, p. 69 / Fashion biz, 2004.4, p. 71 / Fashion biz, 2004.6, p. 218, 230 / Fashion biz, 2004.12, p. 95 / Fashion Gio, 2002.7, p. 90 / More, 1997.3, p. 42

p. 221 Domani, 1997.8, p. 37, 130 / Fashion biz, 2002.11, p. 34 / Fashion biz, 2002.4, p. 335 / Fashion biz, 2003.12, p. 70 / Fashion biz, 2004.5, p. 52 / Fashion Gio, 2002.3, p. 17, 86 / Soen, 2000.5, p. 199

p. 222 Cutie, 2001.2, p. 21 / Fashion biz, 2002.4, p. 235 / Fashion biz, 2003.8, p. 96 / Fashion biz, 2004.5, p. 2, 153 / Fashion Gio, 2002.1, p. 162 / More, 1997.3, p. 17, 31 / Soen, 2000.5, p. 44

p. 223 Domani, 1997.8, p. 239 / Fashion biz, 2002.11, p. 163 / Fashion biz, 2004.1, p. 155 / Fashion Gio, 2002.1, p. 194 / Fashion Gio, 2002.7, p. 98 / Fashion Gio, 2002.11, p. 34, 105 / Mini, 2002.11, p. 27, 261

p. 224 Cutie, 2001.2, p. 14 / Domani, 1997.8, p. 71 / Elle, 2005.8, p. 116 / Fashion biz, 2004.1, p. 19 / Fashion biz, 2004.9, p. 170 / Ginza, 2005.8, p. 74 / Mini, 2002.11, p. 17 / Soen, 2000.5, p. 38 / Vogue Korea, 1999.5, p. 147

p. 225 Cutie, 2001.2, p. 14, 22 / Fashion biz, 2003.3, p. 127 / Fashion biz, 2003.7, p. 275 / Fashion biz, 2004.5, p. 147 / Fashion biz, 2004.9, p. 213 / Fashion biz, 2004.12, p. 167 / Mini, 2003.1, p. 117 / More, 1997.3, p. 123

p. 226 Elle, 2005.8, p. 146 / Fashion biz, 2004.6, p. 230 / Fashion biz, 2004.12, p. 117 / Fashion Gio, 2002.7, p. 98 / Fashion Gio 2002.11, p. 65 / Mini, 2002.11, p. 236 / More, 1997.3, p. 123 / Oggi, 1996.10, p. 79, 249 / Vogue Korea, 1999.05, p. 273

p. 227 Fashion biz, 2003.5, p. 58 / Fashion biz, 2003.12, p. 259 / Fashion biz, 2004.4, p. 143 / Fashion Gio, 2002.1, p. 124, 125 / Fashion Gio, 2002.7, p. 90 / More, 1997.3, p. 286 / Vogue Korea, 1999.5, p. 132 / Vogue Korea, 1999.10, p. 193

p. 229~234 김종하 그림

p. 240 Enco Entertainment Communication 협조사진

p. 246 Fashionbiz, 2004.11, p. 182 / Fashionbiz, 2005.4, p. 16 / Fashionbiz, 2005.7, p. 76, 86

p. 247 Fashionbiz, 2004.5, p. 62 / Fashionbiz, 2005.7, p. 106 / Fashionbiz, 2005.9, p. 170 / Fashionbiz, 2005.10, p. 93, 134, 153 / Fashionbiz, 2005.11, p. 68, 70, 254

p. 248 Elle, 2005.9, p. 354 / Esquire, 2006.1. p. 20, 32, 111 / GQ, 2006.1, p. 55, 101 / Marie claire, 2005.9, p. 306

p. 249 Apparel color, p. 31 / Esquire, 2006.1, p. 249, 250, 252 / GQ, 2006.1, p. 50, 241

찾아보기

저자 소개

박혜원(朴惠媛)
이화여자대학교 의류직물학과 및 동대학원 졸업(문학 박사)
미국 New York University, Studio Art 전공
미국 Fashion Institute Technology 대학원 수학
미국 Parsons School of Design 수학
영국 Nottingham Trent University 연구교수
현재 창원대학교 의류학과 교수

염혜정(廉惠晶)
이화여자대학교 의류직물학과 및 동대학원 졸업 (학사, 석사)
일본 文化女子大學 대학원 졸업(피복학 박사)
일본 お茶の水女子大學 유행정보학연구실 연구생
일본 文化女子大學 패션정보과학연구소 연구원
(주) 클리포드 의류사업부 과장
현재 전북대학교 생활과학대학 의류학 전공 교수

박수진(朴秀珍)
독일 Hochschule fuer Bremen 패션디자인학과 졸업
독일 University of Art Berlin 대학원 석사
현재 동서대학교 패션디자인학과 교수

이미숙(李美淑)
이화여자대학교 의류직물학과 및 동대학원 졸업(문학 박사)
프랑스 파리 의상조합, 에스모드 수학
국제섬유신문 칼럼니스트
현재 전남대학교 의류학과 교수

최경희(崔京姬)
한양대학교 사범대학 의류학과 졸업
성신여자대학교 조형대학원 졸업(미술학 석사)
성신여자대학교 대학원 졸업(이학박사)
(주) 제일모직 의류사업본부 골덴니트 디자인 실장
(주) 신세계백화점 상품개발부 PB 디자이너
(주) 코오롱상사 패션사업본부 숙녀복부총괄 디자인 실장
현재 호남대학교 예술대학 의상디자인학과 교수

현대 패션 디자인

2006년 3월 20일 초판 발행
2007년 8월 22일 2쇄 발행

지은이 박혜원 · 이미숙 · 염혜정 · 최경희 · 박수진
발행인 류제동
발행처 ㈜교문사

책임교정 조현주
편집디자인 이연순
제 작 김선형

(우) 413-756 경기도 파주시 교하읍 문발리 출판문화정보산업단지 536-2
전화 ☎ 031) 955-6111 / FAX 031) 955-0955
등록 1960.10.28 제1-2호
홈페이지 : www.kyomunsa.co.kr
E-mail : webmaster@kyomunsa.co.kr
ISBN 89-363-0790-8(93590)

값 18,000원
※ 잘못된 책은 바꿔 드립니다.